全国艺术职业教育系列教材·高职卷

中国艺术职业教育学会推荐教材

心理健康教育教程

主　编　李雪蓉　郭爱莲

副主编　张　敏　延凤宇　卢　涛　汤琼明

参　编　全红霞　陈　宇　郑　慧　杜文霞　王小平

谢　倩　王　玮　侯文峥　陈世英　蔡　颖

WUHAN UNIVERSITY PRESS

武汉大学出版社

图书在版编目(CIP)数据

心理健康教育教程/李雪蓉,郭爱莲主编 .—武汉:武汉大学出版社,
2012.11(2025.8 重印)
全国艺术职业教育系列教材·高职卷
ISBN 978-7-307-10211-8

Ⅰ.心… Ⅱ.①李… ②郭… Ⅲ.大学生—心理健康—健康教育—高等职业教育—教材 Ⅳ.B844.2

中国版本图书馆 CIP 数据核字(2012)第 240069 号

责任编辑:陶洪蕴　　责任校对:刘　欣　　版式设计:韩闻锦

出版发行:**武汉大学出版社**　(430072　武昌　珞珈山)
(电子邮箱:cbs22@whu.edu.cn 网址:www.wdp.com.cn)
印刷:湖北云景数字印刷有限公司
开本:787×1092　1/16　印张:14.5　字数:323 千字　插页:2
版次:2012 年 11 月第 1 版　2025 年 8 月第 15 次印刷
ISBN 978-7-307-10211-8/B·363　定价:38.00 元

总　　序

在我国实施文化强国战略和职业教育事业实现跨越式发展的大背景下，艺术职业教育在办学理念、办学规模、办学效益以及教学改革、培养质量和办学条件等方面都取得了长足进步。六十年传统积淀、十余载创新发展，伴随着中等职业教育的稳定前行，高等艺术职业教育蓬勃而兴，不仅提升了我国艺术职业教育的层次和水平，更为艺术职业教育注入了巨大生机与活力。

当前，艺术职业教育机遇与挑战并存，特色与创新共进。紧跟文化产业发展步伐，适应艺术人才就业岗位需求，厘清艺术职业教育思想，更新艺术职业教育教学方法，完整科学的艺术职业教育教材体系的建立对实现我国艺术职业教育又好又快发展，无疑具有战略意义。全国艺术职业教育系列教材建设是文化部、全国文化艺术职业教育教学指导委员会、中国艺术职业教育学会启动的艺术职业教育质量工程之一，它是为了适应新形势下我国艺术职业教育发展需要而编撰出版的系列教材。其选编思路是主动适应国家文化产业升级发展需求，对接行业、职业标准；打破学科框架束缚，以项目、任务为导向组织教材内容，突出学生能力培养，体现艺术类专业基于实践的科学合理的学习过程；注重国际视野站位与先进教学技术手段的运用，反映文化艺术行业、产业发展的新方向和新趋势；同时，注重收纳具有民族精神与民间特色的非物质文化遗产内容，实现高校文化传承功能。

全国艺术职业教育系列教材涵盖音乐、舞蹈、戏剧、美术等各个艺术门类，分高职卷和中职卷，按照宜统则统，宜分则分，分类分步，梯次推进的原则，重点开展专业核心课、专业基础课、公共基础课教材的开发与建设，计划在“十二五”期间完成60种以上教材的编撰工作。本次系列教材编写联合全国18所高职艺术院校，集中全国艺术职业教育的优质资源，着力打造一批理念先进、内容科学、构架合理、特色鲜明的艺术职业教育精品教材。

全国艺术职业教育系列教材的出版，是对不断深化的艺术职业教育教学改革成果的总结。我们相信，它的广泛使用，将为实现全国优质艺术教育教学资源共享搭建平台，使艺术职业教育教学行为更系统、规范、科学，从而推进全国艺术职业教育教学的整体持续发展，为实现文化强国战略提供坚实的人才支撑与质量保障。

总编委会

2012年9月

前言

当今社会，政治、经济、文化、科技飞速发展，社会生活节奏明显加快，社会竞争日益激烈，人际关系日趋复杂，人们的思想观念和生活方式不断嬗变，生存与发展充满着机遇的同时，面对的压力与挑战随之也越来越大，现代人的心理问题也越来越多。

学校不是与社会绝缘的象牙塔，近年来大学生因学业、情感、就业等因素而导致的心理问题明显呈上升趋势。鉴于此，大学生的心理健康教育问题引起了上下各方的极大关注和重视。人们日益认识到，健康的心理是大学生学习科学文化知识的基本前提，也是大学生顺利成才的重要保证；既是大学生综合素质的重要构成，又对其他方面的素质塑造产生着重要影响；既是大学生适应社会、成就事业的心理基础，也关系到民族素质的提高和未来社会的发展。

于是，我们欣喜地看到，近年来高校的心理健康教育工作得到了前所未有的重视和发展，成立和夯实了心理健康教育机构，开设了心理健康教育课程，开展了心理咨询和援助，编写和出版了一系列心理健康教育教材和读物。

综观琳琅满目的大学生心理健康教育教材，我们发现，层次上的区分比较明显，基本可分为本科院校心理健康教育教材和高职院校心理健康教育教材两大类。各种版本的教材也都力求从内容、结构、体例等方面编出新意与特色。然而，众多教材从内容上看却存在一个明显的缺陷，那就是涉及行业心理方面的内容很少，缺乏对行业心理学的研究，因而教材的针对性、适应性并不强。

目前我国有艺术高职院校近30所，作为高等职业教育的一支重要生力军，它肩负着培养高素质艺术人才的重任，在社会主义文化建设中发挥着越来越重要的作用。与一般高职院校学生相比，艺术高职院校学生这个群体有着鲜明的个性特征，如形象气质出众；感性活泼，理性欠缺；思想灵活但人文素养欠缺，等等。因而，编写一本贴近他们实际，适应他们生活、学习和生涯发展需要的心理健康教育教材就成为一件非常必要而有意义的事情！

在教材编写中，我们力图彰显高等艺术职业教育的特色，具体来说，就是紧紧围绕三个字来做文章。首先，凸显一个“艺”字，即办学的专业特色、行业特色。艺术高职的教学对象是学艺术、今后要从事艺术职业行业的学生，因此我们力图贴近艺术学生，选取他们身边的典型案例说理，行文风格尽可能通俗易懂、欢畅明快。同时，尽量把一些行业心理素质要求融入有关教学内容中，以培养学生良好的行业心理素质，这也是我们这本教材最鲜明的特点。其次，凸显一个“职”字，即办学的类型特色。作为职业教育，与普通学科教育相比，高等艺术职业教育同样应侧重就业素质的培养，因此在教材编写中我们又力求从有利于学生就业和职业生涯发展的高度来组织教材内容。最后，凸显一个“高”字，即办学的层次特色。作为艺术职业教育的高层次，除了区别于一般本科教育外，还应与中等艺术职业教育有所区分。因此，一方面，理论不能像普通高校那样高深，但也不能像中职那样过于浅显，而应以“必需、够用、实用”为原则；另一方面，我们还把重视学生创新、创造能力的培养作为教材编写的指导思想。

本书既可作为艺术高职和相关院校及专业的心理健康教育教材，也可作为艺术类学生自我修养和心理保健的读本，同时对广大家长和心理学爱好者也有一定的参考价值。

目　录

第一章

聚焦心理健康

——心理健康，心灵阳光

丝丝心语

健康是人生第一财富。

——爱默生

心灵上的疾病比身体上的疾病更危险。

——西塞罗

案例导入

娱乐圈艺人自杀小盘点

1985年5月14日，饰演《射雕英雄传》中“俏黄蓉”的香港女星翁美玲，在自己居住的公寓里开煤气自杀身亡，年仅26岁。

1999年2月14日上午，因《亚运之光》一炮走红的著名女歌手谢津在她天津市的家中，从23层高楼坠楼身亡，年仅27岁。

2003年4月1日，张国荣在愚人节这天从香港中环文华东方酒店一跃而下，享年46岁。

2010年7月5日下午，著名演员贾宏声在北京安苑北里小区坠楼身亡，年仅43岁。

在韩国，自杀近年来似乎成为演艺圈的一种“流行病”，自2005年来就先后有李恩珠、郑多彬 、安在焕、崔真实、金智厚、李瑞贤、金石圭、张紫妍 、李昌容、郭志均、宋智善等一连串艺人自杀身亡。

心理评点：别以为明星都只活在公众的光鲜追捧之中，其实在竞争激烈的娱乐圈，艺人所面临的压力比寻常人更大，成名的欲望，“过气”的担忧，外界的关注，舆论的苛责，恶意的炒作，经济的打理，情感的困扰，高落差的境遇等等都会成为他们生活的压力源。加之，搞艺术的人一般内心世界都更丰富、细腻、敏感和激情，更在意外界的评价，因为追求完美而对挫折的承受能力更差，因而明星和普通人一样也会出现心理问题，甚至比普通人更严重。顶不住压力时就难免做出一些反常行为，如吸毒、乱性，甚至轻生。

时下人们习惯用“综合素质”的高低来整体评价一个人。对“综合素质”这个概念，学术文献中有不同的解释，我们倾向认为，综合素质（comprehensive quality）是指人们自身所具有各种生理的、心理的和外部形态方面以及内部涵养方面比较稳定的特点的总称。它大体包括思想道德素质、身体素质、心理素质、专业文化素质和其他素质等。如果把综合素质比喻为一个活生生的人的话，那么在其构成中，思想道德素质无疑是头部，是管总的，是灵魂和核心；专业文化素质则是躯干，是主体，是安身立命之本；而身体和心理素质则犹如两条腿，是支撑和立足点；其他素质则是两个手臂，强大了会如虎添翼。可见心理素质在其中也是非常重要的，缺损了，人就短腿了。

在这一模块里，让我们一同走进心理健康大视野，对它有一个全面的了解和认知，进而关注和重视自身心理健康，维护和增进自身心理健康，为做一个达观的人、成功的人、幸福的人奠定扎实的心理基础。

第一节 心理健康概述

健康历来是人们茶余饭后的恒常话题，并越来越被视为人生的第一需要和财富。然而到底什么是健康？如何正确、全面地把握健康的确切内涵和判别标准？心理健康的意义是什么？人们的认识都经历了一个由浅到深、由片面到全面的过程。

一、现代健康观

现代健康观是相对于传统健康观而言的，因此，要了解现代健康观，就得了解人们对健康的旧有认识和理解。

1. 传统健康观

在过去相当长的一个时期内，人们普遍认为“没有病痛和不适，就是健康”，甚至还有人认为能吃、能喝、能睡就是健康。身体有没有疾病成为那时人们衡量健康的唯一标准，因此，有学者称这种健康标准为“一要素健康定义”。随着社会的不断发展和人类自身认识的不断深化，人们开始认识到，人不仅仅是一个生物体，而且是有着复杂心理活动、生活在一定社会环境中的完整的人。因而心理因素和社会因素对于健康的影响越来越引起人们的关注，人们在重视生理健康的同时，对心理等方面健康的重视程度与日俱增。于是，那种“无病即健康”的传统健康观日渐为人们所摒弃，新的现代健康观应运而生。

2. 现代健康观

现代健康观是从全方位的角度来审视健康的。1948 年，联合国世界卫生组织（WHO）在成立时，在其宪章序言中开宗明义地指出：“健康乃是一种生理、心理和社会适应都臻完满（well-being）的状态，而不仅仅是没有疾病和虚弱的状态。”1978 年，国际初级卫生保健大会在《阿拉木图宣言》中又做了重申：“健康不仅是没有疾病或不虚弱，而是躯体的、精神的健康和社会幸福的完善状态。”该宣言还指出，健康是基本人权，达到尽可能高的健康水平，是世界范围内一项重要的社会性目标。这样，人们对健康的认识就往前迈进了一大步，从单纯的生理健康“一要素定义”发展为“生理健康—心理健康—社会适应良好”的“三要素健康定义”。

1989 年，世界卫生组织又进一步深化了对健康概念的认识，在健康定义中增加了“道德健康”的内容，即人们的道德标准符合他所处社会认可的行为规范和价值标准，道德水平发展到较高阶段。这样，“健康”定义就从“三要素说”发展为“四要素说”，即躯体健康（physical health）—心理健康（psychological health）—社会适应良好（good social adaptation）—道德健康（ethical health）。这便是现代健康观，显然，现代健康观是一种多因素和谐发展的全面的健康观。

3. 健康的标准

健康，人人都想拥有，但衡量健康的标准是什么呢？

1999 年，围绕着“四要素说”的健康新概念，世界卫生组织提出了“五快三良好”的健康新八标。

“五快”主要是针对生理健康的，即：(1) 吃得快。不是指狼吞虎咽，而是指胃口好，不挑食，不偏食，不贪食，少零食，吃得香甜，吃得平衡，吃得适量。表明胃肠和肝脏功能良好。(2) 便得快。大小便通畅，表明肛门、肠道没有疾病。(3) 睡得快。能很快入睡，且睡眠质量好，不易被惊醒，能按时清醒，醒后精神饱满，精力充沛。表明中枢神经系统兴奋、抑制功能协调，内脏无任何病理信息干扰。(4) 说得快。说话流利，语言表达准确清晰。表明思维敏捷，大脑功能正常。(5) 走得快。行动自如，步伐轻捷。说明躯体和四肢状况良好，精力充沛旺盛。

“三良好”则主要是针对人的心理、社会适应和道德健康的，即：(1) 良好的个人性格。指性格温和，意志坚强，感情丰富，热爱生活，胸怀坦荡，豁达乐观。(2) 良好的处世能力。指观察问题客观现实，具有较好的自控能力，能适应复杂的社会环境。(3) 良好的人际关系。指在人际交往中大方得体，珍视友情，助人为乐，与人为善，人缘关系好。

4. 亚健康

值得指出的是，健康并非一种非此即彼的状态，而是一个动态的、相对的、不断变化的过程。在健康（第一状态）与疾病（第二状态）之间没有截然的分界点，两个端点之间有一个很大的空间，这一中间状态便是苏联著名学者 N. 布赫曼于 20 世纪 80 年代中期提出的新概念——“亚健康状态”，或者叫“第三状态”。

N. 布赫曼认为，亚健康（sub-health）是一种指既非健康又非疾病的临界状态。处于亚健康状态的人，虽然各种身体检查和化验结果查不出明确的疾病，但却出现精神活力和适应能力下降的症状，对人的健康影响极大。如果不能得到及时的调整，就非常容易引起身心疾病。根据世界卫生组织的一项全球调查，全世界真正健康者仅占 5%左右，找医生诊治疾病者约占 20%，剩下的 75%就属于“亚健康”者，基本符合正态分布规律。

二、心理健康的含义

心理健康作为健康的重要构成，是我们这门课程最核心的概念。那么到底什么是心理健康呢？这是一个十分复杂的综合概念，它涉及医学、心理和社会现象等，至今学术界没有一个统一的定义，不同学者由于社会文化背景、所处学科视域、研究问题的立场方法不同，对心理健康有不同的看法和界定。

1. 比较权威的定义

1946 年，第三届国际心理卫生大会给心理健康下了这样一个定义：“心理健康是指在身体、智能以及情感上能保持同他人的心理不相矛盾，并将个人的心境发展成为最佳的状态。”

《简明不列颠百科全书》则是这样定义心理健康的：“个体心理在本身及环境条件许可范围内所能达到的最佳功能状态。”

2. 国外学者的定义列举

心理学家英格里士（H. B. English）指出，心理健康是一种持续的心理情况，当事者在那种情况下能有良好的适应，具有生命活力，并能充分发展其身心潜能，这乃是一种积极的丰富的情况，而不仅仅是免于心理疾病。

社会学者玻肯（W. W. Bochm）的看法则是，心理健康就是合乎某一水准的社会行为，一方面为社会所接受，另一方面能为自身带来快乐。

美国著名心理学家马斯洛（A. H. Maslow）则将理想的健康状态称为自我实现（self-actualization），即人的所有潜能的充分实现与人的不断成长。

3. 国内学者定义列举

胡江霞认为，心理健康是指内部发展与外部适应的“幸福状态”。

陈家麟认为，心理健康是指旨在充分发挥各自潜能的内部心理协调与外部行为适应相统一的良好状态。

樊富珉认为：心理健康可以从广义与狭义的角度去理解。从广义上讲，心理健康是指一种高效而满意的、持续的心理状态，在这种状态下，人能做出良好的反应，具有生命的活力，而且能充分发挥其身心潜能；从狭义上讲，心理健康是指人的心理活动的基本过程内容完整，协调一致，即认识、感情、意志、人格、行为完整和协调，能适应社会。

张玲认为：对于心理健康的理解，可以有三个不同的层次。最低层次：克服心理疾病；中间层次：超越“第三状态”；理想层次：自我实现。

4. 本书观点

综合各家之说，我们认为，定义心理健康，应把握以下几点：

第一，心理健康具有统整性。心理健康是个体内部调节与外部适应良好二者的完整统一。心理健康的人从内部而言，心理机能健全，人格结构和谐统一；从外部而言，能较好地适应环境，建立良好的人际关系。

第二，心理健康具有持续性。心理健康是较长一段时间内一种持续而积极的心理状态和过程，不能以一时一事来定论心理健康。

第三，心理健康具有层次性。心理健康可以区分为不同的层次，低层次的心理健康主要是指没有或能及时克服心理问题和疾患，高层次的心理健康是指个人身心潜能得到充分的发展。

这样，我们把心理健康定义为：心理健康是指个体知、情、意、行协调统一，适应社会生活，在此基础上个人潜能能得到较好发挥的一种积极而持续的心理状态和过程。

三、心理健康的标准

衡量心理健康并不像衡量躯体健康那样有着比较客观的指标和方便实操的检测手

段，加之心理健康和不健康之间也没有一个绝对的界限，不同国家和民族的文化对心理健康也有不尽相同的要求，因此，和心理健康定义没有定论一样，心理健康标准迄今也一直是个有分歧的问题。

1. 学术界的不同看法列举

1946年，第三届国际心理卫生大会提出了心理健康的四条标准：（1）身体、智力情绪十分协调；（2）适应环境，人际关系中彼此能谦让；（3）有幸福感；（4）在工作和职业中，能充分发挥自己的能力，过有效率的生活。

《简明不列颠百科全书》认为，心理健康的具体标准是：（1）认知过程正常，智力正常；（2）情绪稳定乐观，心情舒畅；（3）意志坚强，做事有目的、计划、步骤、方法，能克服困难达到目的；（4）人格健全，性格、能力、价值观等均正常；（5）养成健康习惯和行为，无不良行为；（6）精力充沛地适应社会，人际关系好。

胡江霞提出的心理健康标准是：（1）个体需求的层次及自主性程度；（2）个体对社会规范的悦纳及适应程度；（3）个体内外各方面的协调程度。

许又新则提出了衡量心理健康的三个标准——体验标准、操作标准和发展标准。体验标准是指以个人的主观体验和内心世界为准，主要包括良好的心情和恰当的自我评价。操作标准是指通过观察、实验和测验等方法考察心理活动的过程和效应。发展标准着重对人的心理状况进行时间纵向（过去、现在与未来）考察分析。

2. 本书倾向的观点

综观各家各派看法，其中都有不少可取之处和思想闪光点，本书比较倾向和赞同我国著名心理学家王登峰先生的“八标准说”，认为它指标体系较为全面，适合国人特点。大学生和其他各类人群都可以结合其年龄、社会角色、心理发展等具体情况参照这套标准来检视自身心理健康的状况与水平。

（1）了解自我，悦纳自我。心理健康的人能够体验到自己存在的价值，既能了解自己又能接受自己，有自知之明，对自己的能力、性格和优缺点都能做出恰当的、客观的评价；对自己不会提出苛刻的、非分的期望与要求；对自己的生活目标和理想也能定得切合实际，因而对自己总是满意的；同时，努力发展自身的潜能，即使对自己无法补救的缺陷，也能坦然接受和面对。

（2）接受他人，善与人处。心理健康的人乐于与人交往，不仅能接受自我，也能接受他人，悦纳他人，能认可别人存在的重要性和作用；能为他人所理解，为他人和集体所接受，能与他人相互沟通和交往，人际关系协调和谐，在生活的集体中无孤独感；在与人相处时，积极的态度（如同情、友善、信任、尊敬等）总是多于消极的态度（如猜疑、嫉妒、畏惧、敌视等），因而在社会生活中有较强的适应能力和较充足的安全感。

（3）热爱生活，乐于工作。心理健康的人珍惜和热爱生活，积极投身生活，尽情享受人生的乐趣。他们在工作中尽可能地发挥自己的个性和聪明才智，并从中获得满足和激励，把工作看做是乐趣而不是负担。他们能把工作过程中积累的各种有用的信息、知识和技能存储起来，便于随时提取使用，以解决可能遇到的新问题，能够克服各种困难，使自己的行为更有效率，工作更有成效。

（4）正视现实，接受现实，适应现实，改变现实。心理健康的人能正视、接受并努力适应和改造现实，而不是逃避现实，他们对周围事物和环境能做出客观的认识和评价，能与现实环境保持良好的接触，既有高于现实的理想，又不会沉湎于不切实际的幻想与奢望，对自己的能力有充分的信心，对生活、学习、工作中的各种困难和挑战都能妥善处理。

（5）能协调与控制情绪，心境良好。心理健康的人愉快、乐观、开朗、满意等积极情绪状态总是占据优势的，虽然也会有悲、忧、愁、怒等消极的情绪体验，但一般不会长久。他能适当地表达、控制自己的情绪，喜不狂，忧不绝，胜不骄，败不馁，谦而不卑，自尊自重，在社会交往中既不妄自尊大也不畏缩恐惧，对于无法得到的东西不过于贪求，争取在社会规范允许范围内满足自己的各种要求；对于自己能得到的一切感到满意，心情总是开朗、乐观的。

（6）人格和谐完整。心理健康的人，其人格结构包括气质、能力、性格和理想、信念、动机、兴趣、人生观等各方面能平衡发展，人格特质能够完整、协调、和谐地表现出来。思考问题的方式是适中和合理的，待人接物能采取恰当灵活的态度，对外界刺激不会有偏颇的情绪和行为反应，能够与社会的步调合拍，也能与集体融为一体。

（7）智力正常。智力正常是人正常生活的最基本的心理条件，是心理健康的重要标准，智力是人的观察力、记忆力、想象力、思考力和操作能力的综合。一般常用智力测验来诊断智力发展的水平，智商低于70者为智力落后。

（8）心理行为符合年龄特征。心理健康的人应具有与同年龄多数人相符合的行为特征，如果一个人的心理行为经常严重偏离自己的年龄特征，一般都是心理不健康的表现。

3. 把握心理健康标准应注意的问题

（1）心理健康标准具有相对性。可以从三个方面来理解：

①因年龄、性别、情境、文化等因素呈现的差异性。某些行为发生在孩子身上是正常的（如动不动哭鼻子），发生在成人身上则是变态的；某些行为发生在女性身上是可以接受的（如撒娇），而发生在男人身上则难以容忍；某些行为在特定的情境中是正常的反应（如受惊吓喊叫），而在其他情况下出现就不正常了；某些行为在一些国家的文化背景下不是病态（如同性恋），而在另一些国家则不然。

②健康与不健康之间界限的模糊性。在心理健康与心理病态之间是一个比较模糊和宽泛的范围，并没有确切的界限。一些学者提出了“灰色区”概念。具体地说，如果把健康比喻为白色，心理病态比喻为黑色，那么在二者之间存在着一个巨大的缓冲区——灰色区，实际上，绝大多数人的心理状态都散落在这个区域，有的学者干脆将这一灰色区域——既非心理疾病又非健康的中间状态称为“第三状态”或“心理亚健康”。

③健康与不健康状态的非纯粹性。一个心理健康的人并不意味着他完全没有或从不

出现不健康的心理和行为，只要频率、程度不高，危害性不严重，并能适时调适解决，便是健康的。相反，一个心理不健康的人，其行为活动也并不都是异常的，大部分情况下，他会表现出正常或部分正常。

（2）心理健康标准具有动态性。可以从两个方面来理解：

①心理健康标准是动态发展的。随着时代的发展和社会的变迁，心理健康的标准也随之发生改变，如安贫乐道在小农社会可能是一种理想的保持心理平衡的观念，但在现代社会则会使人不思进取。

②个体的心理健康状态也非固定不变的。随着人的成长、经验的积累、环境的改变和不断地调适，个体的心理状况会是一个“平衡—不平衡—平衡”循环变化的过程。

③心理健康水平具有层次性。在心理健康范围内，至少可分为基本健康、健康和非常健康三个等级。在心理异常范围内，至少可分为心理问题、心理障碍和心理疾病三个等级。心理健康教育据此可以分为三个层次的目标。

初等目标（治疗性目标）：使已经处于心理病态的人得以解脱；

中等目标（预防性目标）：使尚属于心理健康的人免于陷入心理病态，保持心理健康状态；

高等目标（发展性目标）：使已属于心理健康范围的人达到最佳状态，充分发挥自己的心理潜能。

心理健康自我教育则主要实现后两个目标，即预防性目标和发展性目标。

总之，心理健康的标准是相对的、动态的、有层次性的，世间不存在千篇一律、一成不变、中外通用的心理健康判别标准。

四、心理健康的重要意义

心理健康既是综合素质的重要构成，又对其他素质产生重大的影响，下面我们就结合艺术高职院校学生的实际，多侧面谈谈心理健康的重要意义。

1. 心理健康影响生理健康

心理健康和生理健康紧密相连，一方面，生理健康是心理健康的物质基础；另一方面，心理健康对生理健康有重大影响，心理的变化会引起生理功能的变化。如果一个人长期处于心理不健康状态，就会影响体内分泌，使人的抵抗力降低，从而导致生理异常或病变。我国古医籍《黄帝内经》中就有“怒伤肝，喜伤心，思伤脾，忧伤肺，恐伤肾”的记载。美国新奥尔良的奥施纳诊所曾做过统计，发现500个连续求诊入院的肠胃病人中，因情绪不好而致病者占74%；耶鲁大学医学院门诊部统计，求诊病人中因情绪紧张而致病的占76%；俄国的兹马诺夫斯基经长期研究给出了一个健康公式：健康=情绪稳定+运动适量+饮食合理/懒惰+嗜烟+嗜酒。对于在学习中体力支出较大的艺术学子来讲，保持一个健康的体魄更显重要，而健康一条重要秘籍就是保持情绪稳定，维护心理健康。

2. 心理健康影响智力发展

大脑是心理活动的器官，也是智力活动的器官。心理活动通过大脑直接影响智力活动。轻松、愉快、乐观的情绪，使人记忆力增强，反应敏捷，思维活跃；焦虑不安、悲观、苦闷、愤怒等不良情绪，则使人心烦意乱，思维停滞，阻碍智能的发挥。如果一个人的心理长期处于不健康状态，就会导致大脑机能失调，影响正常的智力活动。艺术高职大学生学习任务重，不仅要苦练专业技能，还要学文化，如果心理健康，就会精力充沛，灵感迸发，有利于学习和艺术创造；反之，不用说创造性与活力，就连基本的课业任务都难以完成。

3. 心理健康促进良好品德形成

“学艺先做人”，“德艺双馨”，德字排前。对于未来的文艺工作者来说，具有良好的道德品质无疑是立足于社会的重要条件，而良好的心理素质和状态恰恰是形成良好道德品质的基础。首先，人只有心理处于正常健康状态，才比较容易顺应社会，接受正确的思想道德教育，与社会主流价值观保持一致，形成符合社会要求的道德品质。其次，品德中的许多内容与心理素质相辅相成，互相渗透。如道德需要表现为道德动机、道德理想、道德信念等，这些都是建立在相应的心理素质基础上的。反过来看，一些不良的个性品质如狂妄自大、自私自利、胆小怕事、怯懦自卑、悲观厌世等，则容易构成低劣品德的心理基础。

4. 心理健康有助于形成正确的审美观

艺术讲求一个“美”字，对艺术学子而言，提高感受美、鉴赏美、表现美、创造美的能力尤显重要。对美的感知力、想象力、理解力、判断力等，既是审美的品质，也是心理素质。一个人具备了良好的心理素质，本身就是人美的基础和条件。例如，当一个人具有远大的理想、优秀的品德、良好的情感、坚强的意志、健全的性格后，就为他具有理想美、品德美、情感美、性格美等创造了基础和条件。反之，当一个人产生心理健康问题后，人的美就失去了基础和条件。例如，一个因害怕身体发胖影响体形等原因而患神经性厌食症的女孩，面黄肌瘦，有气无力，萎靡不振，我们不能认为她具有身体美——匀称美、体线美、肤色美、柔性美、活力美等。

5. 心理健康是学业事业成功的重要保障

相当长一段时期，人们总把影响人发展的因素比较单一地归结于智力因素（IQ），然而，随着时代的发展，人们越来越认识到非智力因素（EQ）、逆境商数（AQ）和健康商数（HQ）与人的发展也休戚相关，而后三者直接关联或者本身就是心理素质。健康的心理有助于调动非智力因素的作用，充分发展自身才华与潜能。反之，则可能难以适应环境，成就其才。这在现实生活中不乏其例，据江西省对1995年以来28所院校大学生退学、休学情况的调查，在所有退学者中，52.41%的学生是因为承受不了学业上的精神压力而放弃学业的。心理学界曾作过一项重要研究，研究者追踪了3000名高智商儿童，30年后这些儿童有的成为科学家、发明家、社会名流，有的成为普通人。可见，成功与否的关键不取决于智商高低，而取决于非智力因素等方面的比拼，如意志、性格等。作为未来的文艺工作者，未来职场面临的压力在某种意义上比一般行业、职业更大，因而从当下开始就要培养良好的心理素质，为将来事业成功奠定坚实的心理基础。

6. 心理健康是生活幸福的源泉

英国哲学家休谟说："所有人类努力的伟大目标在于获得幸福。"然而，到底什么是幸福？它与拥有财富的多少一定呈正相关吗？为什么随着物质文明的飞速发展反而出现幸福感缺失的现象？心理学家认为：幸福感是一种积极的心理体验，是对生活的客观条件和所处状态的一种感受，又是对生活的意义和满足程度的一种主观判断。可见，幸福其实就是我们内心的一种感觉，一种人生态度。那些幸福感强的人，并不一定是因为功名利禄、锦衣玉食，而是因为拥有一颗健康、快乐、平常心！曾经有一个年轻人，起草了一份幸福清单，上面列着：健康、美貌、才智、爱情、权力、财富、成功。当他把这份幸福清单交给一位睿智的长者，长者却告诉他："你少了一样最重要的东西。""那是什么？"他问。长者告诉他："是健康快乐的心灵，这是上天赐予人类的最高赏赐。"浪漫朝气的艺术学子需谨记：生活中从来不会缺少幸福，缺少的或许是一颗能体味幸福的"心"；幸福人生，从"心"开始！

总之，良好的心理素质是现代人生存和发展的重要资本，一切成就、智慧、财富和幸福莫不与之相关，它是学业成功、事业成就、生活快乐的基础和源泉。

第二节　艺术高职院校学生心理健康分析

学校心理健康教育的目标就是要培养学生良好的心理素质，维护和增进心理健康水平，而实现这一目标的前提是基于对教育对象身心发展状况的准确把握。

一、艺术高职院校相关校情学情分析

我国的艺术高职院校基本上是21世纪初由原来各省中等艺术职业学校合并升格而成，加之艺术人才培养具有特殊性，一些形体表演类专业如戏剧、舞蹈表演等一些要求有"童子功"的专业，要求人才培养相对低龄化。这就决定了艺术高职院校办学层次多元化特点：既有和普通高职院校一样面向应届高中毕业生的普通高职办学层次，这是学校主体办学层次，学生约占在校生的3/4；还有面向初中毕业生招生的五年制高职这一特殊的高职办学层次，同时还保留了少部分中专办学层次。在艺术高职院校校园里，学生年龄从十一二岁上下到二十一二岁上下参差不齐，既有青春朝气的脸庞，也有稚气未脱的身影。青年初、中期和少年期学生共处一校：高职层次学生基本处于青年中期，五年制大专层次一到三年级学生基本处于青年初期，中专层次学生基本处在少年期或少年期向青年期过渡的时期。在这样的校园里，还有着一个鲜明的特点，女生占了校园的大半壁江山（约2/3）。显然，对艺术高职院

校学生心理健康的关注不仅仅包括艺术高职大学生（含五年制大专后两年），也不能忽略中专和中专年龄段位的学生。他们存在着因校园、专业、兴趣个性等相同而呈现出的共性心理特征，也存在着因年龄、性别等相异而表现出的差异。为了论述的方便，文中没特别说明或单列论述的视为共性；差异之处则会特别论及（本书以下章节同）。

人们通常会以为，学艺术的人天性开朗乐观，应该鲜有心理问题，但工作实际和调研显示，情况并非这样。在我们做《艺术高职院校学生管理研究与实践》省级课题（以下简称课题）时，设计了这么个问题“你认为自己经常处于哪种情绪当中”，结果选择“快乐”的为23.8%；选择“平静”的为28.21%；两项相加比率为52.01%。受不良情绪困扰的比率竟达47.09%，其中认为自己常处于“无聊”情绪当中的为22.07%、常处于“郁闷”情绪当中的为18.04%、常处于“烦躁”情绪当中的为7.87%。对自己是否心理健康问题的自我判断调查也显示：有36.85%的同学认为自己“健康”；有47.4%的同学认为自己“基本健康，但有时也会出现心理困扰”；有11.9%的同学认为自己“有心理问题，经常出现心理困扰”；还有3.84%的同学认为自己“有严重的心理疾患”。可见，艺术高职院校学生的心理问题是不容忽视的。

二、艺术高职院校学生心理特点及常见心理问题

从心理发展来说，艺术高职院校学生处在一个正在走向成熟而又未真正成熟的阶段，其心理特点及关联的心理问题也呈现出与其年龄段和专业学习背景相对应的特征，分述如下。

1. 环境适应方面

面对新的校园、新的群体，大部分学生能较快适应和融入新的校园生活，较好完成角色转换，就连刚入学时十一二岁低年龄段的学生也不例外，他们在入学适应、军训等校园生活中都表现出令人赞叹的“小小年纪不让师哥师姐”的风范。

但是，在这方面也会呈现出发展不平衡和一定的个体差异，产生一些环境适应方面的问题，主要是：因理想中的大学和现实就读的学校反差较大，相当一部分学生在初入学时往往产生较大失落感，并由此对前途产生悲观情绪；一些高考失利而未能进入本科大学的学生则有读非所愿的悲观心理；一些原本对艺术不是特别爱好和擅长只因成绩不特别理想而被录取的学生则产生读非所爱、读非所长的烦恼；一部分异地就学的学子因饮食、语言、文化等方面的差异带来生活习惯的不适应，造成环境应激，严重者甚至影响正常的学习、睡眠等活动；少部分年龄太小或既往依赖性过强的学生独立生活能力较差等。

2. 自我意识方面

随着学习生活环境的变化和脱离父母呵护的独立生活的开始，即便是小年龄段位的艺术高职院校学生，成人感、独立感也会陡增，自我意识进一步发展。他们开始懂得自省，了解与关心自己的特质，设想自己未来的发展；他们关心别人对自己的评价，渴望

得到他人的尊重和理解；他们崇尚自由，追求自我个性的发展。

存在的偏差和问题主要是：自我认知发展不平衡，个体、层次差异大。一部分学生不能正确认识自己，要么自视过高，要么自卑气馁。前者往往是专业条件较好的同学，他们过于自信，自命不凡，一旦遭遇挫折，又容易从自负走向自卑；后者则往往是专业条件较差的同学，他们只看到甚至夸大自身的不足并由此产生强烈的自卑感，觉得前途渺茫，容易浑噩度日、自暴自弃、焦虑抑郁。还有少部分学生压根没有或很少自觉清醒地自我认知、自我规划，这部分学生在五年制高职和中职学生中分布比率相对更大。此外，艺术专业学生自我中心意识较为突出，这往往导致行为上较大的自私性、散漫性、随意性，而换位思考、团结协作、集体意识等则有所欠缺；他们还比较注重外在形象，对内在修为重视不够。

3. 人格特质方面

艺术高职院校除了和当代青少年一样，具有积极进取、乐观自信、精力充沛等共同的优秀品质外，还有着鲜明群体个性特征，主要是：感性活泼但理性相对不足；个性彰显但自控力较差；热爱生活但脚踏实地精神欠缺。

存在的偏差和问题主要是：在谦让、克己、忍耐、谨慎、负责等人格特质方面要弱于普通大学生，易冲动，自我监督和自我约束能力相对较弱，尤其是中专和五年制高职层次的学生。

4. 学习心理方面

艺术高职院校学生能认识到学习的重要性，却较难在行动上执行和坚持，但专业学习例外。他们酷爱专业，练功学艺吃得苦，并积极寻求机会锻炼自己，渴望专业上有所成就，甚至能成名成家。

存在的偏差和问题主要是：学习动力不足，目的不够明确，成绩不甚理想，厌学情绪较浓，尤其是文化学习意识淡漠，重专轻文现象突出；易出现学习疲劳却鲜有学习、考试焦虑，考试无所谓、考试舞弊现象比较严重。

5. 人际交往方面

除了具有多元性、开放性、情感与功利性并重等当代大学生人际交往的共同特点外，艺术高职院校学生人际交往还有一些显著特点：热情开朗，落落大方，单纯直率，但心理设防能力较差；看重与专业老师的关系，师徒式特点明显；女孩子私心、嫉妒心较强，同学间更易出现矛盾；低龄段学生在人际交往中单纯、幼稚，需加强教育和防范。

存在的偏差和问题主要是：交往技巧需要学习和加强；女生和低年龄阶段学生需特别提防外界不良诱惑与陷阱，谨防不良外交；交往中存在的不健康心理如面子心理、冲动心理、功利心理、宽容心理等需要调适。

6. 情绪情感方面

除了和当代青少年一样具有追求真、善、美等共同的情感特征外，艺术高职院校学生还有着鲜明的个性，主要是：富于幻想但易忽视现实；充满激情但情绪化倾向明显；情感丰富、细腻、强烈但又具有不稳定性。

存在的偏差和问题主要是：情绪情感控制力较差，呈现出波动性和两极性特征；一些高级社会情感如道德感、集体荣誉感、社会责任感、理智感等需要加强教育和培养。

7. 意志品质方面

艺术高职院校学生一方面在意志品质的独立性、自觉性、果敢性、坚持性等方面明显地不断在提高，但总体来说，他们的意志品质要明显弱于同龄普通大学生，尤其是低年龄段和综合素质较差的学生。

由此表现出来的偏差和问题主要是：处理动机冲突的能力欠佳，目标调整能力较差；缺乏韧性、恒心与毅力，易受外界干扰和影响；缺乏经受挫折的心理准备，抗压耐挫能力较弱；逆反心理较强，尤其是五年制高职学生的低年级阶段。

8. 恋爱与性心理方面

在这方面，艺术高职院校学生更多呈现的是与当代同龄大中专院校学生相同的特点与问题，主要是：与异性交往的愿望强烈，大多数学生对恋爱持顺其自然和积极宽容的态度，恋爱呈现出低龄化、公开化、一定范围普遍化和快进度的趋向；恋爱的自主性较强，浪漫色彩较浓，但盲目性、随意性较大，处理恋爱情感纠葛的能力较弱；追求现实的快乐感，“不在乎天长地久，只在乎曾经拥有”的爱情哲学比较盛行，恋爱成功率低；网恋、单恋、多角恋、同性恋、失恋以及由此产生的问题不容忽视。性心理方面则呈现出性生理成熟与性心理未完全成熟、性意识本能性与朦胧性、性意识的强烈性与表现上的文饰性、性心理的动荡性与压抑性的矛盾以及男女在性心理方面的差异性；性与爱的困惑、分离以及婚前性行为在一定范围内存在，由此引起的后果和心理压力也相伴产生。

除此之外，艺术高职院校学生在恋爱与性心理方面也表现出自身的个性特点，主要有：男生性别角色意识需要强化；因男生少、出众男生更少，易出现多个女孩喜欢一个男孩的情况，由此产生的问题需引起重视；校园生活中不提倡恋爱（中专年龄阶段还不允许恋爱）与艺术角色饰演与创造中又极力要求和渲染情爱的矛盾；低龄阶段学生还存在性好奇、性知识缺乏的问题。

9. 网络心理方面

和当代同龄大中专学生一样，艺术高职院校学生一方面能充分体认到网络对他们学习生活产生的积极影响——认知更加便捷、丰富，娱乐自由自在，人际交往唾手可得，网络已成为他们生活不可或缺的重要组成部分；另一方面，他们对网络的负面影响也有所认知，但认知不够深刻，知行存在距离。网络成瘾、人际交往困惑、认知麻痹、人格扭曲、道德失范等问题不同程度地存在。艺术高职院校学生年龄偏小，文化素养和认知水平偏低，相比之下，他们对网络的依赖性更强，利用网络来学习提高自己远远不够，不良网络行为自控力较差，沉迷网络游戏、摄入不良网络信息等情况更甚，尤其是一些空虚寂寞感较强和低龄阶段贪玩厌学的学生。

10. 就业心理方面

在这方面，艺术高职院校学生显示出更多与其他院校学生相同的特点，主要是：对社会转型期和高校扩招后大学生严峻的就业形势有比较清醒的认识，对就业与前途的担忧是他们排在首位的压力因素（据我们的课题调研显示，有65.95%的人把它排第一位，24.57%的人把它放第二位）；能坦然面对和接受新时期自主择业和双向选择的就业方式；择业价值观中比较注重经济收入、专业对口、工作环境等因素，自主创业意识与能力有所增强。不足之处是存在一些择业心理误区，如从众、急功近利、盲目攀比、被动依赖、焦虑紧张等心理；求职择业技巧欠缺；知识与能力储备阶段的紧迫感和执行力需要加强，等等。

除此之外，艺术高职院校学生就业心理方面也有独具的特点，主要是：形象气质和职业延伸能力较强的优势使他们在择业就业中有一定的优势心理，因而择业期望值较高，尤其是女生。

11. 其他心理问题

除了上述论及的外，艺术高职院校还存在其他一些值得注意的问题，主要有单亲家庭学生、外形和专业条件较差学生、家庭经济困难学生以及有同性恋或同性恋倾向学生的心理问题等。据我们的观察和调研，艺术院校学生来自单亲家庭的较多，他们往往存在孤独、闭锁、渴望爱等心理问题；伴随着高校扩招、生源数量减少质量滑坡，艺术高职院校也存在一部分外形和专业条件较差的学生（我们的调研显示，这一比率为7.33%），艺术专业行业的特殊性使他们面对学业压力和置身于周围优势人群，心理压力和焦虑特大；艺术院校学生经济优裕的家庭居多，少数家庭经济困难学生在落差较大和攀比心较强的氛围中也会备感压力；学艺术的孩子同性恋现象也显得比普通院校要稍多。

三、影响艺术高职院校学生心理健康的因素

与影响青少年心理健康的因素一样，艺术高职院校学生的心理健康状况也是内因与外因，生理和心理，家庭、学校和社会诸因素交织作用的结果，区别仅在于因学缘背景不同而具体表现有所差异。

1. 本体因素

本体因素是个体自身所具有的一种内在的、主观的因素，主要包括个体的遗传因素、身体素质、心理素质、个人经历和自我强度等。

（1）遗传因素。先天的生物遗传因素在很大程度上决定一个人的生物学特征，同时对人的心理健康有着直接的影响。一个人的外表、气质、智力、神经过程的活动特点等都受到遗传因素的影响。调查和临床观察表明，在精神病家族中确实有一定比例的成员患神经精神病或存在某些异常的心理行为表现，如精神发育不健全、性情乖僻、躁狂抑郁等，且血缘关系越亲近，患病率越高。

（2）身体素质。人的心理是依托于生理结构而存在和作用的，健康的身体是心理健康的物质前提。各种躯体疾病会使人烦恼，敏感多疑，悲观抑郁，行为控制力降低，尤其是身体缺陷、重大疾病、慢性疾病或久治不愈的疾病更易导致严重心理问题和障碍的产生。

(3) 心理素质。心理素质是指个体在维持、保证心理健康方面的心理特点、状况和潜能，是个体在应对压力时所表现出的基本素质，主要包括性格、气质、能力、个性倾向性等人格因素以及情绪、意志、需要、动机等心理品质。它不是心理健康本身，但对心理健康有很大的影响，以人格的核心因素性格为例，内向的人环境适应性、人际交往能力相对较弱，但专注度、坚持性等较好；外向的人（艺术院校学生外向型偏多）开朗活泼，长于交际，但自控力、坚持性较差。

(4) 个人经历。俗话说："三岁看大，七岁看老。"个人经历尤其是早期经历对个体人格的形成以及认知和思维模式的确立等有着重要的影响。研究表明，在儿童期安全和爱的需要得到较好满足的孩子，比较容易发展独立、自信的人格；反之，则较易发展成退缩、抗拒、不自信或者有较多情绪问题的人格特性。

(5) 自我强度。自我强度是个体解决或适应生活压力的总能力。智力和解决问题的能力息息相关，是自我强度的基本因素。另外，个人的价值观、专长、兴趣和习惯等都是自我强度的有机组成部分。

2. 诱发因素

诱发因素是指直接引起心理问题的外在的、客观的因素。主要包括家庭、学校和社会因素。

(1) 家庭因素。家庭是孩子的第一所学校，父母是孩子的第一任老师，家庭因素对青少年身心健康的影响显而易见。这方面的影响主要来自家庭的情绪氛围、父母的教育方式、家庭结构和家庭经济状况等方面。国内外大量研究和现实生活实际表明，亲和的家庭氛围、完整家庭结构和恰当的家庭教育方式有益于孩子人格的健全发展和心理健康。反之，则容易造成孩子的心理行为异常。在家庭结构完整、夫妻和睦、亲子关系融洽氛围中长大的孩子一般乐观自信，积极向上，情感丰富，互相友爱，幸福感强；而在家庭关系紧张、矛盾冲突频繁或亲人亡故、父母离异家庭环境下生活的孩子则容易产生暴躁、孤僻、冷漠、懦弱、自卑、仇视等心理。家庭经济状况也会影响孩子的心理发展，优裕家庭的孩子容易因优越感而降低努力目标，而贫困家庭的学生则容易在生活困难和条件落差中产生自卑等心理。

(2) 学校因素。学校是学生学习、生活的主要场所，学生的大部分时间是在学校度过的，因此，学校生活对学生的身心健康影响极大。学校因素主要包括学校办学条件、办学指导思想、校风学风、教师素质以及师生、同学关系等。办学条件包括办学设施设备等硬件条件和教育教学及管理等软件条件，一般来说，它与学生心理的积极愉悦程度呈正相关。艺术高职院校大多校区面积小，校园远远没有一般大学那样壮观，办学其他硬件条件也相对不足，离学生理想中的大学反差很大，因而初入校的学生普遍会产生较大的失落感；随着高校扩招，入学人数的较大增长，一方面生源质量也有所滑坡，另一方面教育管理也并未完全同步跟上，这些也会成为影响学生学习和心理健康发展的因素。其他因素亦然，如办学指导思想上如果忽视学生非智力因素的培养和心理健康教育，就不利于学生心理的健康发展；校风学风不正、少数教师素质素养不高、教育方法不当、师生情感对立、同学关系失谐等，都会使学生心理阻滞、压抑，精神紧张、焦虑，如不及时调适，就会造成心理问题和障碍。少数教师性格、修为欠缺，或急躁粗暴，或言传身教不够，或对学生偏心，或教育批评方式欠妥，都会使学生产生失望、不满、反抗、逃避等情绪和态度。在我们日常的咨询中，因专业老师偏心，忽视专业条件平平的学生而造成学生心理失衡的案例比较多见，值得重视与警醒。

（3）社会因素。社会因素对青少年心理健康的影响无处不在，作用重大，这些因素主要包括政治、经济、文化、社会风气以及由此引起的各种压力等。改革开放以来，我国社会发生了巨大而深刻的变化：政治体制逐渐完善，民主化进程不断推进；逐步确立市场经济体制，综合国力、人民生活水平得到空前的提高；文化日益繁荣，人们精神生活日益丰富，思想观念日益多元化，竞争、效率、民主、法治意识深入人心。但社会转型时期也是矛盾凸显期，腐败、分配不公、贫富差距、信仰迷惘、拜金主义盛行、低俗文化泛滥、社会责任感缺失、诚信缺失等社会问题和不正之风都在考验着人们的神经，使人们的心理活动更为活跃、复杂，青春年少的学生更是如此。新旧观念的冲突，东西方文化的碰撞，理想与现实的反差，常使他们感到混乱、茫然、顾虑、紧张和无所适从。如竞争在就业机制上的引进以及拉关系、走后门大行其道等就使大学生“天之骄子”的优越感受到强烈冲击，失落、不安、焦虑充盈心间。黄色、暴力等不健康的文化、思想、情感、行为，也在摧残和毒害着青少年学生的心灵。对于年龄偏小、辨识能力差、控制能力弱和文化素养欠缺而又得担当起文化传承、传播、创造使命的艺术高职院校学生来说，如果不加强教育和防范，增强免疫力，就更易引发心理冲突与矛盾，造成心理问题与障碍。

第三节　艺术高职学生心理健康的养护

心理健康既然是内在本体因素和外在诱发因素，生理和心理因素，家庭、学校和社会多因素交互作用的结果，那么，艺术高职院校学生心理健康的养护也必须整体地、综合地进行，才能达到预期的目的。唯物辩证法认为，内因是事物变化发展的依据和第一位的原因，外因是变化发展的条件，外因要通过内因而起作用。因此，在增进青少年心理健康的过程中，个体对心理健康的认知、心理品质的优劣、自我调整与修复能力等无疑是最为重要的；但是社会、学校、家庭等外在因素和力量也不可忽视，如能协调一致，形成重视心理健康的浓厚氛围与强大合力，必将是青少年学生的福音。

一、加强心理健康的自我认知、自我修养、自我调整与修复

1. 加强心理健康的自我认知

明代大家王阳明在《传习录》中说：“知是行之始，行是知之成。”的确，思想是行动的先导，我们要拥有健康的心理，首先就要学习了解心理卫生基本知识，加强对心理健康的认知，这是维护和增进心理健康的前提。对于有着“两耳不闻窗外事”特点的艺术高职院校学生来说，就更需要以积极主动的姿态充分认识心理健康之于青少年成

长成才的重要性；要明晰心理健康概念，树立现代健康观，追求心理健康的感受；要明了心理健康标准，并能通过比对、测验等了解自身的心理状况，增强对心理问题的自我判断能力；要积极参加各种心理健康教育活动，学习和掌握养护心理健康的一些基本方法和途径，以便能自觉有效地进行自我心理保健，并在同学、朋友、亲人、周边人需要的时候伸出援手，实现自助助人。

2. 加强心理健康的自我修养

如果说良好的自我认知是维护和增进自身心理健康的前提，那么，通过自身努力，拥有良好的心理品质，则是强大内心、维护和增进心理健康、减少和解决心理冲突与矛盾的坚实基础。这就要求我们：

（1）树立正确的世界观、价值观和人生观。人之所以为万物之灵，是因为具有极其复杂、丰富的内心世界，而世界观、人生观、价值观是人们思想意识的核心部分和最高层次，不仅影响着人的认识、情感、意志、需要、动机和兴趣等一系列心理活动，而且还对人的行为具有重要的调节作用。因此只有树立正确的“三观”，才能恰当处理个人与社会、物质生活与精神生活的关系，明确自己所处的社会位置和承担的社会责任，才能对周围环境的变化做出科学分析和预测，找到解决问题和困难的有效途径与方法，从而保持良好的心理状态。艺术高职院校学生参加社会实践时间早，外界不良诱惑多，培养和树立正确的“三观”来为艺术人生导航更显重要。

（2）正确估价自己，保持良好的自我意识。良好的自我意识不但是心理健康的标准，也是维护和增进心理健康的重要途径。良好自我意识的核心，就是做到自知和自爱。自知就是通过自我观察、自我评价了解自己能力的真实水平，想问题办事情能量力而行。如果盲目从事力不能及的事情，不仅难达成目标，还会常因心力不济而发生疾病。自爱就是爱惜、保护、珍视自己。自尊、自信、自强、自制都是“自爱”的内涵。人的能力有大小，地位有高低，但每个人都是独特的、无可取代的，既无须过于谦卑，也不必盲目自大。艺术高职院校专业条件好的同学在看到自身优势的同时也应认识到自身不足，避免骄傲自大、片面发展；专业条件有所欠缺的同学也不必因此气馁和丧失信心，应适当调整目标值和努力方向。

（3）培养健全人格。人格是指人的性格、气质、能力等特征的总和，也是个体道德、思想、灵魂、行为、态度及社会责任感等的具体统一。人格是人的心理行为的基础，在很大程度上决定了人如何对外界刺激做出反应以及反应的方向、程度、效果，因而直接影响人的适应状况和心理健康。人格虽然具有稳定的一面，但又具有可塑性。拥有健全人格的人，能较好地适应社会环境，为其他社会成员所接受而又充分展现主体个性特征。同学们今后面临的艺术行业竞争压力大，健全人格的培养要趁早。要努力矫正自己人格中不健全因素如自卑、敏感、孤僻、抑郁、冲动等，增进人格中积极的因素如自信、乐观、热情、细心、沉稳等，以更好地适应社会生活环境的变化，促进身心健康发展。

（4）培养良好心境。心境属于情绪的范畴，它是指一种强度较低但持续时间较长的情绪状态，具有弥散性和长期性的特点。良好的心境，使人干什么事情都有精神，有助于个体潜能的发挥和学习工作效率的提高；不良的心境不但阻滞个体活动，也是诱发各种心理疾患的重要源头。对于情感丰富而细腻的艺术专业学生来说，更应培养开朗豁达的心境。凡事要乐观，即便是在困难、挫折面前也要坦然面对，不轻言放弃；要善良宽容，不斤斤计较；要淡泊宁静，不盲目攀比；要懂得感恩惜福，并学会关爱他人；还要提高审美情趣和生活品位。

3. 加强心理健康的自我调整与修复

如前所述，人的心理健康是一个“平衡—不平衡—平衡”动态发展的过程，在这个过程中，个体因各种原因出现心理困扰甚至疾患都是再正常不过的事情，而这就需要个体及时、恰当地进行调整和修复，以保证这一过程总体的平衡状态。可见，心理健康的自我调整与修复是维护和增进个体心理健康的重要手段与保障。它主要包括：

（1）建立合理的生活秩序，形成良好的生活习惯。科学证明，良好的生活习惯对促进人们的身心健康具有十分重要的作用。生活习惯是生活方式的重要组成部分，也是人们保持身心健康的关键因素。对青少年学生来说，良好的生活习惯主要包括：一是合理作息，起居有常，早睡早起，睡眠充足。艺术专业学生练功要早起，体能消耗大，许多学生还处在长身体的时期，保证充足睡眠相当重要。二是饮食平衡，坚持吃早餐，体重保持正常水平。一些女生为了追求身材苗条一味节食，容易导致营养不良，影响智力发育和身心健康，严重者导致神经性厌食症。三是科学用脑，劳逸结合，有张有弛，避免用脑过度。有些贪玩又自控力差的同学上网无节制，甚至通宵达旦，这不仅有害于大脑和身心健康，还会荒废学业。四是高尚休闲，选择文明高雅的休闲娱乐方式来丰富课余生活，愉悦身心。对在校大中专学生来说，课外阅读、交友、听歌、看电影、逛街购物、集邮、锻炼健身、郊游等都是不错的休闲方式。五是不沾染不良习惯。吸烟等不良生活习惯和嗜好是诱发青年学生身心疾病的重要原因之一，因此，要尽量不吸烟、少吸烟，少沾酒，不酗酒，不暴饮暴食等。

（2）极力融入同伴群体，积极参加社会活动与交往，建立良好的人际关系。马克思深刻地指出，人的本质并不是单个人所固有的抽象物，在其现实性上，它是一切社会关系的总和。人是群居动物，每个人都生活在一定的社会群体中，通过群体生活和交往，收获友谊，交流思想，开阔心胸与视野，感受集体与社会的温暖，体验与社会集体融为一体、不可分离的社会安全感、信任感和激励感，从而增强对生活、学习和工作的信心与力量，最大限度地减少心理应激和心理危机感。很难设想一个离群索居、孤芳自赏的人能做到心理健康。因此，大中专学生一定要注重人际交往，特别是要珍视和经营好与室友、同学的关系，不仅因为同处一屋、一班、一校，天天要相见，也因为与年龄相仿、志趣相投的伙伴、同学和朋友在一起，更能推心置腹地进行思想和情感交流，从中得到启发、疏导和帮助。此外，还应经常参加各项有益的社会实践活动，理解人与人之间的关系，体验友谊与沟通的快乐，获得广泛的社会支持。一旦面临挫折与压力时，强有力的社会支持会帮助我们走出困难与低谷，走向快乐与成功。

（3）增强情绪的自我调控能力，运用恰当的方法及时排解各种负性情绪。我们在学习生活中会遇到各种矛盾与事件，这些矛盾和事件都会引起一定的情绪反应，其中有些是积极、愉悦的；有些则是消极、沮丧的。积极的情绪能改善人的生理心理功能，促进人的心理健康。而消极的情绪则容易使人的头脑失去冷静，导致意识模糊，或精神颓丧、情绪低沉，思维判断能力被歪曲等，从而影响个体心理功能的正常发挥，使心理健康遭受威胁与损害。例如我们一些处在青春叛逆期的男生，在人际摩擦中就容易滋生愤怒情绪，这种情绪往往降低理智水平和正常的判断及自控能力，一旦丧失理智就容易做出过激的行为，如打架斗殴等，引发不良后果。因此，我们一定要学会调控情绪。一般来说，排解负性情绪的常用方法有：第一，幽默法。所谓“一个小丑进城，胜过一打医生”，笑谈一挥间，用幽默化解困境，转移不悦。第二，自我暗示法。积极的心理暗示可以舒缓紧张的情绪，改善消极心境，诱发人的潜能。第三，合理宣泄法。如找亲友倾诉、大哭一场等。第四，移情法。即在自己情绪不佳的时候，换一个能使自己心情好转的情境，如到景色宜人的地方散散步等。第五，目标升华法。即把怒气和伤悲等化为动力，给自己设定一个新的目标，全神贯注去追求、实现，以此转移注意力并得到自我实现的快感。

(4) 不讳疾忌医，借助心理咨询与治疗，提高个体心理康复能力。心理不健康最突出的表现就是出现严重心理失调或心理疾患。过去相当一段时期，人们对心理疾患的认识和态度存在着许多误区，对一些本来很平常或难以避免的心理疾患讳莫如深。本人一旦发生常常讳疾忌医；看到别人发生了，则避而远之甚至抱以歧视的态度，这对于预防和消除心理疾患，维护心理健康是非常不利的。因此，我们一定要增强及时寻求外力帮助解决心理问题的意识，在遇到自身无法调适的心理问题、疾患或发现有可疑迹象时，要及时寻求学校心理咨询老师、专业咨询机构的咨询与治疗专家或精神科医生的帮助，以便尽快消除心理疾患，平复精神创伤。

二、社会、学校、家庭形成重视心理健康教育的氛围与合力

1. 社会进一步重视青少年学生的心理健康，采取得力措施，净化青少年学生的成长环境，为维护和增进他们的心理健康保驾护航

青少年学生的心理健康教育是一项系统工程，自然离不开社会大环境。近年来，党和国家高度重视大学生的心理健康教育工作，《中共中央国务院关于进一步加强和改进大学生思想政治教育的意见》(中发［2004］16号) 强调指出：“要重视心理健康教育，根据大学生的身心发展特点和教育规律，注重培养大学生良好的心理品质和自尊、自爱、自律、自强的优良品格，增强大学生克服困难、经受考验、承受挫折的能力”，把对大学生心理健康教育的重视提到了一个前所未有的高度。为了把党中央指示精神落到实处，各级政府和教育行政部门要进一步加大对学校心理健康教育的重视、支持和监管力度；广播电视、报纸杂志等宣传媒介要大力弘扬社会主义核心价值观，不让低俗文化和不健康思想污染青少年心灵；文化、公安、工商等部门要联手对网吧、电子游戏室和书刊音像市场等开展常规性的检查和专项治理行动，净化文化市场特别是学校周边文化市场，还青少年一个洁净的成长环境，为青少年心理健康发展保驾护航。

2. 学校要切实开展心理健康教育和心理咨询辅导，引导青少年学生健康成长，成为维护和增进他们心理健康的中坚力量

艺术高职院校要高度认识到心理健康教育的重要性，建立健全心理健康教育与咨询的专门机构，配备足够数量的专兼职心理健康教育教师；要根据学生实际制定心理健康教育计划，确定相应的教育内容和方法；要将心理健康教育课纳入课程教学体系，结合学生实际组织教学，提高教学效果；要利用艺术院校优势开展如心理电影观摩与评论、心理情景剧创演、手抄报和心理漫画比赛等心理健康教育系列活动，加大宣传普及心理健康知识的力度；要建立和完善心理咨询制度，加强心理咨询的软硬件配备，通过开设心理门诊、咨询电话、咨询网站等形式，为学生全方位地提供倾诉排解渠道；要建立健全学生心理健康档案，对有严重心理问题或障碍的学生开展危机干预；要健全和完善院、系、班对学生心理问题“早发现、早报告，早研判，早预防，早控制”的“三级”、“五早”严密防护体系和危机预警机制；要推动建立心理协会、心理委员、心理信息员等学生心理健康教育朋辈组织和队伍，并加强对他们的指导和培训，提高学生自助助人意识和水平；还要建设积极向上、生动活泼的校园文化，为学生的健康成长营造良好的精神环境和心理氛围，使学生心理品质在潜移默化中得到优化，形成课内与课外、教育与指导、咨询与自助相结合的校园心理健康教育网络。

3. 家庭要关心孩子的学习与生活，关注其内心世界与情感诉求，帮助他们排解成长中的烦恼

家庭对孩子的教育具有早期性、亲密性和长期性等特点，与学校和教师相比，家长往往更有条件了解自己的孩子，更容易察觉孩子内心细微的变化，从而及时采取相应的教育措施。为此，家长首先要努力营造温暖、和谐的家庭环境，为孩子健康成长提供良好的亲情支持。艺术院校来自单亲家庭的学生较多，单亲家长特别要妥善处理好夫妻感情纠葛，尽量减少因夫妻离异、再婚等给孩子造成的心理阴影。其次，家长在为孩子提供经济支持的同时，切不可忽视对孩子成长的关心。在自己的工作和生活之余切勿淡忘在外独立学习生活的子女，要经常主动和子女、学校、老师保持联系，了解子女在校学习生活情况，配合学校、老师做好对子女的教育；要适当学习了解有关教育学、心理学常识，以平等的姿态、循循善诱的方式与孩子沟通，对子女在求学期间遇到的学习、交友、恋爱、择业等心理问题和困扰，适时给予贴心的情感支持和心理疏导与帮助，真正担当起孩子心理健康“护花使者”的天职。

课后活动

心理健康自测量表

下面有50道题，可以帮你简易测测自己的心理健康状况，你只需要回答“是”或“否”，答“是”的计1分，答“否”的不计分。做完测验，结合本章所学知识，给自己心理健康指数打个分。

1. 每当考试或被提问时，是否会紧张得出汗？
2. 看见不熟悉的人是否手足无措？
3. 看见不熟悉的人是否会使工作不能进行下去？
4. 紧张时头脑是否会不清醒？
5. 心里紧张时是否会出差错？
6. 是否经常把别人交办的事搞砸？
7. 是否会无缘无故地挂念不熟悉的人？
8. 没有熟人在身边是否会感到恐惧不安？
9. 是否经常犹豫不决，下不了决心？
10. 是否总希望有人和自己闲谈？
11. 是否被人认为不机灵？
12. 在别人家里吃饭是否会感到别扭和不愉快？
13. 和别人见面是否会有孤独感？
14. 是否会因不愉快的事情缠身，一直忧忧郁郁，解脱不开？
15. 是否经常哭泣？
16. 是否因处境艰难而沮丧？
17. 是否感到厌世？
18. 是否有生不如死的感觉？
19. 是否总是愁眉不展？
20. 家庭中是否有愁眉不展的人？
21. 遇事是否会无所适从？
22. 别人是否会认为你神经质？
23. 是否有神经官能症？
24. 家庭成员中是否有精神病患者？
25. 是否进过精神病院？
26. 家庭成员中是否有人进过精神病院？
27. 是否神经过敏？
28. 家庭成员中是否有神经过敏的人？
29. 感情是否容易冲动？
30. 一旦受到别人批评，是否会心慌意乱？
31. 是否被认为是个好挑剔的人？
32. 是否总会被人误解？
33. 是否一点也不能宽容别人，甚至连自己的朋友也是这样？
34. 是否会一门心思想某件事或做某件事，而不听从别人的劝告？
35. 脾气是否暴躁、焦急？
36. 做任何事情是否都会松松垮垮、没有条理？
37. 是否稍被冒犯就会火冒三丈？

38. 是否被别人批评就会暴跳如雷？
39. 是否稍有不如意就会怒气冲冲？
40. 是否别人请求帮助就会不耐烦？
41. 是否会因一点小事就怒发冲冠？
42. 是否会经常发抖？
43. 是否会经常感到坐立不安？
44. 是否会因为突然的响声而跳起来，全身发抖？
45. 别人做错了事，自己是否会感到不安？
46. 半夜里是否经常听到响声？
47. 是否经常做噩梦？
48. 是否经常有恐怖的情景浮现在眼前？
49. 是否经常感到胆怯和害怕？
50. 是否经常出冷汗？

判断标准：

将全部得分相加后，如果得分小于8分，说明比较健康；得分为8~15分，属于基本健康；得分超过15分，说明在某些方面可能会有一定的心理问题存在，可进一步咨询心理专家。

（量表来源：http：//www. xysyxx. com. cn/Art/Show. asp？id=244，2012-6-28）

思考练习

1. 什么是健康？什么是心理健康？谈谈你对心理健康标准的认识？
2. 心理健康之于我们健康成长成才的意义何在？
3. 盘点自己心理品质的优劣势，思考在校期间应如何优化自身心理品质？

第二章

环境适应辅导

——物竞天择，适者生存

丝丝心语

生活是不公平的，你要去适应它。

——比尔·盖茨

最高明的处世术不是妥协，而是适应。

——吉姆梅尔

大环境改造不了，你就努力去改造小环境。小环境还是改造不了，你就好好去适应环境，等待改造的机会。

——柳传志

案例导入

小李，女，18岁，某艺术高职院校音乐专业大一学生，在入学3个月后由于强迫症状而到学校心理咨询中心寻求帮助。根据本人描述，其强迫症状中既有强迫观念，也有强迫行为。比如自述上课时学习内容一旦涉及有人受欺辱，就会将受辱对象想象成自己的父母，明知不真实，但自己无法克服；在每天早晨起床后，要反复整理自己的床铺，在已经很整齐的情况下，还要重复多遍相同的行为。为此该女生非常痛苦，整天以泪洗面。经过咨询老师的深入了解，逐渐找到强迫背后的真正原因。

原来该女孩父母均是教师，对其要求非常严格，该女生性格也比较内向，从小就很听话,是大家眼中公认的乖乖女。其从小学到高中毕业，一直生活在父母身边，没有住校集体生活的经历。来到大学后，由于其性格特点，从不主动和别的同学交往，因而给同学们留下一种清高、孤傲的印象。但该同学又依赖性过强，强烈渴望同学的友谊和集体的接纳。一方面是对同学友谊的强烈期待，另一方面又不去积极主动和同学交往，内心认为同学们都不喜欢她，甚至排斥她，巨大的思想压力导致其整天处于焦虑状态，久而久之出现强迫症状。可喜的是经过1个月的心理治疗后，该生强迫症状得到缓解，3个月后基本康复。

心理评点：小李的问题，表面看是一个强迫症的问题，但深层次分析就会发现它其实是一个比较典型的适应不良的案例。由于父母从小对其要求过于严格，给孩子提供的心理活动空间太小，形成其依赖性过强，人际交往能力欠缺等性格缺陷。这些性格缺陷使其在刚刚置身新环境时出现人际交往困难，导致焦虑情绪出现。脆弱的神经经受不住长期焦虑的折磨，巨大的心理压力最终通过强迫意识和强迫行为的形式表现出来。

第一节　适应概述

适应问题是每一个人终生都要面临的问题，也是心理专家十分关注的问题。对于个体心理健康的标准，虽然不同的专家、学者给出了不同的定义。但是无论在哪种论述中，良好的适应能力都是其中最重要的标准之一。

从中学迈入大学、由大学走入社会，对新环境的适应，同样是每一个青年学生要面对的问题。相关资料表明，不管是国内还是国外高校，大学新生退学现象屡见不鲜，特别是刚入学的前几周，往往是退学高发期。这些新生退学的原因是多种多样的，其中一个非常重要的因素是入学后对新环境的不适应。

一、适应的含义

所谓适应是指当外界环境发生变化时，个体为了实现自己的需要，不断调整自己而与环境相互作用，以达到互相协调的过程。

比如大学新生的第一堂课便是为期一个月左右的军训。如果说一开始，身着军服的飒爽英姿、教官的军人气度、训练场上的橄榄绿还带给大家一定的新鲜感，那么接下来面对烈日下高强度的运动量、整齐划一的动作要求、口味单一的一日三餐，就有相当一部分学生开始感到不适应，浑身酸痛、没有食欲，少数甚至产生退缩、逃避的心理。但是，按照《中华人民共和国国防教育法》和学校规定，军训是大学生的必修课，没有正当理由不参加军训，就意味着不能评优评先，不能顺利毕业。因而必须咬牙坚持。几天以后，不舒服的感觉慢慢没有像刚开始那样强烈，到最后逐渐消退。这个过程就是适应。

由于环境是不断变化的，所以每个人会不断面临适应的问题，从这个意义上说，适应不仅是大学新生要面临的问题，也是人的一生中随时都要面临的任务，适应过程是一个从不平衡到平衡，又出现不平衡，再到达新的平衡这样一个循环往复的过程。适应能力是人应当具备的基本素质之一，是个体生存与发展的必备能力。对不同个体来说，由于适应能力及适应水平的不同，最终会导致其发展水平上的差异。

二、适应的基本方式与心理适应机制

1. 适应的基本方式

关于适应方式，根据个体的态度不同，可以分为消极的适应和积极的适应，或者说是被动的适应和主动的适应。

被动的适应是指人在新环境中，不管你意识到还是没有意识到，都会通过无意识的学习，不自觉地改变自身的一些行为习惯，去顺应或满足新环境的变化和要求。比如有一些新生在家时晚上可以熬夜上网，但到了新学校，过的是集体生活，有作息时间规定，一些学校还有晚上断网、断电的制度，这时我们就要被迫改变原来的就寝习惯，以适应新的环境和管理制度，这就是被动的适应。

主动的适应是指个体在适应过程中不是一味消极地适应环境，而是充分发挥自己的主观能动性，积极主动地对现有环境进行选择和抗争，逐渐去影响和改变环境。例如在课程设置方面，随着社会的发展和时代的进步，学校课程开设可能存在一些问题，作为一名在校大中专学生，可以通过恰当的方式向学校、系部提出一些合理化建议，一旦建议被采纳，则可以适当调整课程设置，删减一些不适合时代要求的课程内容，增加一些更适合学生需要的新内容，这样既促进了学校课程改革，也增加了学生有价值的知识的学习。这就是一种主动的适应、积极的适应。

在适应过程中两种状态都有重要价值，两者也是相互作用的。只有顺应环境，个体才能生存和发展。同时只有不断与环境抗争，才能逐步改变环境，促进个体及社会的发展和进步。

2. 适应的心理机制

面对新环境，不同人会做出不同的反应。从心理学角度分析，人的适应的心理机制一般由三个环节组成：

（1）评估环境。当外界发生变化时，个体首先要运用自身已有的知识和经验对所面临的新环境进行判断和评估，形成一个大致认识。如大一新生报到后，面对新的学习生活环境，他首先要对所面临的环境有一个基本评估，形成一个大致判断。这个学校环境怎么样，老师的教学水平如何，同寝室的同学是否容易相处等。如果能对这些问题形成一个准确的判断，就为他选择恰当的行为方式奠定了基础。否则，就可能导致选择不恰当的行为方式。

（2）确立态度。人是有感情的动物，当个体一旦对所处环境做出判断以后，必然产生相应的情绪情感体验。而这种情绪情感体验又会成为个体行为的动力。例如一部分职业院校的新生，在上大学以前，对大学生活充满了美好的憧憬，但来到新学校以后，发现无论是从校园环境还是管理方式等都和自己的想象有很大差别，于是会感到失望，变得心灰意懒，甚至产生退学的念头。相反，大部分同学由于能客观评价所处环境，准确进行自我定位，于是就能尽快熟悉周围环境，与同学、老师主动沟通，明确学习目标，在新环境中发展成才。在这个过程中，态度起了重要的作用。

（3）选择行为。认知形成、态度确立，基本决定了行为的选择。如果一个人对周围环境评价客观，对个体定位准确，就能选择恰当的行为方式。相反，如果个体认识片面，情感消极，就不能选择恰当的行为方式。例如，如果一个同学来到新学校以后，与同寝室同学经过短暂的接触，认为这些同学都很友好，他就能从情感上喜欢他们、接受他们，并采取积极的态度和同学交往，形成融洽的同学关系。相反，如果有的同学通过个别小事，就认定周围的同学自私难处，就会产生否定甚至敌对的态度，这样，他就会不愿意参加集体活动，拒绝和同学接触。从而很难融入新的集体，甚至出现人际交往障碍。

在适应过程中，由于内外环境的不断变化，主体的判断与选择不可能一次性完成。所以适应过程必然会表现为一个不断调整、循环往复的动态过程。例如有的同学由于对外在环境评价不客观，导致行为处处碰壁，那么他就需要重新调整自己的认知过程，改变以往态度，选择相应行为。因此，适应的过程是一个动态的过程，是一个人与环境相互作用的过程。正是在这样一个不断调整的过程中，个体逐步达到与外在客观世界的平衡状态，并实现自我的完善和发展。

三、适应与成才

有植物学家对阿尔卑斯山脉的植被考察之后，发现了一个奇怪现象：最近 100 年来，许多高山上的植物品种正在增加，许多山底牧场上开放的花已经开到了海拔 2000 米的高山雪带上，而原先雪带上的植物则超过雪带向更高处攀登。植物学家研究了有关科学文献发现，造成这种情况的主要原因是阿尔卑斯山地区的气温在逐渐升高，这些适宜在低气温环境里生长的植物为了寻找适宜的温度，不得不向更高的山上“攀登”。植物学家还发现，它们的生命力要比以前还强盛得多。这是一个十分有趣的现象。许多植物对自然界都有灵敏的反应，并且不断调整自身的生存状态。如干旱的气候可让植物的根系更发达，风力大的地区植物长势更牢固。

植物的生命如此，人也一样。“物竞天择，适者生存”，这是生物进化过程中总结出来的规律。从庞大恐龙的灭绝，到变色龙的华丽变身，无不证明了这个道理。外在环境不断变化，只有不断进行自我调整，逐步达到个体与环境的和谐统一，个体才能生存、发展。如果不能有效适应环境，就有可能被淘汰，这是自然界和人类社会的共同法则。

对于正处在学习、成长时期的大中专学生来说，能否尽快适应不断变化着的外在环境，既关系到在校学业的顺利完成，也关系着将来能否尽快融入社会，实现自己的人生目标。

“你不能完全改变世界，但你可以充分改变自己”，只有让自己适应这风云变幻的社会，才能更好地把握自己，让自己更好地生存，并更好地发挥自己的才能，在此基础上再去影响和改变周围环境，让自身的价值得到充分的体现。没有适应，就不可能成才，更没有发展！

下面是一个发生在我们身边的普通而又真实的案例，希望对同学们有所启发。有一位从小学习声乐的女生，本来专业、文化各方面成绩都不错，由于高考意外失利，来到了艺术高职院校。但是她没有一味地抱怨、自责和后悔，而是下定决心，一定要通过自己的努力，考取重点艺术院校继续深造。因此入学后，她积极调整心态，迅速融入新的环境，认真学习学校开设的每一门课程，并利用一切机会和条件，虚心向老师学习和请教。课余时间她还积极参加学校组织的各项活动，在活动中出谋划策，培养自己的组织和管理能力。她把别的同学逛街和上网娱乐的时间都用在了学习中，几年学习下来，她不但门门课程优秀，而且还成了一名光荣的学生党员，毕业时以文化专业双优的成绩被一所知名艺术高校录取，实现了自己最初的梦想。

类似的例子在我们身边并不少见，也再一次告诉我们，“既来之，则安之”，既然我们已经选择了这所学校，那我们就要坦然接受，一味自怨自艾、牢骚满腹是于事无补的。法国作家蒙田说得好：“既然不能驾驭外界，我就驾驭自己；如果外界不适应我，那么我就去适应它们。”

第二节 艺术高职院校学生适应状况

经过十几年的苦读，怀揣着美丽的梦想，来到向往已久的大学校园，但是我们却看到有一部分学生因为对大中专校园生活的不适应而出现问题，甚至半途而废，告别校园。那么我们艺术高职院校学生的适应状况如何呢？

一、艺术高职院校校园生活的特点

对于即将开始的新生活，同学们可能已做了种种设想。但真正的艺术高职院校生活和过去的校园生活相比有哪些不同呢？职业院校和普通高校有哪些区别呢？艺术类院校又具有什么样的特殊性呢？

1. 大学生活与中小学生活的不同特点

艺术类高职院校新生的基本来源大多有三个：高职层次学生来源于应届高中毕业生，少部分来源于艺术类中专或中职院校艺术专业的毕业生；五年制高职来自应届初中毕业生；中专层次学生来自小学毕业生及少部分初中在读生。不管来自哪类学校，都属于中小学教育。中小学教育和大学的教育有着显著的区别，主要是：

（1）教育性质和教育内容不同。中小学教育属于国民基础教育的范畴，其目的是培养公民基本素质，并为高一级院校输送合格的新生。因此它在教育过程中注重的是基础知识的掌握，并以升学作为直接的教育目标。而大学教育在教育序列中处于最高层次，是为国家建设培养高层次的专业人才，因此大学在教育过程中除了注重专业知识的学习外，更强调专业能力的培养和训练，尤其是职业院校。

（2）教育方法和管理方式不同。由于培养目标不同，必然导致教育内容、方法和管理方式的差异。由于中小学生的年龄特点，教育过程中更注重教师的引导和管理。而大学教育的对象主要是成年人，因而在教育过程中更注重培养学生的创新意识和创新思维，在教育方法上强调在教师引导下学生自主学习，在管理上也更强调学生的自我管理与自我教育。

2. 高等职业院校和普通高校的不同特点

虽然高职院校和普通高校一样都属于高等教育序列，但它们的培养目标是有很大区别的。百度百科上的解释是：“高职院校，是高等职业院校的简称，是高等学校的重要组成部分。从世界范围看，高等职业教育是经济社会发展到一定阶段出现的一种新型高等教育，是和传统普通高等教育有着不同质的另一种类型的高等教育，是以培养具有一定理论知识和较强实践能力，面向基层、面向生产、面向服务和管理第一线职业岗位的实用型、技术型和技能型专门人才为目的的高等教育，是职业技术教育的高等阶段。相对于普通高等教育培养学术型人才而言，高等职业教育偏重于培养高等技术应用型人才。以培养生产、管理、服务第一线，具备综合职业能力和全面素质的高等技术应用型人才为办学宗旨。”

通过上面的解释，我们可以看到，普通高校侧重于培养各行业的专家和学者，而职业院校则侧重培养的是工作在第一线的技能型人才。

3. 艺术类院校与普通院校的不同特点

由于其所属行业、专业的特殊性，艺术类专业与普通院校相比，在校园氛围、教学过程及培养人才的要求方面也是有一定差别的。艺术类院校在校生人数相对较少，校园校舍面积一般不大；专业教学是一对一口传心授式的；注重艺术实践，文体活动丰富多彩，校园文化鲜活生动；女生比例高，学生形象气质好，感性活泼，时尚前卫，个性较强，思维活跃，接受新事物快。

二、艺术高职院校学生适应不良的主要表现

前面我们分析了艺术高职院校校园生活的特点，当我们的同学跨入这样一个新校园，面对一个全新的环境时，一定会有种种不适应。在从不适应到适应的过程中，会有一些同学出现适应不良，主要表现在以下几个方面：

1. 生活上的不适应

【新生生活素描】吃不惯食堂饭菜；打开水烫了手；洗过的衣服还是油迹斑斑，晾干后忘收被风刮走；床窄得好像一翻身就会掉下去，担心得几天睡不着；不会管理财务，到了月末就成了“月光族”，要靠四处蹭饭和借支过日子……女生小齐笑着说，自己和大多数室友大学生活的第一个月，只能用一个“囧”字来概括，现在大家还不时拿来做谈资和笑话。

以上种种，都是大中专学生在进入新环境、开始新生活时经常会出现的生活上的不适应。

来到新的学校，你首先感受到的是生活环境的变化。由于地域特点、气候条件、人文环境及学校性质的差异，有太多新鲜的事物需要学生去了解、去认识、去适应。这些变化会引起人的生理、心理等一系列反应。例如北方的学生到了南方，刚开始会因南方潮湿闷热的气候、与北方迥异的饮食口味等而不习惯。同样，南方的同学到北方，对于北方干燥的天气、春季的风沙等等也会不习惯，皮肤干裂、起皮，严重的甚至出现皮疹，这些都是身体不适应的表现。由于气候条件不适应，个别同学还会出现上火、感冒等问题；语言不通还会造成一些交流上的障碍，给生活带来不便，饮食不适会导致胃口不好，甚至引发肠胃毛病。

此外，从较多地依赖父母照顾到完全依靠自己生活，自己洗衣、叠被，自己购买生活用品，自己支配零用钱，这些对于过去没有独立生活经验和生活自理能力比较差的同学来说都是一个严峻的考验。

从心理的角度来看，在一个陌生的环境中，人还会变得缺乏安全感，产生莫名的焦虑和不安，容易紧张和疲劳。

2. 学习上的不适应

前面已经分析了大学的学习环境和中学相比在学习目标、学习内容、教学方法和管理方式等方面存在许多差别，这些也会使我们的新同学感到不适。

首先是对学习目的的迷惘。中学时代学习目的很明确——考上一所好点的大学，所以学生有较强的学习动力。上大学以后，学习主要靠自觉，很多同学开始迷茫，不知道自己为什么要学习，于是进入了紧张高考以后的休养期，开始混日子，甚至有同学喊出了“必修课选逃，选修课必逃”的口号，上网聊天、打游戏、逛夜店变成了某些同学的主要生活内容。其次是对学习过程的不适应。中学阶段，学习的内容基本上是有定论

的东西，学生只要记住和掌握就可以了，但大学的教学内容，很多都是最前沿的甚至是有争议的东西，老师很少照本宣科的，一般讲的都是书本以外的知识，且内容和观点与课本上也有很大差异，需要学生分析比对，才能得出自己的观点。这也使部分学生无所适从，不知如何下手。从教学方法和管理方式来看，中学基本是老师大包大揽，只要学生按老师的要求去做就可以了。但到了大学，老师基本上只是起一个引领作用，学生有了很多闲时和自由活动空间，需要学生去自己计划、去填满，更需要进行自我控制和自我约束。这些变化，也使初入学的学生很不适应，空虚、迷茫、无所事事、无所适从，困扰着很多大一新生，甚至伴随了某些学生的整个大中专生活，导致青春荒废、一事无成。

3. 人际交往上的不适应

中学阶段，一切以学习为中心，以升学为指挥棒，学生的生活范围基本是家庭、学校两点一线。交往范围狭窄，人际关系简单。迈入艺术高职校园，许多同学是第一次离开父母，住学生公寓，过集体生活。同学们来自五湖四海，不同地域、不同生活背景、不同性格特征、不同生活习惯的同学汇聚到一起，加之这些学生中大部分是独生子女，大家朝夕相处中，难免会出现一些问题和摩擦，导致人际关系失衡。在大学的心理咨询中，由于人际交往问题而进行咨询的学生比例是最多的。有的同学由于与室友学习生活习惯不同导致经常失眠；有的因为性格内向、不善于和其他人交往而备感孤独；也有的因为琐事和同学发生矛盾而做出极端行为等等。这些由于人际交往上的不适应而导致的问题，严重地影响了学生的学习效率和生活质量，因此是学生适应中一个非常重要的问题。如何正确认识、评价自我，摆正自己的位置，克服自我中心，学会正确的交往技巧，能与老师、同学和谐相处，这个过程，就是人际环境的适应过程。只有能有效适应这种人际环境，才能保持乐观向上的心境，愉快地投入到新的学习和生活中去。

第三节　艺术高职院校学生良好适应能力的培养

【案例】

难以迈进的学校大门

某周一上午，舞蹈系民间舞专业的班主任带来一个泪流满面的漂亮女孩，希望咨询中心的老师和她谈谈。

通过了解才知道，这个女孩是大一新生，家就住在学校附近，每天回家住宿。但最近一段时间以来，进校门来上学成了这个女孩的一大难事。每天早晨起床后，女孩就开始情绪低落，害怕去学校。走到学校门口，该女生就会出现心慌、头疼等症状，需要女孩的父母反复做工作，并磨蹭很长时间，才能走进学校。

通过了解知道，该女孩来自普通高中，从小参加兴趣班练习舞蹈，由于能歌善舞，在原来的学校颇受重视，大小演出活动中都少不了她的身影，因此其对自身的身体条件和专业水平都非常自信。但来到新学校后，与众多来自艺术类中专、有扎实专业基础的同学相比，她头上的光环没有了，专业水准与这些同学相比也有较大差距，在课堂上还偶尔会受到专业老师的批评。她觉得同学和老师都瞧不起她，背后笑话她，因此每天独来独往，不和其他同学交往。就这样，巨大的心理落差使其情绪低落、消沉，对自己失去自信，从开始的害怕上专业课发展成害怕进校门，最终发展成校园恐惧症。

可喜的是，经过一段时间的咨询，在家长、老师及本人的共同努力下，该生症状很快得到好转，她重新进行了自我定位，既找到了自己的问题，也明确了自己的长处，从而确定了自己的奋斗目标。经过三年的学习，该生发挥自身来自普校，文化基础比较扎实的优势，年年获得学院颁发的"文化学习优胜奖"，并成了校园广播站的中坚力量。由于找准了自身定位，明确了努力方向，该生毕业时获得了保送本科的资格，顺利升入本科院校，开始了自己崭新的生活。

分析：从症状来看，这个女生属于学校恐惧症。但从起因来看，她的问题是因为对新环境适应不良导致的。

通过这个案例也再一次告诉我们，在适应环境过程中遇到困难和问题并不可怕，只要我们能直面问题，不逃避、不退缩，积极进行心理调适，就能尽快找到解决问题的方法。

一、艺术高职院校学生适应不良的心理调适

前面讲过，由于外在环境及个体心理状态是不断变化的，因此适应是一个人终生都要面对的课题。对于大中专学生而言，从不适应到适应也会伴随他们校园生活的各个阶段。

针对艺术类高职院校学生适应过程中存在的问题，心理调适应该从以下几个方面入手：

1. 正确认识自己、评价自己，及早进行职业生涯规划

由于办学历史、办学层次、财政投入等原因，高职院校和普通本科院校相比，在办学规模、办学条件等方面都存在较大的差距。大部分艺术高职院校都是由原来的艺术中专合并升格而来的，这些学校大多都有悠久的历史，深厚的文化底蕴。但由于跻身高校行列的时间相对较短，在办学体制、管理模式、课程设置等方面都还有一个探索和提高的过程。有很多新生原本对大学生活充满了美好的想象，寄寓了较高的期望；也有一部分学生由于高考失利，不得已来到了高职院校；还有个别同学，是在家长反复劝说甚至逼迫之下才选择了职业院校。一旦来到新校园，理想和现实的较大落差，往往使很多新生感到失望、沮丧，甚至心灰意冷。

因此，对于新生而言：首先，要正确认识当前环境，克服不切实际的过高期望。因为从目前我国高等教育发展的现状来看，教育投资有限，教育教学条件不完善是客观存在的。新生应该尽快抛弃那些不切实际的幻想，正确认识与接受现实，脚踏实地，以求

适应。须知，“专业无冷热，学校无高低”，末流的学校有一流的学生，一流的学校也有末流的学生，一切要看自己的把握。

其次，要正确认识和评价自己，准确进行个人定位。从原来的学校进入新学校，有可能出现两种定位偏差。其一，部分艺术高职院校新生来自普通中学，在原来的学校中，自己的艺术特长突出，自我定位较高，而到了艺术院校之后，在众多的艺术生中，自己由一粒璀璨的明珠变成了沙滩上的一粒石子，忽然间失去了原来的光彩，丧失了原来的自信和成就感，从而陷入苦闷失意中不能自拔。其二，也有另外一部分学生，在过去中学的历次考试中经历了太多的失败，对自己丧失了自信，老早就放松了自我要求，整天浑浑噩噩，无所事事。无论是哪一类新生，客观地认识和评价自己，都是非常重要的。每一个人都有自己的优点和缺点，按照多元智能理论的观点，每个人也一定会有自己某一方面的特长和优势。只要能根据自己的实际情况，制定切实可行的目标，在不断实现目标的过程中，树立自信、强化自我、找回自尊，就会慢慢适应，直至成功。所以每一个新生一定要静下心来，好好进行一下自我剖析，给自己一个准确定位；既能看到自己的缺点与不足，也能找到自己的优点和长处；既不能骄傲自满，目空一切，也不能自卑失意，自怨自艾；既能正确评价自己，又能坦然悦纳自己。

最后，新同学一定要及早进行职业规划。因为目标是一个人活动的出发点和归宿，只有目标明确，才能产生行动的动力，所以一定要在准确进行自我定位的基础上尽早确立目标，明确自己的将来要做什么，是继续升学，还是直接就业。如果是升学，那我的目标学校是哪里？我应该做哪些准备？如果要直接就业，我要为将来的职业生涯做好哪些准备？这些问题都要思考清楚，拿出规划并有行动措施。

2. 了解大学特点，及时调整学习方式和方法，克服学业倦怠

前面我们分析了大学学习和中学学习的不同点，艺术高职院校学生也要在认识了这种差别的前提下，及早进行学习方式和学习方法的调整和转变，多向学长和老师请教，提前制订学习计划，增强学习的积极性和主动性，并注意将理论学习与实践活动相结合，尽快适应新的学习环境，以便能在有限的大中专学习期间学有所成。

此外，在学习过程中要特别注意克服学习倦怠。学习倦怠又称学业倦怠，是指学生对学习缺乏动力或丧失兴趣，但又不得不为时所产生的厌烦，从而感觉身心疲惫的心理状态。它通常会伴随一系列逃避学习的行为，如经常性的迟到、早退、旷课、或借故请假等。学习倦怠不但造成学习效率及质量的下降，还会影响学生身心的健康发展。

中学阶段，升入好的高一级学校是每位同学的明确的目标，一切活动都以此目标为出发点和归宿。但升入高校后，忽然丧失了明确的学习方向，伴随着新鲜感的丧失，学习倦怠感就悄然而来。

在由共青团中央、中国科协、教育部、全国学联、上海市政府主办的第十二届“挑战杯”参赛作品《大学生学习倦怠调查研究 》中，通过对 274 名在校大学生学习倦怠情况的问卷调查和对调查数据的统计分析，得出以下主要结论：当前大学生不同程度地存在学习倦怠现象，男生的学习倦怠程度显著高于女生；湖北大学教育学院硕士研究生张璇在《我国大学生学习倦怠研究现状》中得出的结论是：在所有院校类型中，

高职院校学生学习倦怠水平较高，在情绪低落、行为不当及成就感低及总体倦怠感方面均高于普通本科院校，其中成就感低方面尤为严重。

从以上研究结果中大致可以得到以下结论：大学生的学习倦怠感普遍存在，在院校类型上来看，高职院校学生的倦怠程度要高于重点院校和普通院校。对于艺术高职院校而言，学习倦怠的情况更多体现在文化学习的过程中。

当然，产生学习倦怠的原因是多种多样的，其中包括社会环境、学校氛围、教师水平等多种因素，要纠正这种情况需要多方的共同努力，但学生作为学习活动的主体和内因，在这个过程中起着核心的作用。其中最重要的是要树立明确而恰当的学习目标，并及时将长远目标细化为一个个具体的小目标，并将之和具体学习活动结合起来，这样才能经常体验到学习的成就感，通过不断强化，逐渐形成良好的学习习惯，克服学习倦怠。

3. 主动交往、真诚待人，建立良好人际关系

进入大学，人际交往模式发生了新的变化，人际关系范围也大大拓展，师生之间、室友之间、班级同学之间、年级同学之间、社团成员之间、同乡之间等等，面对众多复杂的人际关系，有的同学因为处理不当，整日郁郁寡欢，心情沮丧；有的同学因为人际关系紧张，精神压力大；更多的同学则由于不知如何处理复杂的人际关而苦闷、烦恼，直接影响了学习生活的正常进行。因此，同学们一定要意识到人际交往的重要性，多关心帮助他人，积极参加班级及学校组织的各种活动，实现主动交往，建立和发展友谊；同时学习和掌握一些人际交往技巧，培养良好的交往品质，维护、加深和巩固友谊。对此，后面有关章节会有专题细致的论述，这里不赘述。

4. 确立正确的恋爱观，培养健康情绪情感

伴随着生理及心理的逐渐成熟和发展，加之学业压力的降低及自由时间的增多，艺术高职院校学生特别是高年龄段的学生进入恋爱的高发期和狂热期。

爱情是人类最美好的感情，古今中外人们世世代代都在歌颂它、赞美它。但大中专学生应该清醒地认识到：爱情也是一把双刃剑，如果把太多的时间放在花前月下、卿卿我我，而耽误了学业，则会遗憾终生。

调查显示，目前大学生的恋爱动机呈现多元化趋势，单纯因感情问题而恋爱的只占49.4%，其他非感情因素如“孤独”、“空虚”、“寻求刺激”、“体现自我”等在恋爱动机中占了很大的比例。这种不正确的恋爱动机极易引起各种纷争、不幸和灾难，也极易发生冲突、酿造悲剧。

另外青年学生的恋爱往往是冲动的、不计后果的。因此也经常是脆弱的和不堪一击的。在追求爱情的过程中遇到各种波折如单相思、被拒绝、失恋等也是在所难免的。如果承受能力较强，就能较好地应对挫折，否则就有可能造成不良后果。

因此同学们一定要树立正确的恋爱观，端正恋爱动机；培养爱的能力，正确处理爱情与学业的关系，不因爱情影响学业；要正确对待恋爱挫折；未成年阶段学生还要拒绝早恋，不轻易尝试青涩爱情。

5. 积极参加社会实践，全面提高自身素质和能力

培养实用型、技能型人才是高职院校的根本目标，因此高职院校学生在校期间就要积极参加社会实践活动，在实践中熟练和提高自己的专业知识和技能，这也是职业教育的特点和优势所在，同时也是促进就业的一个非常重要的因素。但是，如果仅限于技能学习和训练，而忽视综合素质的提高，必然会制约一个人的长远发展。因此“一技之长+较好的综合素质”应该成为包括艺术高职院校学生在内的每一个职业院校学生的努力目标。

部分学生由于受“学历本位”传统理念影响，不能正确分析市场需要，认为自己各个方面都比不上本科生，看不到自身的就业优势，因而产生严重的自卑心理，导致整个大学阶段自我放任，无所事事，这种情况是非常可怕的。作为一名有抱负的艺术高职院校学生，我们一定要了解自己就读学校的特点，明确自身优势，努力学习，奋发进取，刻苦磨砺艺术技能技巧，全面提高自己的综合素质和能力，这样才能增强自己的自信心，有效克服自卑心理，也为今后升学或就业做好准备。

6. 寻求帮助，尽快度过适应期

面对生活、学习、人际交往等困惑，很多同学能通过自己的努力，顺利度过适应期，较快地适应新的学习和生活。但也有一部分同学，没能顺利适应新环境，在这个过程中出现了一些心理问题。在这种情况下，光靠自己的力量或许难以从这个过程中顺利走出来。这个时候，我们的同学一定要懂得向外部寻求帮助，包括向老师、家长求援，向朋友、同学倾诉，他们一定都能给予你一定的帮助。如果还是不能有效解决问题的话，学校设有心理咨询中心，那里会有专业的老师为你提供专业的咨询与帮助。对于每一个大学新生而言，只要你勇敢地面对问题，多方寻求帮助，总能找到解决问题的途径和办法，顺利度过适应期。

二、艺术高职院校学生良好适应能力的培养

适应能力是指一个人各种个性特征互相配合起来适应周围环境的能力。面对同样陌生的环境，有的同学能很快适应，而有的同学适应起来很困难，甚至出现适应障碍。这就说明人的适应能力是有差别的。心理适应性强的人，在遇到各种复杂、紧急、危险的情况时，能够淡定从容，泰然处之。适应能力差的人，遇到特殊情况，就不知所措，紧张万分。那么影响一个人适应能力的因素有哪些，如何培养良好的适应能力呢？

1. 影响适应能力的因素

一个人的发展是主观与客观、内在因素与外在因素共同作用的结果，适应能力也不例外。遗传为人的发展提供物质前提，环境和教育为人的发展提供外在条件，但人自身的主观能动性在发展中也起着非常重要的作用。

遗传基因为人的发展提供了发展的可能性，不同人的遗传基因为人的发展提供了不同的可能性。一个人正常的身体素质及健全发育的大脑，是个体能够生存的基本条件，也是一个人能够适应环境的物质前提。一个身体残疾的人和一个健康的人相比，他在适

应环境过程中所付出的努力和艰辛是常人很难想象的。

但对于一个身心发育正常的人而言，适应能力的高低主要取决于他所处的环境。这个环境包括社会大环境和家庭小环境。社会环境决定了一个人的成长背景，对一个人的发展起着重要的作用。现代人与原始人相比，前者的适应能力要高于后者，那是因为现代人有了丰富的知识积累，对自然界的认识更全面更深刻，能借助各种现代工具来提高自己适应环境和改造环境的能力。家庭小环境在人的成长及适应能力培养过程中也起到了非常重要的作用。父母是孩子的第一任老师，家长的知识修养、为人处世的态度，无时无刻不对孩子的成长起到潜移默化的影响。另外家长的教育方式、家庭的氛围，也对孩子人格的形成施以了重要影响。

一个人所受到的教育，特别是学校教育，是一种有目的、有计划设置的环境。由于其目的性、计划性，它在人的发展中所起的作用更直接、更明显。学校的课程设置、教育理念、教育方式、教育氛围在一个人的成长中起着举足轻重的作用，对一个人的适应能力水平的高低也起到了主导作用。

最后是个体的主观能动性，一个人的情感、态度、价值观决定了个体在遇到问题时所采取的行为。面对相同的环境，不同的人有不同的态度，选择了不同的处理方式，那么适应的结果也就会有很大的差别。

2. 艺术高职院校学生适应能力的培养

前面我们分析了影响一个人适应能力的因素，那么我们如何很好地利用和控制这些因素，来提高自己的适应能力呢？

（1）加强身体锻炼，提高身体素质。健康的身体是一个人学习工作的基础，由于一个人的身体和心理两个方面是相互影响互相制约的，首先要有好的身体，才能保证良好的精神和情绪状态，在面对新环境时，也只有强健的身体才能保证充沛的精力和体力来迅速地对新环境做出准确判断，并对自我能力和水平做出准确评估。所以艺术高职院校学生在努力学习文化、专业知识的同时，不要忽视身体锻炼，要通过经常的体育锻炼，提高身体素质。

（2）加强实践锻炼，提升综合能力。现代社会，知识更新的速度令人目不暇接，因此在注重知识教育的同时，一定要强化能力的培养。能力又包括一般能力和特殊能力。一般能力又称基本能力，通常是指那些在各种活动中都必须具备的能力，包括一个人的观察力、注意力、记忆力、思维力和想象力，其中思维力是核心。特殊能力是指一个人在特殊领域所具备的能力，如音乐家的敏锐的听觉辨别能力，画家色彩感知能力等。这里特别强调一般能力的培养。因为它能直接影响一个人从事各种活动的效率和水平。一个能力水平较高的人可以让自己自信地应付外界环境的各种变化，“以不变应万变”。

（3）进行意志品质培养，增强抗挫折能力。由于经济的高速发展，人民生活水平不断提高，加之我国独生子女政策的长期实施，很多90后的孩子从小生活在优越的家庭环境中，而父母的过度溺爱往往又导致孩子依赖性强、独立性差、抗挫折能力弱。一旦遇到困难就悲观失望、畏缩不前。而一个人在适应新环境的过程中，一定会遇到很多困难，只有在日常生活中有意识地培养坚强的意志、良好的自我控制能力和较高的抗挫折能力，才能真正提高个体的适应能力。

课后活动

测测你的心理适应能力

心理适应能力是人的一种综合性心理特性，下面向你提供由我国心理学家陈会昌教授研制的一个简便易行的心理适应性测验量表。该量表共有20道题，每题有5个答案。请在阅读每题后从答案中选择最适合自己情况的一种。

1. 假如每次考试的试卷拿到一个安安静静、无人监考的房间去做，我的成绩一定会好一些。
   ①很对 ②较对 ③无所谓 ④不对 ⑤很不对
2. 夜间走路，我能比别人看得更清楚。
   ①是 ②好像是 ③不知道 ④不太对 ⑤不对
3. 每次离开家到一个新的地方，我总爱闹点毛病，如失眠、拉肚子、皮肤过敏等等。
   ①完全对 ②有些对 ③不知道 ④不太对 ⑤不对
4. 我在正式运动会上取得的成绩常常比体育课或平时练习成绩好些。
   ①是 ②似乎是 ③吃不准 ④似乎不是 ⑤正相反
5. 我每次明明已把课文背得滚瓜烂熟了，可是在课堂上背的时候，却总要出点差错。
   ①经常如此 ②有时如此 ③吃不准 ④很少这样 ⑤没有这种情况
6. 开会轮到我发言时，我似乎比别人更镇定，发言也显得很自然。
   ①对 ②有些对 ③不知道 ④不太对 ⑤正相反
7. 我冬天比别人更怕冷。
   ①是 ②好像是 ③不知道 ④好像不是 ⑤不是
8. 在嘈杂混乱的环境里，我仍能集中精力地学习、工作，效率并不大幅度降低。
   ①对 ②略对 ③吃不准 ④有些不对 ⑤正相反
9. 每次检查身体，医生都说我“心跳过速”，其实我平时脉搏很正常。
   ①是 ②有时是 ③时有时无 ④很少有 ⑤根本没有
10. 如果需要的话，我可以熬一个通宵，精力充沛地学习或工作。
   ①完全同意 ②有些同意 ③无所谓 ④略不同意 ⑤不同意
11. 当父母或兄弟姐妹的朋友来家做客时，我尽量回避他们。
   ①是 ②有时是 ③时有时无 ④很少是 ⑤完全不是
12. 出门在外，虽然吃饭、睡觉、环境等变化很大，可是我很快就能习惯。
   ①是 ②有时是 ③是与否之间 ④很少是 ⑤完全不是

13. 参加各种比赛时，赛场上越热烈，群众越加油，我的成绩反而越上不去。

①是　②有时是　③是与否之间　④很少是　⑤不是

14. 上课回答问题或开会发言时，我能镇定自若地把事先想好的一切都完整地说出来。

①对　②略对　③对与不对之间　④略不对　⑤不对

15. 我觉得一个人做事比大家一起干效率高些，所以我愿意一个人做事。

①是　②好像是　③是与否之间　④好像不是　⑤不是

16. 为了求得和睦相处，我常常放弃自己的意见，附和大家。

①是　②有时是　③是与否之间　④很少是　⑤根本不是

17. 当着众人和生人的面，我感到窘迫。

①是　②有时是　③是与否之间　④很少是　⑤不是

18. 无论情况多么紧迫，我都能注意到该注意的细节，不爱丢三落四。

①对　②略对　③对与不对之间　④略不对　⑤不对

19. 和别人争吵起来时，我常常哑口无言，事后才想起来该怎样反驳对方，可是已经晚了。

①是　②有时是　③是与否之间　④很少是　⑤不是

20. 我每次参加正式考试或考核的成绩，常常比平时的成绩更好些。

①是　②有时是　③是与否之间　④很少是　⑤不是

计分与解释：

1. 凡单题号（1、3、5、……），①②③④⑤答案依次记1、2、3、4、5分，凡双题号（2、4、6……），①②③④⑤答案依次记5、4、3、2、1分。

2. 全部20题得分之和与心理适应性关系如下：

81~100分适应性很强；61~80分适应性较强；41~60分适应性一般；21~40分适应性较差；20分以下适应性很差。

测试建议：

如果你的得分在40分以下，千万不要自卑和缺乏信心，要相信自己是可以适应和发展完善的，因此，希望你在今后的学习、生活、工作实践中，有意识地培养自己在这方面的能力，以提高自己的心理适应能力。

（量表来源：http://www.beijing518.com/2010/0416/114356.html，2012-07-26）

思考练习

1. 想想你自己及周围同学存在哪些适应问题？你有哪些成功的经验和失败的教训可以和其他同学分享？

2. 和同学讨论一下适应与成才之间的关系。

第三章

自我意识辅导

——悦纳自我，完善自我

丝丝心语

知人者智，自知者明。胜人者智，胜己者强。

——老子

谁不能主宰自己？谁就永远是一个奴隶。想左右天下的人，须先左右自己。

——苏格拉底

一切的成就、一切的财富，都始于一个意念，那就是自我意识。

——拿破仑·希尔

案例导入

“另类”的女主持

在俊男靓女如云的主持人阵营中，有一个“丑小鸭”从事着被众人羡慕及关注的主持人职业；一个曾经为自己的肥胖身材而极度自卑的女孩，现在已成为中央电视台著名的节目主持人，她的主持风趣、幽默、自然，深受观众的喜爱。这个“胖女孩”就是中央电视台《半边天》、《夜线》栏目的主持人——张越！

二十多年前，她在北京的一所大学求学。因为胖，她不敢穿色彩鲜艳的衣服，不敢穿裙子；因为胖，她不敢上体育课，大学毕业前的跑步测试，体育老师说：“只要你跑了，不管多慢，都算你及格。”可她就是不敢跑，她怕跑起来笨拙的样子遭到同学们的讥笑，因此而差点毕不了业；因为胖，她很少上街，她怕路人“异样”的目光。她无时无刻不在跟别人的眼神、跟自己的情绪进行无声的“较量”，活得紧张极了……就这样，她怀着疑心和自卑度过了自己的大学时光。

现在，这个曾经为自己身材肥胖而极度自卑的女孩，早已摆脱了肥胖的烦恼，走出了自卑的心理阴影，变得越来越自信开朗、越来越美丽了。当满街的人都看她“胖”的时候，她不再害怕，她说：“我感觉胖并不是缺陷。胖与瘦好比是说你是双眼皮，我是单眼皮；你爱吃鱼香肉丝，我爱吃豆腐白菜。不少人都有盲目的从众心理，仅仅因为现在瘦人比胖人多，就觉得是胖子必须减肥才合乎情理。人是靠一股子气活着，没有这股气我就无法活了……”作为主持人，张越的形象可以说别具一格，但她却以自身的“另类”及优雅体现着不凡的人生价值。

心理评点：在现实生活中，有许多青年学生像年轻时的张越一样，因为自己脸上长“痘”、身材肥胖等而感到自卑；因为自己的学习成绩不好、智商低而否定自己；因为自己不善于与人沟通和交流、没有知心朋友而感到孤独、寂寞……出现这些心理问题的原因在于他们没有正确地认识自己。其实，一个人的烦恼、痛苦和不幸，很多时候不是来自他人和外界环境，而是来自一个人的内心深处，来自对自己的认识、评价和态度，也就是自我意识。张越的成功，可以说首先得益于她自我意识的调整和改善。张越的经历告诉我们，只有对自己有一个正确的认识和评价，扬长避短，取长补短，不断完善自己，才能有所作为。

“认识你自己！”这句镌刻在古希腊德尔菲城那座神庙里的碑铭，被人们奉为神谕的箴言，表达了人类与生俱来的内在要求和至高无上的思考命题，它告诉我们，人的一生就是一个探索自我的过程，认识自我是人类之旅的出发点，是实现自我价值的基础。

第一节 自我意识概述

自我意识的确立是青少年学生心理发展的重要标志之一，那么，什么是自我意识？自我意识包括哪些内容？有哪些特点？作用如何？这些便是本节要学习探讨的内容。

一、自我意识的含义

1. 什么是自我意识

自我意识是指人对自己、自己与他人、自己与周围环境关系的多方面、多层次的认识、体验和评价；它是一个人通过观察、分析外部活动及情景、社会比较等途径获得的，是人意识发展的高级阶段。平时我们常说，“我觉得我观察问题有点粗心大意”，“我觉得我是一个急性子的人”，“我认为我能完成这项工作”，“我觉得我对某某的感情发生了变化”等，这些对自己感知觉、情感、意志等心理活动的意识，对自己与客观世界的关系，尤其是人我关系的意识，以及对自己机体状态的意识，都属于自我意识的范畴。

2. 自我意识的主要内容

一般来说，自我意识包含三方面的内容：

（1）个体对自身生理状况的认识和体验。指对自己的身高、体型、性别等的认识以及生理病痛、温饱饥饿、劳累疲乏的感受。如果一个人对自己的生理自我不能接纳，如嫌弃自己个子矮、皮肤黑、身材差、不漂亮等，就会讨厌自己，自卑而缺乏自信。

（2）个体对自身心理状态的认识和体验。指对自己知识、能力、情绪、兴趣、爱好、性格、气质等的认识和体验。如果一个人对自己的心理自我评价过低，如嫌自己能力差、智商不高、学习成绩不好、情绪起伏太大、自制力差、性格不成熟等，就会否定自己。

（3）个体对自己与周围关系的认识和体验。指自己在群体中的地位、作用以及自己和他人相互关系的认识、评价和体验。如果一个人不善于与人交流和沟通，认为周围的人不喜欢自己、不接纳自己，找不到知心朋友，就会感到孤独和寂寞，缺乏归属感和安全感。

二、自我意识的分类与特点

自我意识是隐藏在个体内心深处的心理结构，是一个多维度、多层次的心理系统。我们可以从形式、内容、自我观念等方面对其进行解读。

1. 从形式上看，自我意识具有认知的、情绪的和意志的三种形式，分别称为自我认识、自我体验和自我调控

自我认识是自我意识的认知成分。它包括自我感觉、自我观察、自我分析与评价。自我认知主要涉及“我是一个怎样的人”、“我为什么是这样一个人”等问题，比如：有人观察自己的形体，认为自己属于“苗条型”；分析自己的性格特点，认为自己是活泼开朗的；评价自己的为人处世，觉得自己比较宽容忍让，等等。

自我体验是自我意识的情绪成分。它主要是一种自我的感受，以自尊、自爱、自信、自卑、责任感、义务感、优越感、成就感、自我效能感等表现出来。其中自尊是自我体验中最主要的方面。主要涉及“我是否接受自己”、“我是否悦纳自己”，比如：“我很喜欢自己，因为自己长得很漂亮”，“我感到很自信，因为复杂的事情我也能做好”等。

自我调控是自我意识的意志成分，它包括自我检查、自我监督、自我激励、自我暗示、自我教育等形式。表现为自主、自立、自强、自制、自律、自我监督、自我调节、自我控制等。主要涉及“我如何改变自己”，“我怎样才能克服自己的惰性”，“我今天还没有完成预定练琴的任务”，“我的未来我做主”等。

自我认知、自我体验与自我调控是自我意识中三个不可分割的部分，这三者有机统一，构成了个性心理面貌的重要组成部分。通过自我认识，使人明确“我是一个怎样的人？”，“我为什么是这样一个人”；通过自我体验，可以解决“我对自己是否满意”，“我是否悦纳自己？”等问题；通过自我调控，可以最终解决“我该怎样控制自己”，“我怎样才能成为理想中的那种人”等问题。

2. 从内容上看，自我意识分为生理自我、社会自我和心理自我

生理自我，是指个体对自己生理属性以及自己的所属（人、物）的意识，包括个体对自己的身体、外貌、衣着、风度、体能、家庭环境等方面的意识，如自己是高矮还是胖瘦、是漂亮还是丑陋等。生理自我是与生俱来的，人们只能接受它而不能改变它，如果一个人对自己的生理自我不能接纳，就会缺乏自信产生自卑心理。

社会自我，是指个体对自己的社会属性的认识，包括对自己在各种社会关系中的角色、地位、权利、名誉、义务、人际距离等方面的意识。比如：“我是一个有人缘的人”，“我是一个有责任心的人”等。社会自我是自我意识的重要构成，社会自我意识完善与否，直接影响个体在社会中的角色定位，影响承担社会责任的动机和行为。

心理自我，是指个体对自己心理活动包括心理过程和个性心理特征的意识，主要是对自己个性特征的意识，包括对自己的性格、能力、态度、道德、理想和信念以及行为、习惯等的意识。比如，“我的性格比较内向”、“我的信念很坚定”等。心理自我是自我意识中最核心、最持久的部分。

生理自我、心理自我与社会自我是密切联系的、相互影响的，它们都包含着不同的自我认知、自我体验与自我控制，但由于比例和搭配的不同，使得每个人都有自己对人、对己、对社会的独特的看法和体验。

3. 从自我观念角度看自我意识可分为现实自我、投射自我和理想自我

现实自我是个体从自己的立场和观点出发，对自己目前的实际状况的评价和看法。比如说："我现在是一名艺术高职生"、"目前我的家庭经济状况比较窘迫"等。

投射自我也称镜中自我，是指个体想象中他人对自己的评价和看法。比如："大家都说我长得很漂亮"，"我觉得别人看不起我"等，就是投射自我的表现。投射自我和现实自我之间往往会有一定距离。当这个距离加大时，个体就会强烈地感受到自己不被别人所了解而产生苦恼。

理想自我是指个体从自己的立场出发对将来的我的希望，是个体想要达到的完善的形象。比如："我想成为一名歌唱家"，"我想成为一名舞蹈编导"。理想自我是个人追求的目标，不一定与现实自我一致，但理想自我对个体的认识、情绪和行为的影响很大，是个体行为的动力和参照系统。

三、自我意识对青少年学生的作用

健康的自我意识是良好心理素质的体现，也是心理健康的标志。对青少年学生的成长与发展有着非常重要的作用。

1. 健康的自我意识有助于青少年学生形成科学的世界观、人生观和价值观

一个人要了解世界，实现远大抱负，首先要从了解自己开始。青少年学生对世界总的看法和观点，以及他们对人生态度和对自己和社会关系的认识，离不开不断地进行自我认知、自我体验和自我评价。试想，一个以自我为中心的人，一个过度自负或自尊的人、一个过度自卑和缺乏自信的人，一个自我调控能力极差的人，怎么能养成健康的自我意识？又怎么能形成科学的世界观、人生观和价值观？

2. 健康的自我意识有助于青少年学生进行自我规划和自我导向

现实自我与理想自我的统一是自我规划、自我导向的基础。科学的人生规划首先取决于对"现实自我"的准确把握。青少年学生选择职业方向、规划人生道路都必须从自身的实际出发，要对自己有全面客观的认识，才能减少选择的盲目性，在成长的道路上少走弯路；其次，科学人生规划取决于对"理想自我"的合理定位。具有良好自我意识的人，能够在准确体察个人潜能和全面衡量社会客观条件的基础上确立自我发展的目标，制定出人生发展的具体规划；最后，健康的自我意识调节着青少年学生人生发展的进程和方向。自我意识能及时地评价、反馈个体在行动过程中的状态、结果，促使个体根据目标不断调控自己的行为和内心体验，运用意志的力量克服行动中出现的退缩、畏难、焦虑等消极的情绪体验，从而激励个体不断朝着既定目标努力。

3. 健康的自我意识有利于青少年学生培养良好的合作精神

随着社会分工的发展，人才的合作意识与能力越来越被强调，无论是在学校努力的莘莘学子还是在职场打拼的各色人等都需要具备良好的合作意识，才能在自己的位置上发挥好自己的才华。实践表明，许多成功人士都具有良好的合作精神。青少年学生崇拜的偶像比尔·盖茨虽说有着传奇般的"白手起家"的经历，但纵观他成功的历程，可

以说每一步都是与他人合作的足迹。现代社会要求每一个人都具有合作精神，健康的自我意识有利于青少年学生合作精神的培养。因为健康的自我意识要求在正确认识、客观评价自我的基础上，能正确认识他人和社会，从而形成独立的我。独立的我不等于我行我素，更不等于不需要任何人的帮助和支持，而是要求在学习、工作和生活中能与周围同学处理好关系，融洽相处，共同协作，充分利用团队合作关系，使学习、工作有效地进行。

4. 健康的自我意识是青少年学生适应社会、承担社会责任的必要准备

大量的心理学实践证明，许多人的社会适应不良是由于自我意识不健全或不正确造成的。如果一个人对生理自我、心理自我、社会自我认识和体验不正确，尤其是自我评价及自我概念上与客观的现实差距太大时，就可能造成社会适应不良。正确的自我意识通过正确的自我评价产生合理的理想自我，并且通过正确认识自己与他人、个体与群体不同的地位和需要，采取不同的策略，主动调节人际关系，从而保持良好的社会适应。

总之，青少年是祖国的未来，承载着推动社会进步、促进社会发展的使命和责任，只有准确地把握社会自我，合理定位自己在社会生活中的角色、地位，才能自觉地将国家、社会对我们的期望转化为履行社会责任和义务的动力，积极地服务社会、奉献社会。

第二节　艺术高职院校学生的自我意识

青年时期是一个人自我意识突出发展的时期，而大学时代又是青年时期最重要的阶段，是自我意识发展的关键时期，对处在成长期的艺术高职院校学生来说，正确认识自我是自身发展的最重要的前提。

一、艺术高职院校学生自我意识的特点

与广大青年学生一样，艺术高职院校学生自我意识的发展也经历了一个分化—矛盾—统一的过程，伴随着这个发展过程，他们的自我意识表现出以下主要特点：

1. 自我认识的主动性增强、自我评价能力提高但有片面性

艺术高职院校学生能主动、迅速地关注自己的内心世界和行为，并产生新的认识、体验。他们常常关注自己的仪容仪表、行为举止、关注别人对自己的目光与评价，比如男生在意自己的身高、肌肉甚至生殖器官、声音的吸引力，女生则在意自己是不是漂亮、迷人、有吸引力、胖瘦高矮甚至脸上的雀斑等。他们还关注自己的性格、气质、智力等内在修养因素，同时对自己的社会地位、社会责任、自我价值等至关重要的人生命题也进行思考与关注，比如对“我是个什么样子的人”、“我要成就什么样的事业”、“我的未来是什么样子”、“我能为社会做什么贡献”等一系列问题进行深刻思考，由此而带来的种种情绪如喜悦、激动、焦虑、抑郁等也显著增加，开始体验到“成长”的烦恼。

艺术高职院校学生自我评价主动性提高、能力增强。他们常常主动地把自己与周围的同学、老师做比较来认识自己、评价自己，主动参照一些自己崇拜的优秀教师、明星、英雄模范人物的形象，力图把理想的人格内化为自我的品质。但他们的自我评价也存在肤浅、片面的特点，时而夸大自己的长处，盲目自大，时而又否定自己，缺乏自信。低年龄段学生的自我评价在一定程度上还是成人评价的翻版。

2. 自我意识发展中的矛盾尤为突出

由于自我意识的明显分化，一方面艺术高职院校学生开始意识到不曾注意的许多“我”的方面和细节，发现“理想我”与“现实我”的差距；另一方面，由于处于发展阶段，自我形象不能很快确立、自我概念不能明确地形成，自我冲突也在加剧。于是，艺术高职院校学生在发展、完善自我意识的过程中，出现了种种矛盾冲突，如自我认知方面“主体我”与“客体我”的矛盾、“理想我”与“现实我”的矛盾；自我体验方面自尊心和自卑感的矛盾；自我调节方面独立与依赖的矛盾、交往需要与心灵闭锁的矛盾、激情与理智的矛盾、追求上进与自我消沉的矛盾等。

3. 自我体验既丰富深刻又敏感波动

艺术高职院校学生的自我体验比较丰富，可以说是一生中“最善感”的年龄阶段。既有喜欢、满意与讨厌、不满意的肯定和否定体验，也有喜悦与忧愁的积极和消极体验、紧张与轻松体验。男生表现得有自信心，更富有活力，但易急躁；女生则表现得热情，内心舒畅感更明显，但更易多愁善感、焦虑。高龄段学生的自我体验更多地与自己的个性品质、集体荣誉以及自我在社会中的发展前途联系起来，自我体验日趋深刻；而低龄段的学生自我体验比较肤浅。比如同样阅读文学作品，低龄段学生喜欢看情节性强的作品，当书中有心理描写的内容时，他们会一掠而过；而高年龄段学生则偏好那些心理描写细腻的作品，能把自己沉浸到作品中，和作品中的人物同喜悦、共忧伤。

艺术高职院校学生情感体验还表现出明显的波动性。当他们的考试成绩优秀或演出成功时就会产生积极的、愉快的情感体验，对自我的肯定多些，充满了自信与喜悦；当考试成绩下降或演出活动受阻时就可能产生消极的、自卑的情绪体验，甚至悲观失望，对自我否定多些。他们对于外部世界和内心世界的许多方面都比较敏感，尤其是与自己相关的事物，很容易引起他们情感上的反应。

4. 自我控制能力增强、自我设计的愿望强烈

艺术高职院校学生独立意识增强，自我控制能力有了很大提高。他们不满足于事事听从父母和老师的安排，逐渐确立了一个全新的自我——成人式的自我，即便是低龄段的学生，也成人感、独立感陡增。他们能够自己安排学习、组织活动、料理生活、解决问题。高龄段学生有强烈的自我设计、自我完善的愿望。他们根据自我设计的“理想自我”形象不断地充实自己的知识，锻炼自己的实践能力，完善自己的人格和品质。他们经常思考：“我应该成为一个什么样的人”、“我怎样才能成为一个那样的人”等问题，他们的许多思索和争论，常常都围绕自我设计、自我价值的实现上。在我们的课题调研中，有个问题是：“进入大学后你打算如何发展自我（限选3项并排序）？”排序在前三位的分别是“全面提高自身素质，为实现人生理想作准备”(53.54%把它排第一，

下同)、“掌握一技之长，为就业打好基础”(51.56%)、“参加社会兼职或打工，获得经济收入”(35.13%)；另有17.85%的同学选择了“为了获得文凭”，11.05%的同学回答“顺其自然”，7.93%的同学表示“没想过”。说明绝大多数学生都有自我设计的强烈愿望，而且对自己的要求也比较高。但低龄段学生的自我控制水平较低，他们按照父母、老师为他们设计好的目标规划自己的未来，自我克制能力较差，表现在逃课、打架、违反校规校纪等方面。

二、艺术高职院校学生自我意识的影响因素

根据我国学者对艺术高职院校学生自我意识所做的调查显示，当代艺术高职院校学生自我意识的发展基本上是积极的、健康的，但发展的过程并不是直线向上，而是一个有起伏的矛盾冲突的过程。影响艺术高职院校学生自我意识发展的因素有以下几个方面：

1. 社会环境

随着改革开放的不断深入，市场经济体制的逐步推进，竞争机制的导入，社会转型和变迁加剧，这种活跃开放的社会环境的确为艺术高职院校学生施展才华提供了更为广阔的舞台，但也给他们带来了更多心理矛盾、压力。社会环境的竞争性既给他们鼓舞，也将不确定性和不安全感带给了他们，既可刺激他们完善自我、超越自我的追求，也可导致心理失衡和自我的失落。

2. 家庭环境

家庭环境对人的一生发展会产生重要的影响。父母亲对孩子早期的教养方式、教养态度和家庭的经济地位都直接影响孩子自我意识的发展。父母对孩子的爱与尊重，会让孩子认识到自己存在的价值，使孩子自尊自爱。有某种缺陷或单亲家庭的孩子，容易养成敏感与自卑的性格。随着独生子女的增多，出现了越来越多的过分溺爱的家庭教养类型，这些家长的过分保护、过分顺从，往往使孩子过分依赖，自我意识长期处于幼稚水平。另外，社会地位高、经济条件好的家庭，子女容易产生优越感；社会地位低、经济困难的家庭，子女就容易形成自卑的性格；父母对孩子的高期望、学生对理想自我的高设计与就业难的冲突也影响着自我意识的发展。

3. 他人的影响

教师言行、品德、信仰、精神境界等，有意无意地影响着学生，并受到学生的效仿。因此教师对学生的影响是独特的，在艺术高职院校，专业教师对学生的影响更是巨大的。在我们的课题调研中，当问到：“你认为谁来当你们的辅导员、班主任最为合适？”结果51.63%的同学选择了“专业老师”(另有25.34%的同学选择了“专职人员”、14.01%的同学选择了“文化老师”、9.02%的同学选择了“其他”)。当问到“在思想修养方面，你认为在学校对你成长、影响最大的是谁”，排序结果分别是“专业老师”(36.28%)、“班主任”(30.33%)、“辅导员”(10.56%)、“系领导”(8.64%)、“文化老师”(7.1%)、“学工处老师”(5.18%)、“院领导”(2.5%)、“其他”(1.92%)。这说明

全方位育人格局中不同的教育力量对学生的影响发展是不平衡的，离学生教育层级越近，对学生成长影响力越大，其中，专业老师首当其冲。此外，亲人、爱人、受敬重的人的评价及社会楷模也是影响艺术高职院校学生自我意识的重要因素。

4. 个人实践体验

艺术高职院校学生的自我意识是随着学习、课外实践和各种社会交往活动而不断发展的。他们在学习中获得显著进步时，就能体验到成功的愉悦，提高自我学习能力的评价，增强自我效能感；反之，就会体验到失望和痛苦，进而对自己的学习能力产生怀疑，降低对自我的信心。例如当他们参加义演、社区服务等活动而对社会做出贡献时，他们会为自己的社会价值感到欣喜，并相应地提高对自己的评价；如果行动受挫，则可能感到心理失落，甚至认为自己“本来不是从事那项活动的料”而感到灰心丧气。

三、艺术高职院校学生常见的自我意识问题

艺术高职院校学生正处于心理迅速成熟，又尚未成熟的时期，自我意识容易出现各种发展的偏差，导致自我意识的缺陷。

1. 过度的自我接受与过度的自我拒绝

过度自我接受的人，对自己的肯定和评价有过之而无不及。他们用放大镜看自己的优点长处，甚至缺点和短处也视为优点和长处；相反，他们用显微镜看他人的缺点与不足，把别人看得一无是处，正所谓“看自己，一朵花，看别人，豆腐渣”，形成了“我好，你不好”，“我行，你不行”的人际认知模式。部分专业条件较好的学生容易出现过度自我接受问题。他们自视过高，骄傲、自负、孤芳自赏，在与人相处中总是居高临下、颐指气使，以为谁也没有自己好，给别人带来不愉快感。

过度的自我拒绝，则是把自己看得一无是处，感到处处不如人，对自己缺乏信心，自我否定、自我厌恶，甚至自我绝望。他们的人际认知模式是“我不行，你行”、“我不好，你好”。部分专业条件较差的学生容易出现过度自我拒绝，他们认为自己的专业没有别人好就什么都不如别人好，眼里只看到甚至夸大自己的不足并由此而产生强烈的自卑感，觉得前途渺茫，于是便自暴自弃，浑噩度日，甚至焦虑抑郁。

2. 过强自尊和过度自卑

适当的自尊和自信，是激励人力争上游、勇攀高峰、追求崇高理想的巨大动力。但过强的自尊却和骄傲自大联系在一起。部分自尊心过强的学生讲求面子、贪慕虚荣，过于在意别人的评价，缺乏自我批评，而且不喜欢别人批评自己，唯我独尊，盛气凌人，不能与人和睦相处，容易失败，也容易受伤害。如果过强的自尊心屡屡受挫，则容易羞愧无比、无地自容，使过强的自尊走向另一个极端——过度的自卑，产生严重的自责、自怨、自鄙等挫折心理反应。

自卑是个体自以为不如他人而产生的一种不满自己、否定自己的消极心理。人在学习、生活的某些时候产生自卑感是正常的，自卑有时对人会有增力作用，但过度自卑是

不正常的。我们中少数同学身上存在着严重的自卑心理，他们往往只把目光聚焦在自己的缺点与不足上，怀疑自己的能力而忽略自己的价值和长处。比如，有的学生因长相、身材等生理方面原因严重自卑，有的学生因出身农村、经济条件差、情场失意、人际关系或学业能力差等而严重自卑等等。

3. 过分的独立与过度的逆反

部分艺术高职院校学生在摆脱依赖走向独立的过程中，独立意识过头，出现过分的独立意向。很多同学将独立理解为“凡事自己来，万事不求人”，不需要他人的帮助，其结果是遇到困难或挫折自己解决不了。其实，独立并不意味着独来独往或不顾社会规范、我行我素，而是指个体在情感上、行为上能对自己负全部的责任。一个真正成熟的个体是独立的，他对自己负责但不排除接受他人的帮助。

逆反心理也是艺术高职院校学生自我意识发展过程中的一种非理性产物，有逆反心理是正常的，它标志着青年人的反抗精神和独立意识，但部分学生特别是五年制高职低龄阶段学生不能确切地把握反抗，表现出过分的逆反。他们对正面宣传作反面思考，对家长、老师及班级的活动持消极、冷漠、反感甚至抗拒的态度，其结果是阻碍了他们学习新的或正确的经验，不利于健康心理的养成。

4. 过度自我中心与不当从众心理

艺术高职院校学生强烈关注自我，往往只从自我的角度、标准去认识、评价和行动，加之独生子女“我就是一切，大家都要听我的”的自我中心性格，更容易出现以自我为中心的倾向。当这种倾向与某些不健康的思想意识和心理特征相结合时，就会发展为过分的、扭曲的自我中心。部分过度自我中心的学生凡事只从自己利益出发，不知道为他人着想，只关心自己，不在乎别人，好把自己的意志强加于人。因而，过分以自我为中心的人不容易赢得他人好感和信任，生活中缺少知心朋友，难以得到他人的帮助，易遭挫折。

从众是一种普遍存在的心理现象，它是在群体舆论的压力下，放弃个人意见而采取与大多数人一致的自我保护行为。从众心理人皆有之，但如果过强，就会形成依赖。有过强从众心理的学生，没有自己的是非观念和独立见解，不敢自己下判断、做决定，对自己的实力认识不清，总是人云亦云，盲目地跟着别人走。比如，别人“不练功”，我也“不练功”；别人成双成对谈恋爱，我也迫不及待“下情海”。出现了学习、作弊、消费、恋爱和择业从众等现象。如果从众心理过强，就会导致独立性差，有碍于心理健康。

第三节　艺术高职院校学生健康自我意识的培养

健康自我意识的培养对艺术高职院校学生的成长至关重要，它在同学们人格的形成、发展和优化中发挥着强大的动力功能。

一、健康自我意识的标准

目前还没有一个完全统一的标准来衡量一个人的自我意识是否健全，一般认为：

第一，自我意识健康的人，应该是一个有自知之明的人，既知道自己的优势，也知道自己的劣势，能正确评价和肯定自我。

第二，自我意识健康的人，应该是自我认识、自我体验和自我控制协调一致的人。

第三，自我意识健康的人，应该是积极自我肯定的、独立的并与外界保持协调一致的人。

第四，自我意识健康的人，应该是理想自我与现实自我统一的人，有积极的目标意识和内省意识，积极进取，永无止境。

二、艺术高职院校学生常见自我意识问题的调适

【案例】

小方是一个非常优秀的音乐系女生，人长得漂亮，钢琴弹得非常好，曾获得许多奖项，还能歌善舞，才艺发展比较全面，是个受欢迎的学生。班主任老师也很看重她、重用她。在家里，父母又视她为掌上明珠，对她宠爱有加。可是渐渐地，小方越来越自命不凡，和同学之间的矛盾也越来越大了。本学期初，她所在的班级重新成立班委会，班主任征求她的意见，她说这个“太笨”，那个“不会说话”，不是摇头就是撇嘴，意思十分明显：全班除了她没人能当选班长了！也许正是她的这种态度，引起了同学们的普遍不满意，竞选班长时，她以11票之差落选了。当时，她看到结果就哭了，下午也没有去上课。

分析：小方对于自己过高的自我评价使她出现了自我认识方面的偏差。她自视才能出众，骄傲清高的典型自负心理导致大家对她产生诸多意见，影响了与同学的人际关系。

艺术高职院校学生在自我意识发展过程中出现这样或那样的缺陷，严重影响着自我意识的发展和完善。如何进行调适呢？

1. 保持不过于追求完美的心态

过于追求完美在我们同学身上常常体现在过度自我接受和过度自我拒绝两个方面，这两种表现都会对人的心理健康产生消极影响。调适方法如下：

（1）树立辩证的认知观念。要知道，人人都有优点和缺点，任何人都不可能十全十美，完美永远只是相对的。所以，自我接受过高的同学要看到自己的不足，承认自己的缺点。要看到他人的长处，欣赏他人的独特性，理解尊重他人。自我接受过低的同学，要学会善于发现自己的闪光点，挖掘自己的优势，提高自信心。

（2）自我评价要有合理的参照系和正确的立足点。自我评价过高或过低与参照体

系有很大关系，以弱者为参照易使人自大，以强者为参照则易使人自卑。因此，要选择合适的参照标准，更重要的是以自己为标准，按照自己的条件发展地评定自己的价值，要立足自己的长处，改善自己的不足。

2. 培养自主性和独立性

艺术高职院校学生在自我意识倾向性偏差方面的主要表现为自我中心主义、过分的独立意向、过分的依赖心理、不当的从众倾向等，可以通过培养个体的自主性和独立性，通过自我修养、自我教育的手段加以纠正。首先要摆正自己的位置，不要把自己看得太重，唯我独尊，要多设身处地地替他人着想，学会尊重、关心、帮助别人，自觉地把自己和他人、集体结合起来，走出自我的小天地。其次要加强自我修养，学会控制自我欲望与言行，把自我利益的满足置身于合情合理、不损坏他人利益的基础之上。最后要培养自己的独立自主意识，正确理解独立的真正含义，在适当的时候接受别人的帮助，但不依赖别人，也不盲从别人。同时，要多参加社会活动，在活动中培养合作意识，增强自我调控能力。

3. 超越自卑，增强自信心

【案例】

小林对他的室友说："我觉得自己有点敏感、不开朗，最致命的一点是特别自卑，凡事都不敢放手大胆去干，总怀疑自己的能力，害怕干不好。如果有类似演讲这样的在众人面前的活动，我便会远远地躲开。其实我内心也蠢蠢欲动，看着别人在讲台上口若悬河，就不知道为什么自己那么差劲。我知道这都是自卑在作怪，可是又不知道怎么去克服。"

分析：心理学家阿德勒认为，每个人的潜意识中都有自卑感存在。适度的自卑是正常的，而且具有一定的动力作用。但如果自卑过度，就会使人心灰意冷，万念俱灰，甚至出现严重的心理障碍或心理疾病。但自卑是可以战胜和超越的，战胜自卑的最有效办法就是增强自信心。

自信心是一种内在精神力量，它能鼓舞人们去克服困难，不断进步。美国作家爱默生说："自信是成功的第一秘诀！"萧伯纳有句名言："有自信心的人，可以化渺小为伟大，化平庸为神奇。"如何增强自信？方法有很多，我们不妨试试以下方法：

（1）学会欣赏自己。把自己的优点、成绩、满意的事情统统找出来，在心中"炫耀"一番，反复刺激和暗示自己"我可以"、"我能行"、"我是最棒的"，自己给自己鼓掌，这样就能摆脱"事事不如人，处处难为己"阴影的困扰，就会感到生命有活力，觉得太阳每天都是新的，从而保持奋发向上的劲头。

（2）着靓装。衣着打扮影响人的自我感觉。当你衣着邋遢时，你就会感到自信心不足。因此，你可以通过好好打理自己的外表形象来增加自己的自信。很多情况下，常沐浴，修胡须，穿干净的衣服以及换个最新款式的服饰都能不同程度地提高你的自信心。

（3）挑前排的位子坐。你是否注意到，在教室、办公室及其他公共集会中，许多人总是争坐靠后的座位。原因是因为害怕被人注意，这就说明这些人缺乏自信。如果你坐到前排，你可以抛开这种毫无理性的恐惧并建立自信，你也将更容易被在前面说话的重要人物注意到，成功的机会就更大。

（4）把走路的速度加快25%。心理学家告诉我们，改变姿势与速度，可以改变人的心理状态。仔细观察你会发现，那些遭受打击、被排斥的人，走路都拖拖拉拉，完全没有自信。而有自信的人走路速度一般都很快。因为他知道自己要去哪里，要做什么事情。加快25%的步速可以让你看起来更自信，也让你自我感觉更自信。

（5）加强锻炼。体育锻炼是人类挑战自我、挑战自然精神的体现。在体育运动中克服各种困难和障碍并获得成功，有助于增强你的自信。因此要经常参加体育锻炼，提高自己的体能，使自己更健壮，进而增强你的自信。

（6）欣赏振奋人心的音乐。人们都有这样的情绪体验，当听到雄壮激昂的音乐时，往往因受到激励而热情奔放，斗志昂扬。健康的音乐能调节人的情绪，陶冶人的情操，培养人的意志。当你受到挫折，情绪低沉、缺乏信心的时候，选择适当的音乐来欣赏，能帮助你振奋精神，提高自信。

三、艺术高职院校学生健康自我意识的培养

掌握一定的心理健康知识，运用恰当的方法全面认识自己，积极地悦纳自我，有效地自我调整，形成积极、健康的自我意识对艺术高职院校学生具有十分重要的意义。

1. 正确地认识自我

德国著名作家约翰·保罗曾说过：“一个人的真正伟大之处，就在于他能够认识自我。”对自我的正确认识是培养大学生健康自我意识的前提，是塑造、完善自我意识的基础和依据。

（1）通过与他人比较来认识自己。在与他人比较的过程中来发现自己的优势，了解自己存在的问题，认识自己能力的高低，追求的目标是否恰当等。在与人比较时，要注意选择恰当的参照体系，把握好比较的尺度，既不能以自己的优势比别人的劣势，也不能以自己的短处比别人的长处，盲目地比较，只会导致自我认识的偏差。恰当地与他人比较而正确地评估自己，就能做到既不妄自尊大，也不妄自菲薄，从而合乎实际地确定自己的奋斗目标，制定切实可行的行动计划。

（2）通过他人评价来认识自我。不管你多么了解自己，但总有那么一个或大或小的区域是你自我认识中的盲区。要了解这一部分的“自我”，只有通过与别人交往，从别人的评价中得知，从别人的态度中觉察。古人说：“以铜为鉴，可以正衣冠；以人为鉴，可以知得失。”我们可以通过他人对自己的态度、期望和评价来认识自己，但值得注意的是对待别人的评价应有一个正确的态度，不能因过高的评价而飘飘然，也不能因为过低的评价而失去自信心。

(3) 通过自我观察自我反省来认识自我。古人云："吾日三省吾身。"自己对自己的观察与思考也是自我认识的一个重要方面。自我观察不仅要观察生理自我、社会的我还要观察心理的我。在自我观察的基础上来进行自我反省，一分为二地分析自己的成败得失，从中发现自己的优点与不足。如今内省方式也比较多，日记、博客、日志和个人总结都是自我分析、自我认识、自我监督的手段。自我反省必须建立在积极投身各种实践活动的基础上才是可行的。

(4) 通过对活动成果的评价来认识自我。社会衡量一个人的价值主要是通过活动成果来认定的。理想的活动成果，可以使人进一步提高认识自我的能力，发现自我的价值，从而进一步开发潜能，激发自信。艺术院校学生的活动比较丰富，演出、写生、办画展等，通过分析自己在活动中的表现和活动成果，可以进一步认识自我。同时，还可以通过心理测验来辅助了解和认识自我。

2. 积极悦纳自我

悦纳自我是指无条件地接受自己的一切。一个人只有欣然地接受自我，才能自尊自爱，珍惜自己的人格和名誉，注重自我修养，不断发展自我。

(1) 悦纳自我就是要接纳自己。悦纳自我就是喜欢自己，欣赏自己，发现自己身上的闪光点，相信天生我材必有用，相信自己身上潜藏着待挖掘的巨大能量。在这个世界上，你是独一无二的，只要你接受自己、喜欢自己，就能体会到自我的独特性，并在此基础上体验价值感、幸福感、愉快感与满足感，就会不断增强自己的自信心。

心灵故事

珍贵的石头

有一个小男孩是个孤儿，他觉得自己活在这个世界上没有什么价值，没有人爱他，他到神父那里哭诉自己的不幸。神父什么也没有说，给了他一块石头，让他到市场上去卖。在市场上有人觉得好奇，随便给他开了个价钱，他不卖。别人以为这块石头是个宝石，于是价钱越涨越高，小男孩简直不敢相信一块石头会值这么多钱！第二天，神父让他到黄金市场去卖，结果到收市的时候，价钱已经出到了昨天的十倍。第三天，他去宝石市场去卖石头，价钱已经涨了百倍。由于他始终不肯卖，竟被传为"稀世珍宝"。

石头还是那块石头，但随着时间和地点的不同，别人对它的评价却不一样了。那个小男孩认为自己活着没有什么意义，实际是不接纳自己的表现。其实，我们每个人就像是那块石头，如果你认为自己是一块扔在路边没有人要的石头，那么别人也就会认为你一钱不值；如果你认为自己是一块宝石，自己看重自己，自我珍惜，那么别人也会认为你价值连城，生命就会有意义，有价值。每个人在世界上都是独一无二的，我们要活出生命的价值，要得到别人的尊重，就要愉悦地接纳自我，不断地充实完善自己，最后世界才会认同你的价值。

（2）悦纳自我就是要敢于正视自我。正视自我就是指勇敢地接受自己的缺点、不足或缺陷。有些同学对自己的容貌、性格、才能和家庭条件等某一方面或几方面不满而产生自卑心理。其实，世界上没有十全十美的事物，也没有十全十美的人，但这并不妨碍自己作为人存在的价值。伟大的贝多芬就是在完全失去听觉的情况下，靠咬着细木棍感觉钢琴的颤动，完成了他举世闻名的九大交响曲中的后七部，他留给后人的名言是："我要扼住命运的喉咙，它绝不能叫我完全屈服。"拿破仑身材矮小，幼时常受人欺负，这使他发愤图强，最终成为一名杰出军事家。他们为什么会成功？他们都敢于接受自己的缺点，正视自己的不足和缺陷，真正做到了悦纳自己，他们虽然身体有缺陷，可是心理很健康。

（3）悦纳自我就要勇敢地面对挫折和失败。一个人在成长过程中，有成功也会有失败。要勇敢面对挫折，认真总结教训，认识到眼前的失败并不代表永远的失败。俗话说得好："吃一堑长一智"，"从哪里跌倒，从哪里爬起来"。艺术高职院校学生同样应正确对待学习、生活中的种种困难与挫折，吸取经验，总结教训，不断提高自己的能力，最终实现自己的理想。

3. 科学地塑造自我

加强自我修养，不断进行自我塑造，达到完善自我、超越自我，是健全自我意识的终极目标。

（1）确立合理的自我奋斗目标。合理的奋斗目标对人的行为具有定向作用、激励作用和坚持作用。艺术高职院校学生要按照个人的特点和社会的需要来设计自己的目标，朝着正确的方向迈进。"升本"、"找一个理想的工作"、"当一个优秀的演艺工作者"或者自己创业都是我们奋斗的目标。而在这些大目标下，还应善于根据目标的内容和时间要求，将大目标细分为阶段性的小目标。在这里，我们可以学习一下"山田的智慧"。1984 年，在东京国际马拉松邀请赛中，名不见经传的日本选手山田本一出人意外地夺得了世界冠军。两年后，意大利国际马拉松邀请赛在意大利北部城市米兰举行，山田本一代表日本参加比赛。这一次，他又获得了世界冠军。但是，对于这个矮个子选手为什么能取得冠军，谁也不明就里。直到十年后，这个谜才被解开，山田本一在他的自传里说：每次比赛之前，我都要乘车把比赛的线路仔细地看一遍，并把沿途比较醒目的标志画下来，比如第一个标志是银行；第二个标志是一棵大树；第三个标志是一座红房子……这样一直画到赛程的终点。比赛开始后，我就以百米的速度奋力地向第一个目标冲去，等到达第一个目标后，我又以同样的速度向第二个目标冲去。40 多公里的赛程，就被我分解成这么几个小目标轻松地跑完了。他说，起初，我并不懂这样的道理，我把我的目标定在 40 多公里外终点线上的那面旗帜上，结果我跑到十几公里时就疲惫不堪了，我被前面那段遥远的路程给吓倒了。因此同学们不仅要会制定长期目标，也要学会设计短期目标，在实现一个个的短期目标的过程中，轻松实现最终目标。

（2）培养坚强的自控能力。在实现人生目标的过程中，既有各种本能欲望的干扰，又有各种外部诱惑的侵袭，容易使人偏离正确的轨道，松懈斗志，放弃对远大理想的追求。比如，上网玩玩游戏、看看电影都比枯燥的学习有吸引力。一个人要想成就一番事业，就必须能够抵制诱惑，调节自己的情感，主宰自己的行动，经常同懒惰、安逸、松懈、逃避困难等消极心态作斗争，这就需要培养超强的自控能力。丘吉尔在剑桥大学讲演时曾说过，成功的秘诀有三个：第一，决不放弃；第二，决不放弃；第三，决不放弃。

（3）塑造健全的人格品质。健康的自我意识的形成，除了要有对自我的正确认知还要有健康人格作支撑。艺术高职院校学生通过培养和谐、健康的人格，对健康自我意识的发展将起到良好的促进作用。

（4）运用神奇的自我暗示心理，成为“可能的自己”。期望效应是一种具有普遍意义的心理学规律。期望效应常常可以发挥它的强大而神奇的威力。期望效应又叫“皮格马利翁效应”也叫“罗森塔尔效应”。这个效应源于古希腊一个美丽的传说。相传古希腊雕刻家皮格马利翁深深地爱上了自己用象牙雕刻的美丽少女，并希望少女能够变成活生生的真人。他的真挚的爱感动了爱神阿佛洛狄忒忒，爱神赋予了少女雕像以生命，最终皮格马利翁与自己钟爱的少女结为伉俪。积极的心理暗示，可以使我们创造新的自我形象，产生意想不到的效果。你知道美国著名的花样滑冰运动员塔拉·利平斯基（Tara Lipinski）吗？6岁时，她从电视上观看了1988年奥运会，她被当时的金牌得主深深吸引，于是，她让父亲用纸板做一个台子，好让她也像金牌得主一样站在领奖台上。8年后，14岁的利平斯基赢得了世界花样滑冰冠军，成为历史上获得此项殊荣的最年轻的选手。作为运动员，她有可能会生动地想象自己站在领奖台上，国歌奏起、欢呼声不绝于耳的情形。这在心理学中可以用术语“可能自我”来指代这些信念。运用积极的心理暗示，期待自己成为“可能的自己”而不断激励自己，通过辛勤的努力，利平斯基最终实现了自己的梦想。

4. 努力完善自我，不断超越自我

进入艺术高职院校，是同学们知识、思想、品格、能力塑造的最佳时期，应加强自我修养，从点滴小事做起，从行动着手，知行并重地提高自我；不仅要注重自我的发展，而且要积极主动地服务于社会，敢于担当历史的重任，注重在为国家和社会做贡献中实现自我价值，使自我在实践中一步步扩展和深化，不断进行自我塑造，达到完善自我的目标。

自我超越，也是超越个人“小我”走向社会的“大我”的过程，是一个“新我”形成的过程。艺术高职院校学生处于最富有理想的人生阶段，又是富有生活激情和创造力的群体，更应激励自己不断超越自我，最终实现自我的价值。

总之，自我意识的完善要付出艰辛的努力，它是每个追求卓越的人的终生课题。在美国一座黑人教堂的墙上，刻着这样一句话：“在这个世界上你是独一无二的一个，生下来是什么，这是上帝给你的礼物，你将成为什么，这是你给上帝的礼物。”先天的东西我们无法选择，但后天的铸就——你将成为什么样的人，完全由你自己去创造。认识自我，悦纳自我，不断地塑造、完善自我，才能走向成功和卓越的自我。

课后活动

解剖自我

1. 写出20句“我是一个怎样的人”，要求尽量反映生理自我、心理自我和社会自我方面的内容。

2. 优缺点大盘点。3~5人一组，(1) 各自讲述自己的优缺点；(2) 帮别人找优缺点；(3) 请别人帮自己找优缺点；(4) 全体交流；(5) 总结自己的优缺点；(6) 通过解剖自我思考以后我该怎么做？

思考练习

1. 什么是自我意识？艺术高职院校学生的自我意识有哪些特点？

2. 结合实际谈谈如何培养你的自我意识？

第四章

健全人格的塑造

——人格健全，受用一生

丝丝心语

人的鲜明特征是他所特有的东西，从来不曾有一个人和他一样，也永远不会再有这样一个人。

——高尔顿·奥尔波特

好的人生，是一个过程，而不是一个状态；它是一个方向，而不是终点。

——卡尔·兰塞姆·罗杰斯

播下一个行动，收获一种习惯；播下一种习惯，收获一种性格；播下一种性格，收获一种命运。

——威廉·詹姆士

案例导入

马加爵作为一名接受高等教育的大学生，因为打牌时的争执和不满，就采取了常人不可想象的极端行为，于2004年2月13日晚杀一人，2月14日晚杀一人，2月15日再杀两人后从昆明火车站出逃。

河北大学新区超市前，一辆牌照为“冀FWE420”的黑色轿车，将两名女生撞出数米远，致使一死一重伤，该车返回途中被学生和保安拦下，司机李启铭下车后没有丝毫的歉意，却口出狂言：“看把我车刮的！知道我爹是谁不？有本事你们告去，我爸是李刚。”

2012年，加拿大演员马尼奥塔涉嫌谋杀33岁的中国留学生林俊，将其分尸后把部分尸块寄给加拿大首都保守党和自由党总部，他于5月26日逃往法国，随后又逃到德国，直到5月4日在德国柏林的一家网吧被捕。

心理评点：“马同学”是广西穷人家的孩子，李启铭为传说中的“官二代”，马尼奥塔生长在国外。马加爵个性害羞、紧张，自我中心，自控力差；“李同学”性格外向张扬跋扈，名言一句“我爸是李刚”绝尘而去；“马先生”被捕时表情平静，只说了一句“你们抓着我了”。如果寻找三者身上的共同点，那就是都或多或少存在人格缺陷。

人格直接影响着一个人的认知和行为，当一个人的人格不健全时，他对周围事物的认知及自身行为都会出现偏差。严重的认知和行为偏差，不仅影响自身学习与生活质量，甚至会给周围人造成不良影响。反之，一个人格健全的人，不仅自身体验到高效、幸福的人生，也能给周围人带来快乐和幸福。

第一节　人格概述

如果让你对身边的两个朋友加以比较的话，你会不由自主地着眼于他们的人格差异。例如，张三比李四开朗、自信一些，李四比张三温和、细腻一些等等。这时你已经在用自己的语言描述一个人的人格特质。那么到底什么是人格？人格有哪些特征？结构组成如何？影响人格的因素有哪些？本节我们一起来探讨。

一、人格的含义

人格（personality）一词源自古希腊语persona，最初指的是古希腊戏剧演员在舞台演出时所戴的面具，类似于我国传统戏曲中的脸谱。后来延伸为指代演员本人，一个独特的个体。

现代心理学中所说的人格包含了两层含义：一是人格“外壳”，指一个人在人生舞台上遵从社会文化习俗而表现出的言行，即一个人的外在表现。二是一个人不愿展示的真实自我，即人格的内在特征。

目前，心理学界普遍认为，所谓人格，是指一个人在社会化过程中形成和发展的思想、情感及行为的特有统合模式，这个模式是个体独有的、有别于他人的、稳定而统一的各种特质或特点的总和。当然，我们还经常运用“个性”这个词来表达人格。我国的《大百科全书·心理学卷》中就有人格即个性的说法。

二、人格的基本特征

人格作为一个具有丰富内涵的概念，反映着人的诸多本质特征。正是由于人格在个体心理中所表现出来的独特性、稳定性、统合性和功能性，以至于人格可以作为一个人区别于他人的标志性特征。

1. 独特性

“人心不同，各有其面”。“世界上没有两片相同的树叶”，也没有两个人完全相同的人，即使外貌相似的双胞胎，也会个性迥异，这就是人格的独特性。

当然，人格的独特性并不意味着人与人之间毫无相同之处。人格作为整体心理特质，既包括了一个人与其他人不同的心理特点，也包括人与人之间存在相似的一面。例如，同一个民族或阶层的人会有许多共同的心理特点，形成独特的群体心理特征。如说到亚洲人和欧洲人、农民和文艺工作者时，我们会在脑海中勾勒出截然不同的群体形象。

2. 稳定性

俗话说，“江山易改，本性难移”，这里的“本性”就是指人格。人格由多种性格特征组成，结构相对稳定。在不同的时间和地点，一个人的人格不会发生多大改变。个体偶然表现出来与自身个性不符的心理倾向和心理特征并不能代表他的人格。

当然，强调人格的稳定性并不意味着它在人的一生中是一成不变的，随着个体的成熟和环境的变化，人格也有可能发生一些变化，这是人格可塑性。正是由于人格具有可塑性，才使得塑造健康人格成为可能。

3. 统合性

一个人的人格是由多种心理成分组成的一个有机整体，具有内在统一的统合性。人格统合性是个体心理健康的重要指标。当一个人的人格结构在认知、情绪情感、意志和行为等各个方面和谐统一时，他的人格就是健康的。否则，可能会出现适应困难，甚至出现人格分裂。

4. 功能性

人格可以影响一个人的生活方式，进而影响个人命运。当面对挫折与失败时，意志坚强的人发奋拼搏，而懦弱的人会一蹶不振，这就是人格功能性的体现。

通过上述分析，我们根据人格的四个基本特征，进一步将其描述为：人格是个体在与环境相互作用的过程中所表现出来的一种具有独特性的整体反应方式。这种反应方式是在遗传、环境、成熟、学习等因素交互作用下形成的，并具有很大的稳定性。

三、人格的结构

人格是一个复杂的结构系统，它包括许多成分，如气质、性格、认知风格、自我调控等，其中，气质与性格是描述个体典型行为的概念，可以反映出人的主要人格特征，我们做重点了解。

1. 气质

(1) 什么是气质。心理学上所说的气质和我们平常生活中所讲的气质含义不同。平常我们说“某人气质很好”是指这个人看上去很有修养，仪态端庄，气度不凡，一看就让人有一种与众不同的感觉。而心理学上所讲气质是指表现在心理活动的强度、速度、灵活性与指向性等方面的一种稳定的心理特征，即我们平时所说的脾气、秉性或性情。

人的气质存在差异，这种差异是先天形成的，受神经系统活动过程的特性制约。例如孩子刚降生，就表现出气质差异，有的孩子爱哭好动，有的孩子平稳安静。

(2) 气质的类型。气质类型的划分方法众多，但以古希腊医生希波克拉特的“四分法”最有影响力。古希腊医生希波克拉底认为人体内含有四种体液：血液、黏液、黄胆汁、黑胆汁，有机体的状态决定于这四种体液的多寡搭配。后经不断演化，气质形成按体液特性来划分的——多血质、胆汁质、黏液质和抑郁质四种类型的体液学说。气质特征是职业选择的依据之一，下面分别从神经特点、心理特点、典型表现及适合的职业几个方面来介绍以下四种气质类型的不同点。

①多血质。其神经特点：感受性低；耐受性高；不随意反应性强；具有可塑性；情绪兴奋性高；反应速度快而灵活。其心理特点：活泼好动，善于交际；思维敏捷；容易接受新鲜事物；情绪和情感容易产生也容易变化和消失，同时容易外露；体验不深刻。其典型表现：多血质又称活泼型，敏捷好动，善于交际，在新的环境里不会感到拘束。在工作、学习上富有精力而且效率高，表现出机敏的工作能力，善于适应环境变化。在集体中精神愉快，朝气蓬勃，愿意从事合乎实际的事业，会对事业心向神往，能迅速地把握新事物，在有充分自制能力和纪律性的情况下，会表现出巨大的积极性。兴趣广泛，但情感易变，如果事业上不顺利，热情可能消失，其速度与投身事业一样迅速。从事多样化的工作往往成绩卓越。多血质合适的职业有：导游、推销员、节目主持人、演讲者、外事接待人员、演员、市场调查员、监督员等。

②胆汁质。其神经特点：感受性低；耐受性高；不随意反应性强；外倾性明显；情绪兴奋性高；控制力弱；反应速度快但不灵活。其心理特点：坦率热情；精力旺盛，容易冲动；脾气暴躁；思维敏捷，但准确性差；情感外露，但持续时间不长。其典型表现：胆汁质又称不可遏止型或战斗型。具有强烈的兴奋过程和比较弱的抑郁过程，情绪易激动，反应迅速，行动敏捷，暴躁而有力；在语言、表情、姿态上都有一种强烈而迅速的情感表现；在克服困难上有不可遏止和坚忍不拔的劲头，但不善于思考，性急，情

感易爆发而不能自制。这种人的工作特点带有明显的周期性，埋头于事业，也准备去克服通向目标的重重困难和障碍。但是当精力耗尽时，易失去信心。胆汁质适合的职业有：管理工作、外交工作、驾驶员、服装纺织业、餐饮服务业、医生、律师、运动员、冒险家、新闻记者、演员、军人、公安干警等。

③黏液质。其神经特点：感受性低；耐受性高；不随意反应性低；外部表现少；情绪具有稳定性；反应速度快但不灵活。其心理特点：稳重，考虑问题全面；安静，沉默，善于克制自己；善于忍耐；情绪不易外露；注意力稳定而不容易转移，外部动作少而缓慢。其典型表现：黏液质的人态度持重，交际适度，不做空泛的清谈，情感上不易激动，不易发脾气，也不易流露情感，能自制，也不常常显露自己的才能。这种人能长时间坚持不懈，有条不紊地从事自己的工作。其不足之处在于不够灵活，不善于转移自己的注意力。惰性使他因循守旧，固定性有余，而灵活性不足。具有从容不迫和严肃认真的品德，性格上表现出一贯性和确定性。黏液质适合的职业有：外科医生、法官、管理人员、出纳员、会计、播音员、话务员、调解员、教师、人力人事管理主管等。

④抑郁质。其神经特点：感受性高；耐受性低；随意反应性低；情绪兴奋性高；反应速度慢，刻板固执。其心理特点：沉静、对问题感受和体验深刻、持久；情绪不容易表露；反应迟缓但深刻；准确性高。其典型表现：有较强的感受能力，易动感情，情绪体验的方式较少，但是体验时持久且有力，能观察到别人不易察觉的细节，对外部环境变化敏感，内心体验深刻，外表行为非常迟缓、忸怩、怯弱、怀疑、孤僻、优柔寡断，容易恐惧。抑郁质适合的职业有：校对、打字、排版、检察员、雕刻工作、刺绣工作、保管员、机要秘书、艺术工作者、哲学家、科学家等。

对气质类型的理解，值得注意的有两点：第一，气质类型无好坏优劣之分，不能决定人的思想道德素养和活动成就的高低。每一种气质类型中都有积极或消极的成分。在人格的自我完善过程中，如果能扬长避短，各种气质类型的人都可以有所成就。第二，在人群中，单一的典型气质类型者较少，更多的人是两种或两种以上气质类型的综合型。

2. 性格

（1）什么是性格。性格是一个人在对现实比较稳定的态度和习惯化了的行为方式中表现出来的心理特征。性格主要体现在个体对人、对事、对物的态度以及由此而采取的言谈举止。

性格与气质不同，它受社会历史文化和个体价值观、人生观、世界观的影响，有好坏之分，能反映出一个人的道德风貌。性格是在后天社会环境中逐渐形成的，它还可以制约气质的发展方向和表现形式。如果说气质更多的体现了人格的生物属性，性格则更多的体现了人格的社会属性，个体之间的人格差异的核心是性格的差异。

（2）性格的结构。从组成性格的各个方面来分析，可以把性格分解为态度特征、意志特征、情绪特征和理智特征四个组成成分。

①性格的态度特征。性格的态度特征是指一个人如何处理社会各方面关系的性格特征，即他对社会、对集体、对工作、对劳动、对他人以及对自己态度的性格特征。性格

的态度特征好的表现如忠于祖国、热爱集体、关心他人、正直、诚恳、认真负责等；不好的表现如自私自利、损人利己、懒惰挥霍、狂妄自大等。

②性格的意志特征。性格的意志特征是指一个人对自己的行为自觉地进行调节的特征。良好的意志特征如有远大的理想、行动有计划、独立自主、果敢、有毅力、自制力强；不良的意志特征如鼠目寸光、优柔寡断、放任自流、固执己见、怯懦、任性等。

③性格的理智特征。性格的理智特征是指一个人在感知、想象和思维等认知活动中的性格特征。如在感知方面有的人易受暗示和干扰，有的人则善于独立思考；在想象中，有人现实感强，有人富于幻想；在思维活动中，有人深思熟虑，看问题全面；有人则缺乏主见，人云亦云或钻牛角尖等。

④性格的情绪特征。性格的情绪特征是指一个人的情绪对其活动的影响，以及他对自己情绪的控制能力。性格的情绪特征主要表现在情绪强度和稳定性、持久性以及个体的主导心境几个方面。例如，有的人热情高涨、精神旺盛，有的人平静甚至冷漠；有的人情绪稳定，始终如一，有的人情绪起伏大，让人琢磨不定；有的人凡事乐观，遇事往好处想，有的人悲观，爱往坏处想。

（3）性格的类型。心理学上对性格的类型有不同的分类，下面给大家介绍几种主要的分类说：

①机能说。英国学者培因根据智力、情感和意志在某个人身上占优势程度将性格划分为理智型、情绪型、意志型。情绪型性格的人言行举止易受情绪左右；意志型性格的人行动目标明确，行为主动，为人处世果断、自制、持久而坚定；理智型性格的人以理智支配自己的行动。

②向性说。瑞士学者荣格将人的性格分为内倾型、外倾型。内倾型的人顾虑多，处事谨慎，缺乏决断力，但一旦下定决心办某件事总能锲而不舍。这类人交际面狭窄，适应环境比较困难。外倾型的人感情外露，自由奔放，当机立断，不拘小节，独立性强，善交际，活动能力强，但也有轻率的一面。

除此之外，奥地利学者阿德勒按照个体独立程度将性格划分为独立型和顺从型。独立型的人不易受外来事物的干扰，具有坚定的信念，能独立地判断事物、发现问题、解决问题，易于发挥自己的力量；顺从型的人倾向于以外在参照物作为信息加工的依据，易受附加物的干扰，常不加批判地接受别人的意见，应激能力差。德国学者斯普兰格根据人的认知、行为表现，把人的性格区分为经济型、理论型、审美型、权力型、社会型、宗教型。

无论哪一种性格类型的划分，都有一定的理论依据，但又都显得过于简单，难免挂一漏万。因此，谈及一个人的性格时，更注重其个性化特征，而不需要勉强归类。

3. 气质与性格的关系

气质与性格既相区别又相联系，通过以上分析，我们已经清晰地看到两者的区别：气质是先天的，较多受生理因素制约，可塑性小，变化慢；性格是后天的，主要受后天环境制约，形成晚，可塑性大。气质无好坏之分，一般不作社会评价；性格有优劣之别，可作社会评价。两者也存在着密切的联系：

（1）气质影响性格的形成。婴儿早期的气质特点必然会影响父母的教养方式和态度，而父母对儿童的教育教养方式又会影响儿童性格的形成。同时，气质可以按照自己的动力方式，渲染性格特征，从而使性格具有独特的特点。例如，要形成自制力，黏液质和抑郁质比较容易，而胆汁质和多血质相对困难。

（2）性格会在一定程度上掩盖或改善气质。例如，一个人对人对事的态度会影响他为人处世的动力特征。通常，一个人的气质在童年期表现得比较明显；随着年龄的增长，积累的生活经验日益丰富，他的某种气质特点也就更多为后天获得的性格特征所掩盖。在成人身上，气质和性格往往是有机地交织在一起的，表现为一个人特定的态度体系和行为模式。因此，我们在实际生活中往往很难把气质和性格严格区分开来。

东方有古语："积行成习，积习成性，积性成命。"西方有名言："播下一个行为，收获一种习惯；播下一种习惯，收获一种性格；播下一种性格，收获一种命运。"可见性格对人一生的重要影响。同学们应趁着年轻，世界观还没完全定性，加强修为，养成良好的性格。

4. 人格中的其他因素

人格除了主要包括气质与性格外，还包括认知风格和自我调控。

（1）认知风格。认知风格是指个人所偏爱使用的信息加工方式。例如：有人喜欢与别人讨论问题，从别人那里得到启发；有人则喜欢自己独立思考。认知风格有许多种，主要有：场独立型和场依存型、冲动型和沉思型、同时型和继时型等。限于篇幅和取舍，我们不作详细介绍。

（2）自我调控。自我调控是人格中的内控系统，具有自我认知、自我体验、自我控制三个子系统，其作用是对人格的各种成分进行调控，保证人格的完整、统一、和谐。

①自我认知。是对自己的洞察和理解，包括自我观察和自我评价。自我观察是指对自己的感知、思想和意向等方面的觉察，自我评价是指对自己的想法、期望、行为及人格特征的判断与评估，这是自我调节的重要条件。如果一个人不能正确地认识自我，只看到自己的不足，觉得处处不如别人，就会自卑，丧失信心，做事畏缩不前。相反，如果一个人过高地估计自己，就会骄傲自大、盲目乐观，导致工作失误。因此，恰当地认识自我，实事求是地评价自己，是自我调节和人格完善的重要前提。

②自我体验。是伴随自我认识而产生的内心体验，是自我意识在情感上的表现。当一个人对自己作积极的评价时，就会产生自尊感，作消极的评价时，会产生自卑感。自我体验可以使自我认识转化为信念，进而指导一个人的言行，自我体验还能伴随自我评价，激励适当的行为，抑制不适当的行为，如一个人在认识到自己不适当的行为后果时，会产生内疚、羞愧的情绪，进而制止这种行为的再次发生。

③自我控制。是自我意识在行为上的表现，是实现自我意识调节的最后环节，如一个学生意识到学习对自己发展的重要意义，会激发起努力学习的动机，在行为上表现出刻苦学习、不怕困难的精神。自我控制包括自我监控、自我激励、自我教育等成分。

四、影响人格形成的因素

人格的形成与发展离不开先天遗传与后天环境的关系与作用。心理学家普遍认为，人格是在遗传与环境的交互作用下逐渐形成并发展的。

1. 遗传因素

由于人格具有较强的稳定性，因此人格研究者注重遗传因素的作用。

遗传是人格不可缺少的影响因素，但遗传因素对人格的影响程度随人格特质的不同而有所差异。通常在智力、气质这些与生物因素相关较大的特质上，遗传因素的作用较重要；而在价值观、信念、性格等与社会因素关系密切的特质上，后天环境的作用则更重要。

2. 早期童年经验

人们早期所发生的事情对人格的影响，历来为人格心理学家所重视。需要强调的是，人格发展受到童年经验的影响，幸福的童年有利于儿童发展健康的人格，不幸的童年也会使儿童形成不良的人格。但幸福童年与健康人格并不是简单的一一对应的关系。例如，溺爱也可能使孩子形成不良的人格特点，逆境也可能磨炼出孩子坚强的性格。除此之外，早期经验并不能单独对人格起作用，它只有与其他因素共同作用时，才会影响人格的形成与发展。

3. 家庭环境

研究人格的家庭成因，重点在于探讨家庭的差异（包括家庭结构、经济条件、居住环境、家庭氛围等）和不同的教养方式对人格发展和人格差异所产生的不同影响。

研究发现，权威型的父母在教育子女时表现得喜欢支配和控制一切。在这种环境下成长的孩子容易形成消极、被动、依赖、服从、懦弱，做事缺乏主动性，甚至会形成不诚实的人格特征。放纵型的父母让孩子随心所欲，对孩子的教育有时出现失控状态。在这种家庭环境中成长的孩子多表现为任性、幼稚、自私、野蛮、无礼、独立性差、自我中心、蛮横等。民主型的父母在家庭中创造出一种平等和谐的氛围，父母尊重孩子，给孩子一定的自主权并积极正确地指导孩子。这种教养方式能使孩子形成一些积极的人格品质，如活泼、快乐、直爽、自立、礼貌、善于交往、富于合作、思想活跃等。

4. 学校教育因素

学校是有目的、有计划地向学生施加影响的场所，是一个人成长过程中重要的环境因素。

首先，教师对学生的人格具有指导定向作用。有研究表明，教师创设不同的教育气氛，会导致学生不同的行为表现。另外，教师的公正性对学生也有非常重要的影响。而由教师对学生的期望所引起的学生改变称为“皮格马利翁效应”，这已经被世人广泛认同。

其次，学校是同龄群体聚集的场所，同伴关系也常对人格的形成起到巨大的影响。

5. 社会文化因素

每个人都处在特定的社会文化环境中，文化对人格的影响极为重要。社会文化塑造着社会成员的人格，使同一文化背景下人们的人格结构朝着相似的方向发展。这种相似性具有维系社会稳定的功能，它使得每个人能稳固的“嵌入”在整个文化形态里。

6. 自然物理因素

生态环境、气候条件、空间拥挤程度等这些物理因素都会影响到人格的形成与发展。例如，热天会使人烦躁不安，对他人采取负面反应，发生反社会行为。

自然环境对人格不起决定性作用，但不同物理环境，会使人表现出不同侧面的人格特点。

第二节　艺术高职院校学生人格发展

整体而言，艺术高职院校学生作为艺术生和高职生的综合体，兼具了乐群开朗，冒险敢为，富幻想，易兴奋和忧虑抑郁，多疑世故，缺乏信心的普遍特点。但同时，艺术高职院校学生因其所学艺术门类的不同及个人成长环境的差异，其人格特质也呈现出多样化的一面。

一、艺术高职院校学生人格发展特点

1. 艺术高职院校学生的气质与性格

[气质剪影]

甲同学：动作迅速；精力充沛；热情洋溢；爱激动；理解问题常比别人快；活泼直率；粗心大意；坚持己见；言谈举止奔放不羁。

乙同学：不轻易表露自己的情绪情感；胆小、脆弱，思想消极；为人处世带有防御心理。

丙同学：情绪发生比较慢；心态平和；为人克制忍让；生活有规律；爱思考；喜欢独自活动；内心所思所想很少外露；做事注意力集中；细心、认真；为人仔细、谨慎；接受新事物比较慢。

丁同学：温和；对事物观察敏锐；反应敏感；想象丰富；善于适应环境变化，兴趣多变；在集体中精神愉快，朝气蓬勃。

以上四位同学，分别代表了四种典型的气质类型，你是否能够从中发现自己的影子呢？

当然，每个人的气质并不是单一的，你可能有甲同学的热情又有丙同学的细心和谨慎，复杂的生物遗传特质和个人成长环境造就了世界上独一无二的你。

观察周围每一个同学，你会发现每个人都具有自己的独特个性，但是，如果让你对本专业同学和其他专业同学做比较，你又会发现本专业同学有一些共同之处。那么，如果对本校同学和外校同学加以比较呢？对艺术院校学生和理工院校学生加以比较呢？由此，我们不难推理，每一个群体会有共同的人格特点。

我们所属的艺术高职院校学生群体，在气质性格方面有什么特点呢？

首先，作为学习艺术的当代大学生，艺术高职院校的学生注重个性，崇尚自由，喜欢张扬自我。赵妍、顾丽对艺术院校学生的研究发现，艺术院校大学生乐群、开朗活泼，冒险敢为，善交际，富幻想，易兴奋，但另一方面也反映出他们情绪上比较敏感，好幻想，倾向于感情用事，且精神容易紧张。

翟秀军（2007）和余晖（2007）的研究也表明，艺术院校学生追求个性，彰显自我，容易出现一些不良行为；热爱生活，但又缺乏脚踏实地的生活态度；情感丰富而强烈，但又具有不稳定性。这个群体的学生有较强的好奇心、爱冒险、喜欢挑战，具有浪漫主义和理想主义倾向，考虑问题时容易忽视现实基础。情感丰富，爱憎分明，对外界刺激敏感，情绪易受环境影响。但同时，由于艺术院校学生参与社会实践的机会相对较多，容易受到社会负面因素的影响。一些学生表现得比较情绪化、浮躁、偏激，看问题容易走极端，缺乏辩证思维，遇到事情不够理智。

然而，也有研究者提出对于艺术院校学生的情绪稳定性提出了不同见解。例如，竺丽芳（2010）研究指出，艺术院校学生情绪相对于普通高校学生更加稳定一些。这可能是由于艺术院校学生长期接受艺术教育，受到艺术感染与熏陶，进而通过对艺术的演绎与感悟使自己的情绪、情感得到合理的宣泄，使自身气质得以净化和升华。而且在此过程中，心灵变得更平和，情绪较为稳定，较少体会到焦虑与紧张，从而达到人格的完善与提升。

其次，作为高职院校学生的一部分，艺术高职院校学生和普通高等院校学生相比，也有一些值得关注的地方。如，吴桂坤在一项对高职新生的调查研究中发现，和中国大学生常规情况相比，高职新生更随和，容易和人相处，比较保守，同时他们也有轻松，容易兴奋，随遇而安，好幻想，言行狂放不羁的一面。并且，该研究还发现高职新生的忧虑、抑郁和烦恼也表现得非常明显。

邱礼会对高职学生的调查研究表明，高职院校学生与本科生相比，性格更外向，情绪更稳定，为人处世更老练一些。这些学生着眼于现实，但又不拘泥于现实，敢想敢做。另一方面，高职院校学生相对于本科生来说，思想不够活跃，忧虑抑郁气质更明显，且多疑世故，缺乏自信心。

作为艺术高职院校学生，如果能将自己的气质、性格与所学习的专业相结合，扬长避短，不仅可以丰富自己的艺术作品，充实自己的学习生涯，而且可以通过艺术学习过程打磨自己的气质和性格，从而提升自己的人格魅力。

2. 艺术高职院校学生的认知风格

人格差异不仅表现在气质和性格方面，还表现在认知风格上。在认知过程中，有的人细心谨慎，有的人粗枝大叶；有的人被动依赖，有的人独立主动。认知风格与个人的智力水平没有多大关系，主要是表明一个人在认知过程中所表现出来的习惯化的行为模式。认知风格大多是自幼养成的，具有一定的稳定性。

[测测你的认知风格]

你是场独立型还是场依赖型的人呢？

在下列复杂图形中，均隐藏着一个简单的图形，你能否迅速地从复杂图形中找出简单的图形？

序号	1	12	21
复杂图形	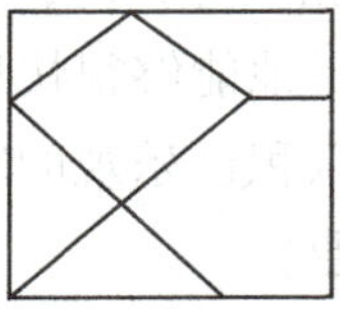	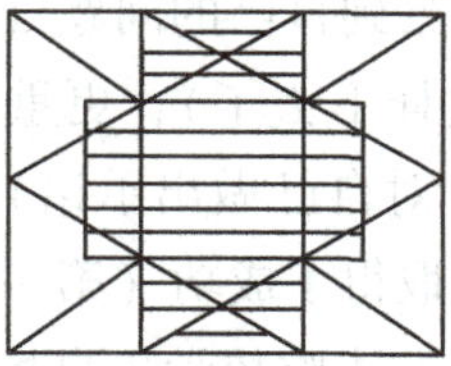	
简单图形	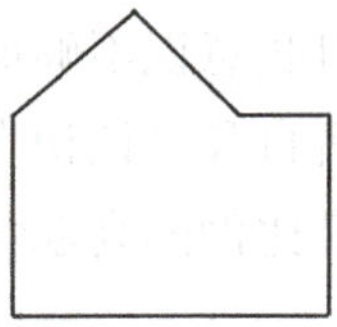	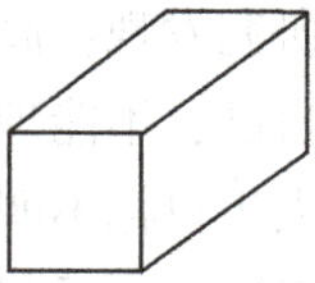	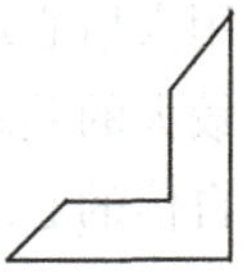

如果你能很快从复杂图形中找出简单图形，说明你是一个场独立型的人。场独立型的人认知重构能力强，比较善于解决需要灵活思维的问题，善于抓住问题的关键点，能灵活运用已有知识来解决问题。这类人比较适合理论研究、工程建筑、航空或艺术类工作。

如果你很难从复杂图形中找出这些简单图形，说明你是一个场依赖型的人。场依赖型的人社会技能较高，在人际交往中具有优势。这类人在解决熟悉的问题时，不会发生困难，但让他们运用已有的知识去解决没有遇到过的问题时，往往难以应付，缺乏灵活性。场依赖型的人更适合社会定向的学科与职业。

当然，场依赖与场独立的认知风格划分只是一种认知风格分类方式，除此之外，人的认知风格还有理智型和冲动型（Kangan，Rosman，Day & Phillips，1964），整体型和分析型（Pask & Scott，1972）等多种划分方式。

一些研究表明，艺术高职院校学生的认知风格呈现出形象思维发达，抽象思维较弱，认识问题时较多采用感性方式，缺乏理性且逻辑性较差，独立性不强，容易依赖等特点。

上述特点导致艺术高职院校学生较少理性分析和对待自己的人生观、价值观和世界观的构建，以至于部分学生理想信念比较模糊，在对自己的人生定位方面存在偏差。

在了解了自己的认知风格以及其对自己人生的影响之后，我们不妨思考，该如何依据自己的认知风格对自己将来的人生发展道路进行理智的设计与规划，使自己在今后的人生中行进得更顺畅一些。

3. 艺术高职院校学生的自我调控

[名人故事] 信息技术领域的知名人士李开复先生在大学期间曾经有过一段“糟糕”的成长经历：他大学一年级就因沉溺于桥牌等游戏中，导致学业成绩亮起红灯。在意识到由于缺乏自控能力和合理规划，导致不良生活习惯影响了自己的学业时，李开复对自己说：“如果这样下去，之前 18 年的努力就太可惜了。”于是他对自己做出承

诺：每个学期各门成绩都要达到良好以上，完成每天的功课后才可以去玩游戏。这样下来，他最后以哥伦比亚大学第一名的成绩毕业，并且开创了哥伦比亚大学的先例，因为从没有第一名毕业的学生在大一时成绩像他那么糟糕。

从李开复的经历来看，他在觉察到自己的问题（成绩亮红灯）时，能够积极思考、分析判断，做出正确决定（不能这样下去了），更重要的是他能够很快地调控好自己，为自己树立一个明确的奋斗目标（对自己做出承诺），并以积极乐观的态度付诸行动，在良好的自我调控与自我约束下，取得了成功（第一名毕业）。

翟秀军（2007）的研究表明，艺术院校学生自控能力较差，对挫折的容忍力较低。戴夏燕等人运用人格心理量表进行的研究发现：高职学生自我意识不够成熟，理想自我与现实自我有较大的差距，不能悦纳自己，不能理性地分析自我、认识自己，尤其是自责、后悔和不自信的心理较为普遍；人生目标不明确，相当比例的高职学生在面对人生中多种选择时，感到比较迷茫，有空虚感，不乐观。

综合上述特征，可以了解到，艺术高职院校学生自我调控能力较差，这和自我意识不成熟有很大关系。艺术高职院校学生在初入大学时，有很多同学面临着不适应环境的问题。如对大学期待过高，理想与现实有差距，导致他们一时间无法开始正常的大学生活，产生一些逃避行为，采取消极态度应对压力，对他人对环境持有不满情绪，进而影响人际交往，出现孤独、厌学等不良反应。这时良好的自我调控能力可以帮助他们对环境和他人保持比较乐观的心理状态，因此，应主动调整自己去适应环境，而不是等待环境的改变。

在学习期间，如果艺术高职院校学生能够有意识地提升自己的自我调控能力，从而加快适应环境的进程，建立良好的人际交往关系，将有助于理智分析自己的优势与不足，承担起自己应负的责任，从而达到健全人格发展目标的实现。

如果你对自己的自我调控能力还不够了解的话，可以参考下面的《自我调控行为表现测评表》对自己的自我调控行为做一个简单评估。

《自我调控行为表现测评标准表》

<table>
<tr><th rowspan="2">典型行为</th><th rowspan="2">标志性表现</th><th colspan="3">典型行为表现测评</th></tr>
<tr><th>标志性表现</th><th>标志性表现层级特征</th><th>典型行为表现层级</th></tr>
<tr><td rowspan="8">自我调控行为</td><td rowspan="3">看待问题的态度</td><td>A</td><td>总是能够从积极角度，乐观地看待问题</td><td rowspan="8">分为优、良、弱三级；
优：三个“A”层级
良：没有最后一个层级
弱：有最后一个层级</td></tr>
<tr><td>B</td><td>较多时候能够积极角度，乐观地看待问题</td></tr>
<tr><td>C</td><td>不能够从积极角度，乐观地看待问题</td></tr>
<tr><td rowspan="3">对情绪管理的状况</td><td>A</td><td>面对挫折和不顺心的事，都能够很好地调节情绪</td></tr>
<tr><td>B</td><td>面对挫折和不顺心的事，较多时能够调节好情绪</td></tr>
<tr><td>C</td><td>遇到不顺心的事不能很好地调节情绪
面对挫折悲观失望，一蹶不振</td></tr>
<tr><td rowspan="2">成瘾行为情况</td><td>A</td><td>无影响正常学习生活的成瘾行为</td></tr>
<tr><td>B</td><td>有影响正常学习生活的成瘾行为</td></tr>
</table>

二、艺术高职院校学生人格发展中存在的问题

1. 青少年的人格缺陷与人格障碍

人格每时每刻都在影响着人的内在心理特征和外在行为模式。如果一个人的人格出现偏差，会导致人格缺陷，成为家庭和社会的危险因素。

人格缺陷相对于人格障碍来说，偏离程度较轻，还称不上心理病态。因此人格缺陷在正常人身上也会有所体现。但是它作为偏离健康人格的一种边缘状态或亚健康状态，与人的某些不良生活习惯和成瘾行为有关，也可以说是一种人格发展的不良倾向。

目前常见的人格缺陷有自卑、怯懦、孤僻、冷漠、悲观、依赖、敏感、多疑、焦虑、敌视、暴躁、冲动等等。这些不良的心理因素不仅影响一个人的活动效率，妨碍正常的人际关系，同时还会给人蒙上一层消极、阴暗的色彩。

人格缺陷在行为表现方面并没有标准的模式可循，但通常来说，如果一个人出现了性格偏激、孤僻、乖张、行为异常、情绪控制能力差、话语真假混淆等现象，就可以考虑是否存在人格缺陷。人格缺陷的具体表现可以划分为以下几类：

第一，反社会型人格缺陷。一般表现为不断地违反法律法规；行为冲动，不计后果；好斗易怒；因行为鲁莽而使自己或他人陷入危险的境地；对工作、学习、经济状况和家庭义务不负责任；缺乏自责，当自己给他人造成危害时，表现出漠不关心或认为是合理的；从青春期开始就有反社会行为的历史，等等。

第二，回避型人格缺陷。一般表现为由于害怕批评、不满意或被拒绝而回避他人；很难与别人保持亲密关系，除非确定对方很喜欢自己；在人际关系中因为自卑总是沉默；否定自己的社会交往能力；会因为害怕尴尬而拒绝参与各种活动，等等。

第三，边缘型人格缺陷。一般表现为努力让自己融入群体；人际关系热切但不稳定；不是把别人理想化，就是诋毁别人；自我意识长期不稳定；行为冲突，具有毁灭性，如奢侈挥霍、吸毒、乱性等；会表现出自杀的倾向；情绪极不稳定，如在短期内出现抑郁、焦虑、易激动等；总是感到空虚；容易生气或发怒；在压力作用下会变得偏执、抑郁或有人格分裂症状，等等。

人格障碍又叫做人格违常或人格异常，是一种因长期存在的僵化精神及行为而认定的心理疾病。这类心理疾病患者会因为其人格和行为的问题而导致社会功能障碍。

人格障碍患者一般会出现以下症状：

第一，行为表现与其所处的社会文化有明显差异，并且至少有下列两种以上不同于常人的表现：如认知功能异常；情感功能异常；人际关系异常；对于冲动的控制异常。

第二，上述异常表现长期固定不变。

第三，人格障碍患者表现的状况已经影响到其个人生活、社会交往、职业表现等正常的社会功能。

第四，人格障碍的发病最早可追溯到青春期或成年早期。

第五，人格障碍患者的症状并不是由其他精神疾病、躯体疾病或有害物质（如毒

品）所导致。

根据《精神疾患诊断及统计手册》第四版，人格障碍可分为三大群：

A 群（奇怪型或异常型）：包括妄想型人格障碍；类精神分裂型人格障碍；分裂型人格障碍。

B 群（戏剧型或情感型）：包括反社会型人格障碍；边缘型人格障碍；戏剧化型人格障碍；自恋型人格障碍。

C 群（焦虑型或恐惧型）：畏惧型人格障碍；依赖型人格障碍；强迫型人格障碍；

尽管人格缺陷与人格障碍有着本质区别，但两者之间并不存在不可逾越的鸿沟。长期的人格缺陷可能发展成为人格障碍，影响人的正常生活、学习和工作。如果发现自己存在某方面的人格问题，应及时找专业的心理工作者寻求帮助。

2. 艺术高职院校学生人格发展中存在的问题

艺术高职院校学生从整体上讲，有着健康、积极、良好的人格特质，很少见严重的人格障碍患者。但也不排除一些人存在一些不良的人格缺陷，缺乏自信、退缩、保守、依赖性强、心理承受能力差等等。通过对艺术高职院校学生人格发展特点的分析，我们可以了解到艺术高职院校学生的人格发展具体存在如下问题：

第一，在情绪方面艺术高职院校学生比较敏感且不稳定；好幻想，倾向于感情用事，且精神容易紧张，抑郁和烦恼表现比较突出。同时，由于高职院校学生自我调控力较差，对挫折的容忍力比较低，面对不适应环境的问题时，容易产生逃避行为，采取悲观消极应对方式。

第二，在生活态度方面艺术高职院校学生缺乏脚踏实地的生活态度，且容易受到社会负面因素的影响，多疑世故、缺乏自信，导致一些学生在人际交往方面表现为孤独、退缩。

第三，在认知方面，艺术高职院校学生相对来说抽象思维较弱，认识问题多采用感性方式，缺乏理性、逻辑性较差，且思想不够活跃，独立性不强，遇到问题时容易表现出偏激、依赖等浮躁心态。

以上种种问题，可能导致艺术高职院校学生理想信念模糊，人生观、价值观和世界观不清晰，缺乏理性、系统的人生规划，从而对他们积极、健康的成长产生不良影响。

第三节　艺术高职院校学生健全人格的塑造

艺术教育有助于培养学生健康的审美观念、高雅的审美情趣、自由活泼的个性。艺术高职院校学生身处艺术学习的殿堂，在学习过程中可以利用有利的学习环境发现和追随艺术“美”的光辉，逐步培养塑造自身的人生观、价值观，从而达到道德、智慧和审美的统一。

一、人格健全的内涵与标准

健全人格指人的知、情、意、行等各方面都处于优化状态下一种理想状态，是各种良好人格特征在一个人身上的集中体现。我们认为，青年学生健全人格包括以下几个方面的内容：

一是自我悦纳，接纳他人。人格健全的学生能够积极的开放自我，正确地认识自己，坦率地接受自己的缺陷并对生活持乐观向上的态度。

二是人际关系和谐。人格健全的学生心胸开阔，善解人意，宽容他人，尊重自己也尊重他人，对不同的人际交往对象表现出合适的态度，既不狂妄自大，也不妄自菲薄，在人际关系中具有吸引力，深受大家的喜欢。

三是独立自尊。人格健全的学生人生态度乐观向上，生活态度积极热情，有正确的人生观与价值观，能够用理性分析生活事件，头脑中非理性观念较少，人格独立，自信自尊。

四是能够发挥自己的潜能。人格健全的学生具有自我发展、自我塑造与自我完善的能力。能够充分开发自身的创造力，创造性地生活，发现生命的意义并选择有意义的生活。

二、艺术高职院校学生人格发展中存在问题的调适

学校是社会的缩影，学生在学校中不仅逐步确立一定的政治观点和道德准则，还在这个集体中逐步学会为人处世，塑造着自己的人格。如果学校教育与社会脱节，可能给学生不良人格品质的蔓延与恶化提供条件。但是，社会上已然存在的不良风气和道德缺失现象造成的人与人之间不正常的社会关系，也会给青少年成长带来极其不利的影响，造成青少年学生的人格缺陷。下面举例来谈一谈对于艺术高职院校学生人格发展过程中存在的一些问题应该如何调适。

1. 艺术高职院校学生消极、悲观情绪的调适

有些同学遇到不如意的事情就垂头丧气、怨天尤人，面对挑战时缺乏勇气，甘愿放弃，对前途失去信心，心灰意懒。这既有人生态度、意志力方面的原因，也有认知错误。有些人是因为理想与现实落差较大而灰心丧气，有些人则是习惯了消极思考，总把眼睛盯着弱点和困难的方面，认为失败无法改变。

如果任由这种消极、悲观情绪蔓延下去，会对人的身心造成极大危害。要想走出情绪低谷，培养乐观的人生态度，可以参照德国心理学家皮特·劳斯特提出的一系列有价值的建议：

(1) 懂得积极态度所带来的力量，要坚信希望和乐观能引导你走向胜利，即使身处逆境也要寻找积极因素。这样，就不会放弃通过微小成就来获取转机的努力。你越乐观，克服困难的勇气就会越大。

(2) 以豁达、幽默的态度来接受现实中的失败。有幽默感的人，就有能力轻松地克服噩运，排除随之而来的倒霉念头。

(3) 脚踏实地、坚持不懈。身处逆境时，既不要被逆境困扰，也不要幻想出现奇迹，要面对当前问题，全力以赴去争取胜利。

(4) 通过发现有利条件来树立信心。无论多么严峻的形势，总有它有利的一面。积极的人善于发现有利的条件，并由此打破僵局，促成小小的成功，从而树立信心，扭转乾坤。

(5) 和乐观的人交朋友。在平时多接近乐观的人，观察他们的行为，通过观察培养起你的乐观态度，乐观的火种会慢慢地在你内心点燃。

(6) 及时在内心强化自己的信念。如果通过上述改变你取得了一些成功，及时在内心强化自己的信念。乐观是成功之源。这将有助于你巩固积极乐观的人生态度。

除此之外，培养广泛的兴趣爱好，多参加集体活动，加强体育锻炼，多看幽默积极的文艺演出等，都有助于培养积极乐观的性格。

2. 艺术高职院校学生在人际交往方面的孤独、退缩和多疑世故的调适

例如，一些同学因为羞怯，说话感到紧张，不敢在大众场合发表意见，害怕与陌生人打交道，路上见到异性同学会手足无措，见到老师便难为情。由此导致社交退缩，孤独，这种性格缺陷会影响一个人才能的正常发挥，从而影响身心健康。

社交退缩、孤独往往源于一个人自我防御过强。通常表现为：第一，过于胆小、谨慎。说话时总怕出错，担心被人议论、讥笑，意思往往表达不清楚。为此把自己搞得神经紧张、坐立不安，而且常常为错过说话、做事的时机后悔、沮丧、自责。第二，过于关注自己。特别在意自己在别人心目中的形象，总觉得自己时时处于众目睽睽之下，于是变得敏感、拘束。第三，缺乏信心。由于对自己的社交能力、表达能力、做事能力乃至自我形象缺乏信心，因而使本来可以做到、做好的事也难以达成所愿。

社交退缩、孤独主要是后天环境造成的，因此通过有意识的调节可以改变。

第一，进行自我分析，发现自己的优缺点，学会扬长避短，从而增强信心。

第二，客观看待自己的缺点和不足。事实上每个人都有说错话，做错事的时候，只是有些人善于调节自己，有意锻炼罢了。金无足赤、人无完人，说错话、办错事不必过于自责。

第三，理智看待别人的议论和批评。所谓“众口铄金”，总把别人说的话放在心上便寸步难行，什么也不敢做、不敢说了。要相信自己，大胆实践。一个人做得再好，也不会人人称赞，因此要学会坦然接受别人的负面评价。

第四，多实践，多锻炼。胆量和能力都是锻炼的结果，要敢于说第一句话，敢于迈第一步。一旦投入地去做一件事，便会发现自己不仅有能力把事情干好，而且有潜力把事情干得更好。

如果说社交退缩、孤独源于自我防御过强，多疑世故则往往建立在猜疑的基础上，缺乏合理的思维逻辑。他们对人对事过于敏感，看到同学背着自己说话，便疑心是在说自己的坏话；某人没和自己打招呼，便猜忌他（她）对自己有意见等。

多疑这种人格缺陷容易导致人际关系紧张、伤害他人感情等，也容易使自己陷入庸人自扰、苦闷、惶惑的不良心境中。培根在《论猜疑》中指出：疑心“是迷陷人的网，混淆敌友，破坏人和事业”。有这种不健康人格品质的人需要积极寻求矫治。例如，当产生猜疑时先不要外露，可留心体察所疑的人和事，若猜疑被证实，不会因此感到震

惊；当猜疑不成立，应打消疑心，这样可以尽量减少对人际关系的伤害。此外，还要抛弃成见和克服不良的自我暗示，学会全面、发展地看问题，改变封闭式思维方式，多和他人沟通。猜疑常常是由于误会或他人搬弄口舌引起的，因此碰到这种情况应主动地和被猜疑者沟通交流，这样有助于消除误会，改善、增进彼此的信任感。“心底无私天自宽”，无私者无畏，坦坦荡荡地做人，和同学朋友坦诚相处，别人如何看自己，不必过分在意，要相信“日久见人心”。

总之，要克服摆脱猜疑心理，建立良好的人际关系，需要自信、宽厚，充分驾驭好“语言”这个工具，及时沟通，彼此谅解，这样，才会生活得更愉快。

3. 艺术高职院校学生浮躁心态的调适

浮躁作为一种常见的不良人格品质，表现为缺乏耐心、细心和恒心，遇到不如意的事情马上激动不安；做事缺乏充分准备，盲目行动，急于达到目的。浮躁的人往往表现急躁，说话办事速度快、竞争意识强、容易冲动、情绪常常处于紧张状态。

日常生活中急躁特点的青少年为数不少。他们往往是什么都想学，而且想在短时间内学会，怕比别人落后，急于求成，但实际效果常常达不到预期目标，从而导致失望、愤怒、情绪不稳定，这既影响自己的健康和效率，又妨碍人际关系。

面对这种人格缺陷，首先要养成“先思而后行”，沉着冷静的思维习惯。加强自我涵养，在学习、生活中，对非原则性问题，尽量避免与人发生冲突，以免激化矛盾，多把精力放在积极思考方面。

其次，改变行为，养成细心、认真的行事习惯。例如，可以提醒自己吃饭时间不得少于20分钟，细嚼慢咽；说话控制语速，想好了再说，不随意打断别人谈话；看书要一字一句细读，边读边想；走路、骑车有意不超过别人；工作中改掉冲锋陷阵式的习惯，不急不躁，有条不紊。

再次，控制愤怒情绪。性格急躁的人往往容易发怒，因此应该时刻用制怒格言“能忍则自安；退一步则海阔天空”等提醒自己遇事冷静，即使输了，也心甘情愿。

除了上述方法之外，对于浮躁的人，还可以进行学习一些放松疗法，坚持静养训练，在工作学习之余，多听一些轻松、恬静的音乐，赏花悦心，书画静神，打打太极，练练瑜伽，学会放松紧绷的肌肉和神经，从而使自己处于静好状态。

三、艺术高职院校学生健全人格的塑造

竺丽芳（2010）提出，人格特质中有两个因素可以对艺术院校大学生的心理健康起到预测作用，可见人格培养对促进艺术高职院校大学生心理健康发展的重要性。由此我们认为，艺术高职院校学生需要利用并发掘自身特点，着重培养自己的健全人格。

1. 通过广泛参与社会实践与社团活动来塑造自己的健全人格

我们在参加丰富的社团活动时，可增加与他人接触、交流、合作的机会，促使自己逐渐淡化因专业的特殊性而造成的个性张扬、偏激、过于自我的不良人格倾向。逐步养成情绪稳定，能为他人着想，热情主动，开朗大方，乐于助人的外倾性人格特征，进而

促进其心理健康发展。

2. 结合自己的专业学习和艺术实践塑造自己的健全人格

我们在专业学习和艺术实践领域领略艺术美的同时培养自己美好的世界观、人生观和价值观，从而把自己塑造为“德艺双馨”的艺术人才。

3. 通过加强文化学习与修养来塑造自己的健全人格

我们可以通过加强文化学习和广泛阅读课外书籍来提高自己的文化修养，提升自己的认知能力和认知水平，培养自身辩证的、逻辑的思维方式和理智的人生态度。同时培养良好的自我认知，挖掘自身优势，主动出击，迎接挑战。

综上所述，艺术高职院校学生的人格健全问题客观存在，不容忽视。作为艺术高职院校学生，如果不能有意识地塑造自身健全的人格，不仅影响自身的成长与发展，而且还会引发潜在的社会问题。

课后活动

陈会昌气质类型测试——我属于哪种气质类型？

没有接受过气质测试的人恐怕很难说清自己的气质类型，下面是有关气质的60道问答题，没有对错之分，只需根据你的实际情况与真实想法作答。别想太多，下手的时候别犹豫，想选什么就选什么，又不是考试卷子，也不打分。

每题设有五个选项：A 很符合；B 比较符合；C 介于中间；D 不太符合；E 很不符合。

1. 做事力求稳妥，一般不做无把握的事。
2. 遇到可气的事就怒不可遏，只有把心里话全说出来才痛快。
3. 宁可一人做事，不愿很多人在一起。
4. 很快就能适应一个新环境。
5. 厌恶那些强烈的刺激，如尖叫、噪音、危险镜头等。
6. 和人争吵时，总是先发制人，喜欢挑衅。
7. 喜欢安静的环境。
8. 善于和人交往。
9. 羡慕那种善于克制自己感情的人。
10. 生活有规律，很少违反作息制度。
11. 在多数情况下，情绪是乐观的。
12. 碰到陌生人会觉得很拘束。
13. 遇到令人气愤的事，能很好地自我控制。
14. 做事总是有旺盛的精力。
15. 遇到问题时常常举棋不定，优柔寡断。
16. 在人群中从不觉得过分拘束。

17. 情绪高昂时觉得干什么都有趣；情绪低落时觉得干什么都没意思。
18. 当注意力集中于某一事物时，别的事物很难让自己分心。
19. 理解问题总比别人快。
20. 碰到危险情况时，常有一种极度恐惧感。
21. 对学习、工作、事业抱有极大的热情。
22. 能够长时间做枯燥、单调的工作。
23. 符合兴趣的事，干起来劲头十足，否则就不想干。
24. 一点小事就会引起情绪波动。
25. 讨厌做那种需要耐心、细心的工作。
26. 与人交往不卑不亢。
27. 喜欢参加热烈的活动。
28. 爱看感情细腻、描写人物内心活动的文学作品。
29. 工作学习时间长时，常感到厌倦。
30. 不喜欢长时间讨论一个问题，愿意实际动手干。
31. 宁愿侃侃而谈，不愿窃窃私语。
32. 别人说我总是闷闷不乐。
33. 理解问题常比别人慢一些。
34. 疲倦时只要经过短暂的休息就能精神抖擞，重新投入工作。
35. 心里有话时，宁愿自己想，不愿说出来。
36. 认准一个目标就希望尽快实现，不达目的，誓不罢休。
37. 同样和别人学习、工作一段时间后，常比别人更疲倦。
38. 做事有些莽撞，常常不考虑后果。
39. 老师和师傅讲授新知识、新技术时，总希望他讲慢些，多重复几遍。
40. 能够很快忘记不愉快的事情。
41. 做作业或完成一件工作总比别人花的时间多。
42. 喜欢运动量大的剧烈活动，或参加各种娱乐活动。
43. 不能很快地把注意力从一件事上转移到另一件事上去。
44. 接受一个任务后，就希望迅速完成。
45. 认为墨守成规比冒风险好一些。
46. 能够同时注意几件事。
47. 当我烦闷的时候，别人很难让我高兴。
48. 爱看情节起伏跌宕、激动人心的小说。
49. 对工作认真严谨，具有始终如一的态度。
50. 和周围人的关系总是处不好。
51. 喜欢复习学过的知识，重复检查已经完成的工作。
52. 希望做变化大、花样多的工作。
53. 小时候会背许多首诗歌，我似乎比别人记得清楚。

54. 别人说我“出语伤人”，可我并不觉得这样。

55. 在体育活动中，常因反应慢而落后。

56. 反应敏捷，头脑机智灵活。

57. 喜欢有条理而不麻烦的工作。

58. 兴奋的事常常使我失眠。

59. 老师讲新的概念，常常听不懂，但是弄懂以后就很难忘记。

60. 如果工作枯燥无味，马上情绪就会低落。

计分标准：

选 A 得 2 分，选 B 得 1 分，选 C 得 0 分，选 D 得−1 分，选 E 得−2 分。然后计算总分。

测试结果：

1. 计算每种气质类型的总分数。

2. 确定气质类型：如果某类气质得分明显高出其他三种，均高出 4 分以上，则可定为该类气质。如果某类气质得分超过 20 分，则为典型型；如果某类得分在 10 分～20 分，则为一般型。如果两种气质类型得分接近，其差异低于 3 分，而且又明显高于其他两种，高出 4 分以上，则可定为两种气质的混合型。如果三种气质得分均高于第四种，而且相互接近，则为三种气质的混合型。

气质类型	题号	得分
胆汁质	2、6、9、14、17、21、27、31、36、38、42、48、50、54、58	
多血质	4、8、11、16、19、23、25、29、34、40、44、46、52、56、60	
黏液质	1、7、10、13、18、22、26、30、33、39、43、45、49、55、57	
抑郁质	3、5、12、15、20、24、28、32、35、37、41、47、51、53、59	

（量表来源：http：//baike. baidu. com/view/3238896. htm#2，2012-7-14）

思考练习

1. 你认为自身存在人格缺陷吗？如果存在，该怎么办？

2. 了解自己的气质、性格对个人成长有什么意义？

第五章

学习心理辅导

——学会学习，厚积薄发

丝丝心语

“少而好学，如日出之阳；壮而好学，如日中之光；老而好学，如秉烛之明。”

——刘向

“未来的文盲不是不识字的人，而是没有学会学习的人。”

——阿尔温·托夫勒

案例导入

“山里娃”的主持梦

1971年，赵普出生在安徽省一个贫穷的小山村，抱着为家里减轻负担的想法，他初中毕业后便参军了，在部队做了一名广播员。从那时起，他就萌发了当主持人的梦想，天天收看和揣摩新闻联播主持人的播音。从部队转业后他被分回到老家的一个体育馆做了一名保安。可他依然执著于自己的梦想，节衣缩食地购买了有关主持艺术的书籍自学。他每天从新华字典上抄下几页字叠放在兜里，走到哪里读到哪里。半年时间，他练就了一口纯正的普通话。

是金子总会发光的。1991年，安徽省气象台面向社会公开招聘一名临时气象播报员。赵普应聘成功！1995年北京广播学院播音系干部专修班在全国招生，只有初中文凭的他愣是凭着刻苦努力接到了录取通知书！

在北京电视台实习期间，赵普参与录制的节目一经播出，便受到外界关注和好评。台里的制片人在看过他的节目后，纷纷点名要他主持自己负责的节目。终于，北京电视台正式与他签订了聘用合同，他实现了当主持人的梦想！

2005年7月，赵普又拿到了北京电影学院制片专业的本科学位，他的主持效果更好了，先后领衔近20档节目，并获得了中国第六届金话筒奖提名。之后，他又攻读了北京师范大学艺术专业硕士。

2006年年初，在中央电视台举办的“魅力新搭档”比赛中，赵普从千余名选手中脱颖而出，冲进了中央电视台。经过几年的努力，他已成为中央电视台出色的新闻主播之一。

心理评点：从一个只有初中文凭的“山里娃”和体育馆保安，到中国顶级电视媒体的新闻主播，赵普经历了艰苦漫长的拼搏之路。他的经历告诉我们：明确的学习目标、浓厚的学习兴趣、强大的自主学习能力、坚强的意志力，在通往成功之路上都起着非常重要的作用。

第一节　学习心理概述

“学习”这个词语对于我们来说是再熟悉不过了，可以说，从我们出生的那天起，我们就在不停地学习各种各样的知识和经验。每个人对学习都有不同的感受，有的人在学习过程中获得了快乐和充实感，有的人对学习就是提不起兴致，有的人虽然刻苦努力却总是效果欠佳等等，各种情况都有。那么究竟什么是学习？学习有哪些特点？影响学习的因素有哪些？这便是本节要探讨的问题。

一、学习的含义、特点与任务

1. 学习的含义

什么是学习呢？古往今来，人们对它有不同的界定。一般可以从广义、次广义与狭义三个维度去理解。

广义的学习是人和动物共有的活动。是指人和动物在生活过程中，凭借经验而产生的行为或行为潜能的相对持久的变化。这一定义中包含三层意思：第一，学习是以行为或行为潜能的改变为标志的，没有变化就不算学习。第二，学习引起的行为变化是相对持久的。即只有行为改变持续的时间较长，才可以称为学习。第三，学习是由练习或经验引起的，是在学习主体与环境的交互作用过程中产生的。

次广义的学习是指人类的学习，即在社会实践活动中，以语言为中介，经思维活动而自觉、积极、主动地掌握社会历史经验和个体经验的过程。

本章所说的学习是指狭义的学习，即学生在学校里的学习，指学生在教师的指导和帮助下，有目的、有计划、系统地系统掌握科学知识和专业技能，并促进身心健康发展的实践活动。

2. 学生学习的特点

学生的学习是人类学习的一种特殊形式，它既与人类的学习有共同之处，又有其自身的特点：

（1）学生的学习是在学校这一特定的环境中进行的一种有目的、有计划、系统的学习，是在教师的指引下，在规定的时间内，按照规定的要求进行的，因而十分强调过程的目的性、系统性和有效性。

（2）学生的学习主要是掌握间接经验，是在较短的时间内接受人类的认识成果，学习前人已经积累起来的知识、经验。

（3）学生的学习内容是多方面的，主要包括：知识与技能的获得；智力和非智力因素的发展与培养；道德品质的提高和行为习惯的培养等。

（4）学生的学习具有一定的主动性，是一个主动建构的过程。即：只有通过自身的操作活动和主动参与才可能是有效的。

3. 大中专学生学习的任务

当今社会是一个学习型社会，学会学习是人们立足于社会，并为之做贡献的基本要求。大中专学生的学习不仅仅是知识的学习，更重要的是自身学习能力的培养和提高。因此，大中专学生在校期间的首要任务是树立终身学习的理念，学会学习。

学会学习就是要树立远大的理想和明确的学习目标，培养独立自主的学习能力；摸索出一套适合自己的、科学有效的学习方法，并进行学习规划；养成良好的学习习惯，学会合理安排时间，处理好课内与课外、博学与专一的关系。

二、学习的心理过程

美国心理学家加涅（1974）综合前人的研究成果，提出了学习过程的一般结构模式。他把学习过程分为8个阶段，见下图。

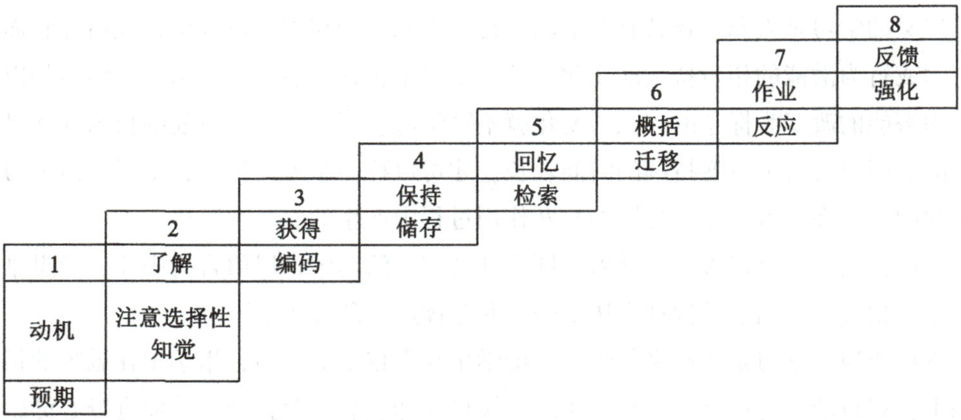

学习过程的一般结构模式

这8个阶段在学习过程中形成了一条相互连接的锁链。每个阶段又展现为层层深化、步步提高的阶梯模式。下面对这8个学习阶段及其相应的心理活动过程做一简要说明。

（1）动机阶段。这是学习的开始阶段，它是借助于学生内部产生的心理预期过程而建立的。预期就是学生开始产生学习的愿望，为随后的学习指明方向。

（2）了解阶段。学生具有了学习动机，还必须注意接受与学习目标有关的刺激元素，从而有选择地去知觉外部刺激，并将有关信息输送到短时记忆里。

（3）获得阶段。对经过注意和选择性知觉而输送到短时记忆的信息进行加工编码的阶段。在这个阶段，学生把新学到的内容与已经组织过的信息联系起来，把材料转化为表象或概念的形式。

（4）保持阶段。是把获得的信息经过复述、强化，转化为持久状态，以表象或概念的形式贮存于长时记忆中。

（5）回忆阶段——即对贮存在记忆库中的知识进行检索。当需要的时候，使所学到的知识恢复、再现。

（6）概括阶段。是在对上一阶段检索基础上的学习迁移过程。

（7）作业阶段。是学习状况及获得解决问题能力的初步表现，对于反馈阶段有着重要的指导作用。

（8）反馈阶段。既能证实学习开始时所建立的预期，又具有强化学习动机的作用。

加涅提出的这一理论，较为具体地展示了学生学习过程的一般结构模式，揭示了人类掌握知识、技能，形成认知能力的全过程。

三、影响学习的心理因素

学习活动是一个非常复杂的过程，在这个过程中，各种智力因素和非智力因素交织在一起，共同影响学习的进程与学习的效率、效果。

1. 影响学习的智力因素

（1）智力因素。智力是指有目的的行动、理性的思维和有效地适应环境的整体能力。智力还包括推理、问题解决、知识、记忆以及对自身环境的成功适应（Sternberg, 2004）。

智力因素则是智力活动的执行者，是智力活动的操作系统，就学习心理而言，我们把构成认知性心理机能系统的心理因素称为智力因素，其中包括注意力、观察力、记忆力、想象力和思维力等。在学习过程中，智力因素担负着接收信息、掌握知识的任务，通过观察、想象、思维、记忆等心理过程，完成对所学内容的感知、理解、巩固、应用等一系列加工处理工作。

（2）各种智力因素与学习的关系：

①注意力与学习。注意力是指人的心理活动指向和集中于某种事物的能力，它是一切智力活动的保证。19 世纪俄国教育家乌申斯基曾精辟地指出："'注意'是我们心灵的唯一门户，意识中的一切，必然都要经过它才能进来。"注意力越集中，学习效率越高；注意力越分散，学习效率越低。因此，提高注意力对于学习者来说具有重要的意义。

②观察力与学习。观察力是指有目的、有计划地感知事物的能力。科学研究表明，人获得的各种信息中，来自眼睛的信息占 83%，而其中相当一部分是通过观察获得的。学生的学习需要从观察开始，即使是间接地从书本上获得知识，也离不开眼睛、耳朵等感觉器官的观察活动。细微、敏锐的观察力更是一个优秀的艺术工作者必须具备的能力。

③记忆力与学习。记忆力是识记、保持、再认识和重现客观事物所反映的内容和经验的能力。记忆是"人类的心灵之仓"，是储存知识、经验的宝库，是学习的重要环节。第一，学习新知识需要记忆。每一学科都有它自身的体系，而其中的任何一部分知识，都是通过对现象的观察分析，逐渐上升到本质的过程。如果学生没有对旧知识的记忆，要想掌握好新知识是极其困难的。而新旧知识的联系与储存正是记忆的功能。第二，记忆与提高学习效率密切相关。一个记忆力较强的人在单位时间内能够记住的内容较多，这就意味着他的学习效率较高，相反则学习效率较低。

④思维力与学习。思维力是人脑对客观事物间接的、概括的反映能力。当人们在学会观察事物之后，需要通过思维把各种不同的物品、事件和经验进行分类、归纳、概括。思维力是整个智慧的核心，参与、支配着一切智力活动。每个人的学习、工作和生活都离不开思维力。培养思维力特别是创造性思维尤为重要。

【案例】

中国青年歌唱家谭晶上大学时，在学习民族声乐的过程中，遇到了一个很大的问题，她一唱民歌就紧张，一紧张就不停地眨眼睛，为此，有的同学在背后经常嘲笑她。一次偶然机会，系里推选谭晶在一台晚会上演唱通俗歌曲。谭晶突然发现，自己唱通俗歌曲的时候，眼睛一点都不眨。从那以后，她便开始尝试着用通俗唱法演唱民歌，她大胆探索，将传统与现代相交融，民族与流行相贯通，勇于创新，融美声、民族和通俗三家之美，形成了大气、简约的演唱风格，在歌坛独树一帜，受到了大家的热烈欢迎，她的这种唱法被称为“跨界唱法”。由此可见，创造性思维的巨大能量。

⑤想象力与学习。想象力是人们在已有形象的基础上，在头脑中创造出新形象的能力，是发明、发现并进行创造性活动的源泉。正是有了想象力，人类才创造了五彩斑斓的物质世界和丰富多彩的精神文明。

想象力对艺术创作是至关重要的，真正打动人的艺术作品往往具有独特的艺术构思和魅力。艺术家们常常凭借自己独特的想象，创作出有别于他人的艺术作品，与欣赏者进行心灵与心灵的碰撞和交流。使欣赏者获得了意想不到的审美感受。

想象力是一把打开艺术之门的金钥匙。对于从事艺术专业学习的学生来说，技法的学习终究是有限的，而想象力却是无限的、能动的，是创作的必要前提。想象力强调发现的眼光、独特的视角、质疑的态度，因此我们要用发现的眼光，敢于和善于用突破前人范式的质疑态度去想象、去创造。

2. 影响学习的非智力因素

（1）非智力因素。非智力因素是指除智力因素之外，影响智力活动和智力发展的那些具有动力作用的个性心理因素。主要包括动机、兴趣、情感、意志和性格等。非智力因素决定着学生的学习动机，促进学习进程；使学生向一定的学习目标前进并持之以恒地去学习，达到消除学生涣散、疲惫的心理状态，提高智力活动效果的目的。

（2）各种非智力因素与学习的关系：

①动机与学习。动机是推动学生进行学习活动的内在原因，是指引学生学习的强大动力，在学习的动力系统中具有核心意义，是激发学生学习积极性的直接因素。动机对学习的促进作用表现在三个方面：第一，动机决定着学生学习的方向，它使学生明白为什么而学，需要朝着什么方向努力。第二，动机决定着学生的学习态度。学习动机水平高的学生能在长时间的学习活动中保持认真的态度，并有一种坚持把学习任务胜利完成的毅力和决心，而那些学习动机水平低的学生则缺乏学习行为的稳定性和持久性。第三，动机直接影响着学生的学习成绩。研究表明，学习动机的水平与学生的学习成绩具有一定的正相关。那么，是不是动机越强，人的学习效率就越高呢？耶基斯—多德森定律描述的动机与效率之间的关系告诉我们，动机强度与学习效率之间的关系不是一种线性的关系，而是呈“倒U形曲线”的关系，在一定限度内，随着动机水平的提高，学

习效率也随之提高，超过这个限度，学习效率随之降低。学习动机强度的最佳水平根据任务性质的不同而不同。任务较简单时，动机强度较高可达到最佳水平；任务较复杂困难时，动机强度较低可达到最佳水平。

适度的动机水平，有利于维持我们对学习的兴趣，同时减少焦虑对学习的不利影响，能够为我们的学业发展保驾护航。

②兴趣与学习。“兴趣是最好的老师”，在学习中，当你对某一科目产生了兴趣之后，不需要旁人的督促，就能自觉、主动地去学，并能创造性地学好。在这种情况下，学习不是包袱，不是负担，而变成了一件快乐的事。

【案例】

国际著名钢琴家郎朗小时候看动画片《猫和老鼠》时，被汤姆猫演奏的《匈牙利狂想曲》所吸引，于是对钢琴家的手指产生了浓厚的兴趣，并且希望自己也有这么一双神奇的手。正是从这种兴趣出发，他开始了自己的钢琴之路。郎朗开始学钢琴后，每隔一段时间，他都会给自己定下一个新的目标，谁弹得最好他就会把谁作为榜样，并发誓超越，在超越的同时，他的琴技也在不断提高，练好琴的信心也越来越足。

可见，兴趣是人们从事某种活动的原动力，它对人们的活动起支持、推动和促进作用。郎朗通过对自己的学习提出适当的期望，然后通过努力，达到目标，进而产生高度的“自我效能感”，进一步激发了学习热情。

③情绪与学习。情绪是以个体的愿望和需要为中介的一种心理活动，是人对客观事物的态度体验及相应的行为反应。

情绪可以影响和调节知觉、记忆和思维等认识过程，这个影响对于学习具有双向调节作用。一般来说，轻松、愉快、乐观的情绪可以使人体肌肉放松、心情平静、精神集中、记忆力增强、思维敏捷，这种愉快的情绪可以使大脑皮层处于觉醒状态，保持大脑活动的高效率，从而对学习起促进作用；而不愉快的情绪可以引起心率加快、神经紊乱，使人垂头丧气、注意力难以集中，从而干扰认知过程，降低整个智力活动水平，对学习起阻碍作用。

④意志与学习。意志是在实现预定目的时对自己克服困难的活动和行为的自觉组织和自我调节。苏轼在《晁错论》中说：“古之立大事者，不惟有超世之才，亦必有坚忍不拔之志。”的确，坚强意志是事业成功的重要保证。

学习同样如此，因为学习本身是一项艰苦的事情，要想使学习坚持下去并取得好的效果，就必须有坚强的意志参与。正如列宁所说：“我们每日、每时都必须培养自己的意志，任何时候、任何地方。”只有这样，才能克服学习中的惰性和重重困难，完成学习任务，实现学习目标。

【案例】

“无臂男孩”刘伟，10岁时因触电意外失去双臂。12岁学习游泳，14岁在全国残疾人游泳锦标赛上夺得两枚金牌。可不久他又不幸患上了过敏性紫癜，他对自己说：“我面前只有两条路，要么赶紧死，要么精彩地活着。”就这样，他用脚练着钢琴闯进了后来带给他成功的音乐世界。练琴的艰辛可想而知，可他愣是琢磨出一套“双脚弹琴法”，每天苦练七八个小时。3年后，他的钢琴水平相当于专业七级。2011年，他登上了维也纳金色大厅舞台，出版了个人自传《活着已值得庆祝》。2012年2月3日，走上了感动中国十大人物颁奖台，并得到“隐形翅膀”的称号。

⑤性格与学习。所谓性格，是指一个人在对现实的稳定的态度和习惯化的行为方式中所表现出的个性心理特征。学生的性格特征和学习效果之间存在着相互影响的关系。良好的性格特征有助于学业成功。而学习上的成功又能增强学生的信心，得到情感上的满足，产生良好的心境，使其提高未来的学习水平，学习便会更加勤奋。进而促进开朗、乐观和积极进取的性格发展。反之，学习常常失败，必然导致消极、颓丧、恐惧、退缩、羞愧等情绪体验，久而久之，会加强消沉、悲观、自卑、厌世等不良性格特征。

第二节　艺术高职院校学生学习心理透视

学习是大中专学生校园生活的头等大事，青少年学生的自我发展，需要通过学习的途径来实现。艺术高职院校学生的学习与一般高职院校和普通高校相比，有着哪些特点？会遇到哪些学习困扰？他们的考试心理状态如何？这是本节要探讨的问题。

一、艺术高职院校学生的学习特点

艺术高职院校学生尤其是高职层次的学生同普通大学生一样，在学习上具有一些相同点，如一定程度上可以自主把握学习时间、选择学习内容和学习方法；可以通过课堂教学、图书阅览、现场观摩、社会调查、互联网等多种渠道获得知识等等。但艺术教育的独特性也决定了艺术高职院校学生在学习上还有其自身的特点，主要是：

1. 职业定向性强，实践性突出

虽然大中专院校学生从选择自己的专业开始，学习就具有专业性和职业指向性特点，但以就业为导向的职业教育更为突出。作为高等职业教育的重要和特殊组成部分，艺术高职院校人才培养的职业指向性非常明晰：为社会主义文化建设培养具有一定的理论基础和较强艺术技能技巧的高级技艺型人才。这就决定了艺术高职院校课程设置和学生学习对职业指向性的强调和对实习实训环节的高度重视。我们把这种人才培养模式（换个角度讲就是学习模式）概括为“课堂+舞台”。在这种人才培养模式下，实践教学在整个教学体系中占有相当大的比重，贯穿于学生几年学习生活的始终，形成了“早实践、多实践、全程实践、交叉实践”的实践教学体系。一般来讲表演艺术类专业实践课占到了总学时的60%以上，有的专业如舞蹈表演、戏剧表演、音乐表演等甚至占到了80%左右；非表演类专业如艺术设计等，其实践教学课时数也占到了总学时数的50%以上。因此，在艺术高职院校，课堂也是舞台，是学生磨砺和锻炼艺术技能技巧的小舞台。

通过以实践教学为载体的就业导向教育，学生不再是知识信息的被动接受者，而是在实践活动中与教师、同学一起主动地建构自身知识和能力结构的主体。学生变成了主角，学会了思考，学会了创造，营造了仿真的工作环境，激发了内在潜能，为今后走向文艺工作和相近岗位打下了坚实的基础。

2. 学习形式和要求独特

艺术教育是以经验为中心的，是一种艺术经验的传递与分享。经验包含两个方面：艺术感受与艺术技巧。一位艺术教师，他的艺术感受和艺术技巧都包含在他的经验中，他的经验是不能完全用文字和符号来表示的，而是一种“口传心授”的方式，面对面与学生分享他的经验，这就决定了艺术教育的基本方式（换个角度就是学生的学习方式）是“一对一”的师徒式个别授课制、小组授课制，学生的学习方式也相应是个别的、分散的、一招一式从模仿老师开始的。由此，专业老师特别是专业小课老师对学生的学习和价值观影响也是最大的，这构成了艺术院校学生学习的一大特点。

此外，与普通大中专学生的学习不同，艺术类院校学生的学习要求学习者具有艺术学习的基本素质，即我们讲的“艺术天分”。比如：舞蹈表演专业学生要在身体基本条件如相貌、身高、身材比例方面符合专业要求，同时要具备身体协调性、柔韧性、弹跳能力、音乐节奏感、对音乐的感悟及表现能力。而声乐专业的学生要对音高、音准、曲式、和声、调式有较高的辨识能力。如果缺乏基本的艺术天分，是不能胜任艺术职业院校学习，难以完成学习任务的。

3. 学习的自主性、探究性比普通高校学生要略逊一筹

在艺术高职院校，即便是高职层次的学生，其学习自主性、探究性也要弱于普通高校学生。一是因为本身高职教育对理论学习要求就不一样，对学生学习理论的要求“必需、够用”即可；二是高职院校作为高校阵营的末列方阵，其学生本身文化理论功底也比较薄弱；三是艺术高职院校对自主学习体系的建构（如给学生提供尽可能多的适合他们的选修课等）力度、深度还远远不够。此外，艺术高职院校还有五年制高职和中职层次的学生，他们在低年级阶段的课程表几乎是满设置的，留给学生自习自修时间很少；加之这部分低龄阶段学生大部分尚未成年，自控力较差，学习依赖性、被动性强，习惯老师牵着走、推着走。碰上基础差又不爱学习的，情形更甚。

二、艺术高职院校学生常见的学习心理问题

在学习心理方面，艺术高职院校学生总体来讲是健康的，但也有不少学生不同程度

地存在着学习心理问题，主要有：

1. 缺乏学习动机

学习动机是学生学业成绩好坏的直接影响因素，但我们的同学中有相当一部分呈现出学习动机缺乏的状况，主要表现在以下几个方面：

（1）学习目标不明确。高等教育大众化，使生源质量特别是高职专科层次的生源质量呈下滑的态势。尤其是艺术高职院校，学生进来前普遍文化基础较差，不少家长直言不讳地说自己的孩子就是因为“不会读书，考不上好大学才到你们这里”。因此，在艺术高职院校，缺乏明晰的目标、糊里糊涂混日子的学生不少。在我们的课题调研中，当问到我们的同学“你有明确的学习目的和计划吗”，只有40.04%同学回答“有，很明确”；高达51.56%的同学回答“基本没有，很迷惘”；还有3.4%的同学回答“没想过，混日子”。

（2）归因不恰当。归因就是个体对自己或他人的行为进行分析，推断出这些行为内在原因的过程。心理学依据个体在进行归因时常涉及的能力、努力、任务难度和机遇等几个问题把归因分为四种：①内归因。把成败归结为自己的努力与能力。②外归因。把成败归结为任务的难度和机遇。③稳定性归因。把成败归结为任务难度和自身能力。④非稳定性归因。把成败归结为努力和机遇。心理学家的研究表明：把成功归因于外部的、不稳定的因素，把失败归因于内部的、稳定的因素，具有这种归因方式的人常常会缺乏耐心，丧失学习动力。而在我们艺术高职院校学生群体中具有这种归因方式的人大有人在，不恰当的归因方式，造成某些学生对学习失去信心，对于学习的结果产生无能为力的错误感觉。

（3）缺乏成就感。这类学生在学习上缺乏自尊心、自信心，没有求知的需求和激情。不论是学专业，还是学文化，都提不起兴趣，学习成绩搞不好不觉得丢面子，成绩不合格也不在乎。在学习上不求上进，从不与人比学习，也不羡慕学习好的同学，没有抱负和期望，也很少体会到学习的成就感。

（4）厌学情绪严重。有相当一部分同学学习态度不端正，学习目光短浅，胸无大志，理想模糊；缺乏对社会的责任感，缺乏自尊心，学习好坏并不在意，对考试成绩满不在乎；缺乏自信心，求知欲不够强，平时不愿意上课，即使上课，也提不起精神，对学习敷衍了事，整天无精打采，萎靡不振，六神无主。

（5）学习的功利化色彩较浓。艺术高职院校学生专业特殊，他们比较早就参与到各种社会活动中，如演出、各种选秀、社会兼职等，在开放的市场经济环境下，社会上的一些不良现象强烈地刺激着他们的神经，使他们在学习上表现出较强的功利性，对学习的认识仅仅停留在眼前利益上，不能正确处理好学习与实习之间的关系，学习情绪易受外界环境的干扰和影响。

2. 学习兴趣不均衡

艺术高职院校学生的学习普遍存在发展不平衡的现象。主要表现在两个方面：一是喜欢、重视专业学习，但忽略、抵触文化学习。他们对专业课程的学习，表现出浓厚的兴趣和较高的自觉性，学习动力十足，并愿意为此付出努力；但在对待文化课程的学习上，学习动机一直处于浅层化的状态，自觉性差，学习兴趣较低，无故旷课，课堂上睡觉或用手机上网聊天甚至不带纸笔课本进课堂等现象都比较严重地存在。而那些基础差的学生，更是出现了越差越不想学，越不想学越差的恶性循环。我们的课题调研显示，61.74%的同学坦诚自己身上不同程度地存在着重专业课轻文化课的现象。其中有11.32%的学生认为这“没什么大不了的，以后就靠专业吃饭嘛”；有19.39%的学生“知道不好，但基础差，加上周围同学基本都这样，不想或无力改变”；有30.13%的学生“知道不好，力图改变，争取全面发展”。二是实践性环节的学习兴趣明显高于理论课程的学习。比如：对于外出实习、写生、演出等实践活动表现出极大的热情，积极参与，一时没轮上自己还在乎地哭鼻子、找老师等等。但对于深层次的、理论性的、丰富个人知识素养的活动，就表现得相对淡漠，在艺术高职院校的图书馆就几乎看不到抢占座位的情况。

3. 学习方法欠佳

一个人即使具有良好的学习态度，但是如果学习方法不对路，往往也只会收到“事倍功半”的效果。在我们的同学中，有相当一部分学生存在学不得法的问题。

【案例】

舞蹈系学生小张，在专业学习上非常刻苦，经常花大量的时间在专业技能训练上。专业老师布置的每项作业她都认真完成，她认为自己的动作很到位，却总是得不到老师的认同，她感到很困惑。

分析：小张的问题出在哪里呢？她只是照老师说的去完成任务，虽然用去大量的时间练习，却只能停留在模仿老师的层面，没有自己对艺术作品的理解和领悟，没有把握艺术学习的精髓。

4. 文化和基础理论的学习意志力薄弱

大多数艺术高职院校学生在专业技能课程的学习上具有良好的意志力，表现在：专业技能学习的自觉性较高，肯下力，吃得苦，不怕困难。尤其表演艺术类学生，有时为了参加比赛，不惜牺牲一切业余时间，积极主动配合老师完成各种附加技能训练，练得浑身酸痛大汗淋漓都不在乎。但在文化理论课程的学习上意志力就显得较为薄弱，表现在：知道基础差却不想或懒于下工夫去改变；惰性重，抄袭作业现象比较普遍；课堂上要是遇到听不懂的地方或枯燥一点的知识或老师讲得不够精彩就听不下去，开小差，做与上课无关的事；上课时如感到疲劳，很少会“想办法消除疲劳”而是选择“休息”，在课堂上打盹，甚至“呼呼大睡”。

三、艺术高职院校学生常见的考试心理问题

从目前的教育现状来看，考试仍然是一种评价学生学习的最为有效的方式。在艺术高职院校，学生对待考试态度的严肃性较差，考试舞弊现象严重，其常见的考试心理问

题有：

1. 侥幸心理

侥幸心理是导致学生作弊的主要因素之一。有相当多的考试作弊学生存在侥幸心理，他们明知道考试作弊违反校规校纪，但还“顶风舞弊”。有些同学认为自己手段高明，他们拿到试卷后，首先会浏览有没有自己准备的内容，若有，便会满怀喜悦，并伺机查看材料，以最快的速度将其写上。如果该行为没被监考教师发现，则会进一步强化他们这种侥幸心理。还有些同学认为即使老师发现了也会放他们一马，这类学生一旦考试中作弊被抓，则会“迁怒”于老师，认为老师过于苛刻；或很沮丧，认为自己运气不佳。

2. 随意心理

有随意心理的学生平时学习过程中自我要求不严，把学习看成是无所谓的事，学习目的不明确，态度不端正，没有学习动力。家长让他们来学习，他们就来学习，学得怎么样无所谓。持有这种心理的学生主要来源于两种类型：一种是，未来不愁型。这部分学生家庭较富裕，自身不具备实干精神，认为自己无须吃苦奋斗，父母会给他们安排好未来。另一种是，失去信心型。这部分学生从小学习成绩就不好，被家长、老师批评习惯了，已经失去了学习信心和自尊心，他们安于现状、不求进取。持有这种心理的学生往往在考前不做任何复习，也毫无压力。考试时，无压力感和严肃感，要么随意填写便交卷，要么从考试开始就打小抄，即使作弊被抓也不紧张，不期待考试结果。

3. 从众心理

具有这样心理的学生往往学习不踏实，成绩波动较大。平时学习时不求甚解，考试前也不认真复习。在考试过程中，往往不急于答题，而是东张西望，看别的同学在做什么，如果此时周围同学有人抄袭，则会立马效仿，认为不作弊则白白吃亏。

4. 逆反心理

具有这一心理的学生往往平时很少学习，成绩一贯较差。他们讨厌考试，并总把自己成绩不好的原因归因于老师不好和考试内容太难，唯独看不到自己的不足。在考试过程中他们通常会表现出一副无所谓的样子，或东张西望，或故意大声说话，或对监考老师提些不着边际的问题，做出一些违反考试纪律的举动，吸引监考教师的注意力。有作弊机会就抄袭偷看，没有机会，就交卷了事，大摇大摆走出考场。

5. 焦虑心理

持有焦虑心理的同学平时多数学习认真，自觉性相对较强，平时成绩较好，有较大的压力和驱动力，对学习和成绩都给予较大的关注，对自己的学业期望值较高。在舞弊风气盛行时还担心自己真才实学得来的成绩还不如舞弊“成功者”并由此降低学习动力。

第三节　艺术高职院校学生良好学习心理品质的培养

原Google全球副总裁李开复说：“大学是人生的关键阶段。因为，这是你一生中最后一次有机会系统性地接受教育。这是你最后一次能够全心建立你的知识基础。这可能是你最后一次可以将大段时间用于学习的人生阶段。”你如果想在大学期间学有所得，就要珍惜自己的大学时光，调适不良学习和考试心理，掌握科学的学习方法。

一、艺术高职院校学生常见学习心理问题调适

1. 建立适当的学习动机

（1）明确学习目标，有的放矢。当人们的行动有了明确目标，就能把自己的行动与目标不断地加以对照，进而清楚地知道自己的行进速度与目标之间的距离，人们行动的动机就会得到维持和加强，就会自觉地克服一切困难，努力达到目标。要达到目标，还要注意把大目标分解为多个易于达到的小目标，就要像上楼梯一样，一步一个台阶，脚踏实地向前迈进。每前进一步，达到一个小目标，就会体验到“成功的喜悦”，这种“感觉”将推动我们充分调动自己的潜能去达到下一个目标。

因此我们不要停留在每天对自己说：“我今天要努力学习”，而是要对自己说“我今天要做好下面的几件事”，让自己的目标具体化，并让自己知道这个明确而具体的目标是怎样达到的。这对我们每一个人来说都是非常重要的。仅仅知道自己的人生理想、职业理想是不够的，重要的是要让理想在自己的行动中逐渐清晰、真实、可触及，让它最终成为自己人生道路上的一个里程碑。

那么，我们应如何设置学习目标呢？大家不妨照下面的方法一试。

首先，分析自己的实际情况，确立目标。如：所学专业的总体培养要求；各个专业课程的基本特点和要达到的能力标准；自己现有的知识情况和技能水平；自己可利用的时间和精力。

其次，将确立的目标分为长期、中期、短期三个层次，如学年目标、学期目标、月目标、周目标、天目标等。按照目标行事，并定期对目标进行测评。

（2）进行正确的归因，理性看待学习中的成败。如前所述，正确的归因不仅能使我们端正学习态度，激励我们通过努力不断提高自己各方面的能力，而且还会使我们产生一种愉快的情绪体验，用积极的态度看待学习中的成与败。

培养自己正确的归因模式有两种方法，不妨一试。第一，集体讨论法。我们可以以宿舍为单位一起分析讨论学习成败的原因，每个人填写归因量表，即从一些常见的因素（个人能力、努力程度、任务难易、同学帮助、个人运气、身心状况等）中选出与自己的学习成绩关系最大的因素，并且评价这些因素所起的作用。同学间互相指出自我评价中存在的归因问题，然后相互鼓励，寻求符合实际的积极归因。第二，观察学习法。通过观看归因训练的录像，引导自己把成败的原因归结为自身的努力，树立“努力就有可能成功”的信念。

（3）激发成就感，增强学习动力。在我们的学习动机形成过程中，一个重要的因素就是对自己能力的信念，认为自己有获得成功的能力，这种能力的信念将直接影响我们的学习行为。因此，激发学习的成就感，对于学习动机的激发非常重要。要想培养自己的学习成就感，就要在学习过程中创设成功的机会，在自身的进步中体验成功的喜

悦，并从自身的变化中认识到自己的能力。

（4）端正学习态度。

【案例】

我国著名的舞蹈家黄豆豆在求学阶段就非常重视自身文化素养的积累，在上海舞蹈学校学习的6年里，不仅舞蹈专业课学得出色，文化课成绩也是年年第一。他曾向老师提出："如果我哪一门文化课不及格，请让我留级。"他认为，没有文化的演员是愚蠢的。正是他这种正确的学习态度，使他的舞蹈表演风格阳刚洒脱，情意并茂，意韵深涵，技艺超群。专家评价说："他的舞蹈技艺已达到炉火纯青的境界。"

分析：学好文化知识对于专业课的学习会有很大的辅佐、促进和提升作用！艺术工作者如果没有一定的文化底蕴作为支撑，就不可能有好的艺术感悟力、表现力和创造力，最终充其量只能是个"艺人"、"匠人"，不可能获得全面、长久和持续发展，更谈不上艺术造诣。

2. 增强学习兴趣

要想长久地维持学习兴趣，仅仅依靠好奇心是远远不够的，学习的自我效能感是维持学习兴趣最为有力的"强心剂"。所谓自我效能感，是指我们由对某一活动成功的体验而产生的肯定自己能力的心理体验。在很多情况下，我们之所以对专业技能学习有兴趣，是因为我们在专业技能展示上有成功的经验和强烈的自我效能感。那么，应该如何增强自我效能感，让它服务于我们的文化课程学习呢？

第一，形成适当的预期。对自己的学习状况进行正确定位，提出适当的期望值，使自己通过努力，能够达到预期目标，进而产生高度的"自我效能感"，激发学习的热情。

第二，参加具有一定挑战性的任务。心理学家的研究表明，多数人在具有挑战性的任务面前，学习效率会有很大的提高，克服困难的毅力也会大大增强。所以，适当地给自己创造条件，积极参与竞争竞赛，会使学习兴趣得到有效的激发。比如：英语不好的同学，不妨尝试参加学校的英语演讲比赛，或英语歌曲大赛，通过为参赛做准备，提高自己学习英语的兴趣和能力。

3. 选择有效的学习方法

有一个关于学习成功的等式 S=B+D+M，你知道这些字母的含义吗？在这个等式中，S代表成功（Success），B是基础（Basis），D是勤奋（Diligence），而M就是我们常说的学习方法（Method）。在知识基础既定的前提下，学习成功的诀窍便是勤奋加方法。这里我们只说说如何探寻适合自己的学习方法：

（1）要了解自己所擅长的学习类型。我们每个人都有自己较为擅长或偏爱的学习类型。例如：有的人喜欢通过身体或动作的实际操作学习；有的人喜欢通过看录像或图表学习；有的人喜欢通过听讲学习；有的人擅长利用各种媒体信息来学习；有的人擅长从他人身上学习。运用擅长的学习类型来学习，会大大提高我们的学习效率。

（2）要善于把握学习过程的各个环节。在理论课程的学习中我们应把握住的几个重要环节是：课前自学、专心听课、及时复习、系统总结、课外学习。这些环节把握好了，就能为我们进一步获取知识打下良好的基础。

（3）要善于在生活中学习。“处处留心皆学问”，生活是最好的老师，社会是最好的学堂。这就要求我们热爱生活，善于观察生活，观察身边的人和事，并从中思考、领悟生活的智慧及做人的学问。

（4）要善于向他人学习。孔子说“三人行，必有我师”。每个人都有自己的长处，我们要善于学习别人的优点，弥补自身的不足。多观察周围的同学，仔细体会他们是如何学专业、学文化的，结合自己的实际情况，吸取他们学习中好的方法和经验。

4. 培养坚强的意志力

众所周知，不论做什么事情，意志力坚强的人更容易获得成功，学习也不例外。如果你能在学习上具有较好的自觉性、自制力并且能长期不断地坚持下去的话，取得好的成绩绝不会是一件难事。那么，在学习过程中应如何培养意志力呢？心理学的研究表明，多数人在竞赛情境下学习的效率会有很大的提高，克服困难的毅力也会大大增强。那就让我们给自己找一个学习竞争的对手。以舞蹈技能训练为例，一个人练功，往往看不到自己的问题所在，也很容易产生厌倦情绪，从而难以坚持下去。如果能两个人一起比着练，效果就会大有不同。两个人一起练，可以互相观摩比照，发现自身的不足；还可以增强竞争意识，磨炼斗志。

二、艺术高职院校学生常见考试心理问题调适

考试是检验我们学习成果的一种手段，通过考试可以让我们了解自己对某方面知识或技能掌握的情况，因此我们应将自己所学到的知识在考试中很好地展示出来，这样才能使考试的作用得以充分体现。那我们应如何正确面对每一次考试呢？

1. 保持良好应试状态，避免侥幸心理

在平时我们要努力学习，积极做好应考准备，在考试前应对自己已经掌握的知识和已经具备的能力做一个正确的评价，在正确评价的基础上制订出考试的目标，确立出合理的期望值。考试过程中，认真思考，向着目标努力，以平常心面对考试。

2. 树立正确的价值观、人生观，打消随意心理

艺术高职院校学生应树立正确的价值观和人生观，应不断审视和分析自己的学习条件和学习环境，调整自己的学习目标，并真正认识到学习是自己的事情，要对自己的学习负责，不要去想靠外力来取巧，而是要踏踏实实地沉下心来学点真才实学，为自己、为未来好好着想。

3. 增强是非观念，克服不良从众心理

我们应努力培养和提高自己独立思考和明辨是非的能力。在考试时，我们要有自己的思考和分析，从而正确判断什么样的事情可以做，什么样的事情不可以做，增强是非

观念，拒绝舞弊。

4. 明确考试意义，消除逆反心理

考试是衡量我们知识、技能是否掌握的手段之一，是学校教育中的一个重要环节，考试成绩虽然并不能全面地反映一个人的知识和能力水平，但是可以帮助我们检验自己近段时期的学习态度、学习能力和知识水平，有利于我们发现学习中存在的问题，使今后的学习更具有针对性。

5. 保持乐观的情绪，克服考试焦虑

情绪是思维的催化剂，积极的情绪可使人精神振奋、想象丰富、思维敏捷、富有信心，消极的情绪则使人感到学习枯燥无味、想象贫乏、思维迟钝、心灰意懒。因此，保持良好的应试情绪和平常心态，可以有效避免考试焦虑的出现。

三、艺术高职院校学生提高学习效率与效果的策略

“工欲善其事，必先利其器。”孔子这句话的寓意是：不论做什么事情，要想达到预期的目的，都必须事先掌握工具和方法。虽说“学习有法，而无定法”，但学习还是有一定规律和方法可循，除了以上在相关地方提及的之外，我们再给大家介绍几种提高学习效率与效果的策略，它适用于包括艺术高职院校学生在内的所有学习者。

1. 阅读策略

“SQ4R”六步阅读法，此方法能够促进你积极学习，提高你信息加工的效率，使你能够记住更多重要的信息：

S 即概览（Survey）。例如在学习新的一章之前，先从头至尾的大概浏览一遍全章，看看标题、插图的文字说明、章内小结等。这一步骤能让你对将要学习的内容有一个大致了解。

Q 即提问（Question）。在学习时，你要学会从章节的每个标题中引出一个或多个问题。这些问题有助于你有目的地进行学习。

R1 即阅读（Read）。在阅读时，要试着找出你所提问题的答案，要一节一节地细读，每读完一个标题的内容就停下来。

R2 即复述（Repeat）。复述一下读过的内容，也就是在大脑中试着回答自己所提的问题，最好是做简要的笔记，总结出所学的知识。记笔记能使你了解自己知道什么，不知道什么，可以填补知识空白。如果不能用自己的语言扼要地讲述所读章节的中心思想，则要返回去重读，直至能够把主要内容总结出来。

学习的过程就是“提问—阅读—复述”循环往复的过程，直至你掌握所学内容。

R3 即联想（Reflect）。在学习时，要把新的事实、术语、概念与你个人的经历或你很了解的信息联系在一起。因为对你个人有意义的内容，你会更容易记住，这是 SQ4R 阅读学习法中最重要的步骤。

R4 即复习（Review）。俗话说：“温故而知新。”对我们以前学过的知识和技能要经常复习，但这种复习不是机械、简单的反复，而是要加深对已学知识的了解，以达到

更好地学习新知识的目的。

2. 听讲策略

（1）保持好的听课状态。首先，要排除外界干扰。不论周围的人在做什么，周围环境多么嘈杂，都要尽量排除这些干扰。

其次，排除内心干扰。我们可以通过放松练习的方式，让内心各种情绪的干扰随同身体的放松被排除。具体做法是：第一步，身体坐端正，放松。第二步，先从脚开始，使脚部肌肉绷紧，然后松弛，同时暗示它休息，随后命令脚脖子、小腿、大腿，一直到躯干部休息。第三步，再从躯干开始到颈部、到头部、脸部全部放松。这种放松训练的技术，需要我们反复练习才能较好掌握。一旦掌握好，会使我们在短短的几分钟内，达到轻松、平静的状态。

最后，不在难点上停留。在听课过程中，出现任何不理解的环节，都不要在此停留，而是要跟上老师的讲课进度。如果后面大部分内容我们能够理解，前面的难点也会慢慢解决。

（2）做好课堂笔记。“LISAN”笔记法，助你提高听讲效率。

L 即主动记（Lead）。进行自我提问，你可以从学习指导、阅读提示，甚至是自己的好奇心中找出问题，提前估计教师下面要讲的内容，做出大胆的预测。

I 即重点记（Idea）。教师每一堂课的内容都是基于一个重要的核心观点设计的。通常，教师都是先介绍一些观点，然后通过举例来进行解释。你可以常常向自己发问：“现在讲的要点是什么？这个观点有哪些证据支持？”

S 即抓信号词（Signal words）。上课时要关注那些表示教师思路变化的关键词语。如：“得到上述结论的原因是……”表示后面将要提到主要观点；“与此相对的是……”表示即将要讲的是相反观点，等等。

A 即积极听（Actively listen）。上课时我们要使自己保持活跃、机敏的思维状态，并坐在一个利于自己听讲和提问的位置上，为自己营造一个最好的听课环境。

N 即选择记（Note taking）。我们在记笔记时，要将自己想象成一个正在捕捉重大新闻的记者，只记要点。而不是把自己当成一台录音机，全盘通记。

“LISAN”法是一种积极听课记笔记的方法，但是做好笔记的同时还必须复习、整理笔记，联想、拓宽思路，并对新的观点、认识进行深入的思考，这样你才能对学习的内容理解得更加透彻。

3. 复习策略

（1）掌握记忆规律。我们在学习了新的知识后，如果不经常复习，这些记住的东西会很快被遗忘。德国心理学家艾宾浩斯通过实验研究发现，遗忘的进程是不均衡的，具有先快后慢的特点。根据他的研究，我们刚刚记住的学习材料，20 分钟以后能回忆起 58.2%，1 个小时后能回忆起 44.2%，1 天后能回忆起 33.7%，1 个月后能回忆起 21.1%。艾宾浩斯的实验研究向我们充分证实了一个道理：新学的知识一定要及时复习，勤于复习，才能掌握得牢固。具体的做法是：第一、二次复习间隔时间不要超过 2 天，第一天复习的主体内容一定要在第二天重复，时间可多用些，以后可隔 3 天、6

天、20天再相应地复习记忆几次，时间可相对少些，即可形成长时记忆。

（2）学会分散复习。分散复习是指在复习过程中把需要复习的资料，分散在几个相隔不太长的时间内，每次复习一定的次数，到记熟为止。由于遗忘是随时都在进行的，只进行一次集中复习还远远达不到牢固保持的效果，因此，必须进行多次重复，循环记忆，加深印象，提高复习效率。具体做法是：第一，正确分配复习时间。同一内容的复习时间间隔应先短后长，所花复习时间应先多后少。具体的时间分配应随记忆内容的性质、个人记忆的特点等情况的不同而有所不同。第二，利用“卡片袋”进行复习。将卡片正反两面分别写上要复习的内容，然后放入信封，每个信封内放置一周中某一天应复习的卡片。在复习时，要对回忆失败项目做上记号，下次主要复习做了记号的项目，以提高时间的利用效率。

（3）多通道复习。心理学家研究发现，在我们学习时，一般可以记住自己阅读的10%，自己听到的20%，自己看到的30%，自己交谈时所说的70%，这表明多种感觉通道的共同参与，可以有效地增强我们的记忆。因此，我们可以利用多媒体、录音笔等电子设备帮助我们复习，提高我们的复习效率。

4. 做时间的主人——合理安排时间

首先，充分利用学习上的“黄金时间”。“黄金时间”是指人精力最充沛、注意力最集中、学习效率最高的那段时间。“黄金时间”因人而异，大致分为三种类型：早晨型——早晨精力充沛；晚上型——晚上干劲十足，甚至到深夜；白天型——在休息睡眠充足的前提下，整个白天都精力旺盛。我们在安排时间时，应考虑自己所属的类型，在自己的“黄金时间”安排最不易解决的问题。其次，提高单位时间的利用率。在每个人的时间表里，都会有低效时间段，我们要注意观察低效时间段出现的原因，找出对策，减少低效时间段，扩大高效时间段，提高学习效率。最后，珍惜零碎时间，积少成多。善于利用零星时间的人，才会做出更大的成绩。我们应学会抓住每一个零碎时间，安排上合适的学习内容。如：睡觉前10分钟，我们可以用来背5个英语单词，这样，一年积累下来，可以背1800多个英文单词。每天早晨起床后20分钟，可以练练专业基本功，这样一年下来，专业基础必然会更扎实。

课后活动

学习经验分享

活动目的：交流学习方法，分享学习经验，并学习求助与助人的技能。

活动程序：

（1）团体成员每人至少写出自己在学习中存在的一个问题，一条经验，越多越好。

（2）每6位同学就近组成一个小组，每个同学在小组中交流自己学习的经验和困惑，共同分享经验，并讨论每个同学学习问题的解决方法。

（3）每个小组派1名代表总结小组同学的学习经验、问题及解决问题的方法，在团体内交流，大家共同分享团体活动成果。

思考练习

1. 结合自己的专业，谈谈非智力因素在学习中所起的作用。

2. 学习动机与学习效率的关系如何？试分析自己的学习动机。

3. 反思一下自己多年的学习方法，找出优点与不足，总结出适合自己的科学学习方法。

第六章

人际交往辅导

——学会共处，积累人脉

丝丝心语

你要打开人家的心，你先要打开自己的，
你要在你的心里容纳人家的心，
你先得把你的心推放到人家的心里去。

——钱钟书

一个人的成功，只有百分之十五是由于他的专业技术，而百分之八十五则要靠人际关系和他的为人处世能力。

——卡耐基

案例导入

无奈的才女大学生

在哈尔滨某重点高校念热门专业的大一学生小桥（化名）几次找到辅导员老师要求退学。“小桥写得一手好字和好文章，还会拉小提琴。入校不久，她就因文笔出众，被校内文学团体破格吸收为会员。”小桥的班主任说，听说她要退学，大家都很吃惊。小桥要退学的理由主要是：觉得同学们瞧不起她，总在背后议论她，以至于她感觉“大家都挺虚伪的，一回到寝室，就胸口发闷”，甚至觉得“活着没有意思”。老师们也描述说，当小桥讲到这一点时，就变得烦躁不安，最后竟然泪流满面。

心理评点： 人对环境的适应，主要是对人际关系的适应。有了良好的人际关系，人才有了支持力量，有了归属感和安全感，心情才能愉快。小桥主要由于在适应大学的人际关系环境中遇到了挫折，在人际交往中出现人际关系敏感问题，对同学比较敏感和多疑，心里感到紧张和不安，进而觉得自己与周围的人格格不入，产生心理压力，遂产生退学想法。

第一节　人际交往概述

与社会相比，学校是一个相对纯净的“象牙塔”，可同样离不开人际交往——师生之间，同学之间，亲朋之间，等等。掌握人际交往技巧，建立轻松和谐的人际关系不仅是增进大中专学生心理健康的重要途径，还是我们积累将来人生和事业发展所需人脉资源的重要渠道。

一、人际交往与人际关系的含义

人际交往是指人与人之间相互交流和互动的过程。这种交流和互动，包括相互认识，相互交流信息，沟通感情，相互作用。当一方施于对方某种交往态度、交往方式、交往程度时，对方也会报以相应的态度、方式和程度。所以，在人际交往中，若要想获得他人的喜欢、尊重、信任和帮助，自己必须先真心地喜欢、尊重对方，正所谓“爱人者人皆爱之”、“敬人者人恒敬之”。

人际交往的直接结果是建立一定的人际关系，即人们在社会活动过程中所形成的建立在个人情感基础上的相互联系，也表现为人与人之间心理上的关系。人际关系一旦建立，又反过来影响和制约着人们的交往。因此有学者主张人际交往就是人际关系，两者是同一个概念，虽然前者强调动态的相互作用，后者强调静态的情感联系，但它们的本质都是指人与人之间的心理距离关系，包括关系的深度、亲密度、融洽性和协调性等心理方面联系的程度。

二、人际吸引因素与人际交往的心理效应

1. 人际吸引因素

茫茫人海中，有那么一些人成为了你的朋友。你是怎么认识的呢？成为朋友第一步就是彼此要注意到对方，相互产生吸引力，这样友谊才有可能开始。那么，怎样对别人产生吸引力，使别人愿意与你交往呢？首先让我们来了解一下什么是人际吸引？人际吸引（interpersonal attraction）是指人与人之间彼此注意、欣赏、倾慕等心理上的好感，进而彼此接近以建立感情关系的历程。

现实生活中谁都希望自己有更多更好的朋友。可有人社交能力并不差，就是人缘不好，交不上知心朋友；有人社交能力并不是很强，却结交了不少好朋友。这到底是为什么呢？心理学研究表明，生活中有许多因素影响人际吸引，借鉴许多学者的观点，我们认为构成人际吸引的主要因素有：

（1）仪表风度。一般情况下，容貌、体态、服饰、举止、风度、行为等方面对初次交往的人来说，是非常重要的吸引因素，特别是在与异性交往时的表现尤为突出。大量的研究表明，外貌魅力会引发明显的“辐射效应”。在学校组织的各种集体活动中，那些最先受到关注的总是在同等条件下具有外貌吸引力的同学。但需要指出的是，虽然人们对于美貌的人的其他方面会给予积极评价，但如果觉得美貌的人在滥用自己的美貌时，则反过来会倾向于对其实施严厉制裁。现实生活中，貌美的男女如果不注重个人修养，往往很难交到知心朋友，从而时常感到内心的孤独，就是这个道理。此外，我们也不能过于夸大外貌的作用。在交往之初，外貌的作用较大，但随着相互认识的加深，外貌的作用则不断降低。

（2）个性品质。外貌对人际吸引固然能起相当大的作用，但在人际吸引中比起外貌，人的能力、才智、品德这些个性品质具有无与伦比的吸引力，而且这种吸引力持久、稳定、深刻。在实际的生活中我们也有这样的体会：那些修为涵养好的人才真正受人欢迎和喜爱。

人的个性品质有多种，那么哪些品质在人际交往中最受重视呢？1968 年心理学家安德逊（N. Anderson）的研究指出，在人际关系中最受欢迎的十项人格特质依次为诚恳、诚实、理解、忠诚、可信、可靠、聪明、关怀、体谅、热情。我国学者在对大学生所做的调查中也发现，在人际交往中大学生最在意对方是否真诚。结论告诉我们，在人际交往中同学们一定要真诚，切忌虚情假意，否则是得不到同学的信任和喜欢的。

（3）相近性。相近性包括时空的邻近性和感知的相似性。

时空的邻近性：在人际交往中我们都会有这样一种感觉：即在其他条件相同的情况下，与一个班级或一个寝室的同学相处总是比与外班级、外寝室的同学相处容易得多，关系也会近得多。“远亲不如近邻”讲的也是这个道理。

感知的相似性：在人际交往中我们会发现与自己某方面或多方面相近的人相处，能缩小交往双方的时空距离和心理距离。比如相同的信仰、兴趣、价值观，相同的语言、种族、国籍、出生地；相同的文化、宗教背景；相同的教育水平、年龄、职业、社会阶层；相同的遭遇、疾病等等。我们一般都乐意与情趣志向相近似的人相处，所谓“惺惺相惜”就是这个意思。

（4）互补性。人们喜欢那些与自己相似的人，而在实际生活和学习中我们也会发现，常有粗心大意者喜欢与细致严谨者交友，爱听的和爱说的成了好朋友，脾气暴躁者更容易与脾气温和者相处，依赖性强者较倾向与独立性强者一起决策等等，似乎人们也有喜欢那些与自己个性品质相反者的一面。这是为什么呢？研究表明当一方的需要与其对对方的期望值正好成为互补关系时，人际间就产生强烈的吸引力。这种现象往往发生在感情深厚的朋友、特别是异性朋友或夫妻之间。

需要指出的是，不是所有相反的特性都能互补，都能产生吸引力，如高雅和平庸、庄重和轻浮等。互补性是有条件的，不是绝对的，在人际关系中某些方面互补一些更好，某些方面相似一些更好。

2. 人际交往的心理效应

无论是生活、学习还是工作，每天我们都需要与人进行交流，并形成这样或那样的印象。我们对一个人的印象往往与真实情况有所差别。是什么原因呢？其实是一些“心理效应”在作怪。因此主动学习一些交往心理学知识，了解人际交往的心理效应，我们可以学会怎样留给他人一个好印象，同时也可以帮助我们克服这些效应的消极作用。已有的研究表明影响人际交往的心理效应有很多，我们向大家介绍主要的几种：

（1）首因效应（primacy effect）。两个素不相识的人，第一次见面时彼此留下的印象，叫“首因效应”，亦称“第一印象”。首因效应是双方往后交往的依据。正性的、良好的印象，希望继续交往，增进关系；负性的、不好的印象，则拒绝继续交往，使关系了结。你若问他为什么？当事人似乎很难说得清，只是笼统地觉得“喜欢”或“不喜欢”。

所以我们要重视给人留下良好的第一印象，尤其在重要会见、面试、初次约会等场合。同时也应该注意，由于首因效应的存在，人们很容易在交往过程中从最初的表象出发，产生错误的判断进而掩盖了对客观对象本质的了解，这对人际交往的发展非常不利。所以在人际交往中我们也不能太拘泥于“第一印象”，应尽量克服首因效应的负面影响。

（2）近因效应（recency effect）。是指在人际沟通过程中，知觉对象最近给人留下的印象对人们认知的影响。在近因效应中，我们对他人最近、最新的认识占了主体地位，掩盖了以往形成的对他人的评价，因此，也称为“新颖效应”。

一般来说，“首因效应”发生在初相识的人中，“近因效应”则发生在熟识的朋友中。近因效应对人际关系特别是友谊生涯会产生极其微妙的影响。这就告诉我们，与朋友交往时，要重视留给对方的最近印象，一旦发现不对劲，要及时沟通。

（3）光环效应（the halo effect）。又称晕轮效应，是指人们在了解某人时，对他的某种特征和品质有清晰明显的印象，由于这个印象非常突出，从而掩盖了对这个人其他特征和品质的了解。在日常生活中，“光环效应”随处可见。比如有的老年人对青年人的个别缺点看不顺眼，就认为他们一无是处；有的粉丝由于崇拜明星，就会把他看得处处可爱，所谓“一俊遮百丑”。

晕轮效应是一种以点概面、以偏概全的反应，或者说这种突出的特征或品质像一个光环一样，把人笼罩起来了，使观察者无法注意到他的其他特征和品质，从而以一个人的一种特征或品质，做出对他的整个特征的判断。所谓“情人眼里出西施”、“爱屋及乌”就是如此。在人际交往中，我们可以采用先入为主的策略，让对方了解自己的优势，以获得积极肯定的评价，巩固人际好印象；同时，也要避免对人犯以偏概全的错误。

（4）投射作用（projection）。投射作用又称外射作用，是指个体将自己不喜欢或不能承受但又是自己具有的冲动、动机、态度和行为转移到他人或周围事物上，认为他人或周围事物也有这样的动机和行为，如“以小人之心度君子之腹”等就是投射作用的写照。投射作用是客观存在的，通常又是无意识的。美国的一项实验研究，请大学生联谊会的每一个成员评价其他成员的吝啬、固执、散漫等品质，每个成员也要对自己进行评价。结果表明，大家公认的不好品质特别突出的那些大学生，却未意识到自己具有这样的品质，他们反而倾向于把这些令人讨厌的品质加到别人头上，而且比别人更为明显。在人际交往中，要切忌投射作用，要学会换位思考，“己所不欲，勿施于人”。

（5）刻板印象（stereotypes）。人们头脑存在的关于某一类人的固定印象的心理现象被称为刻板印象。它是我们在认识他人时经常出现的一种相当普遍的现象。比如说到商人，就和“唯利是图”联系起来，这是在职业上的刻板印象；说到女生就会认为胆小、娇气，说到男生就认为心粗、胆大，这是在性别上的刻板印象；说到青年人，就认为单纯幼稚、容易冲动，这是在年龄上的刻板印象；说到上海人，就认为比较灵活、善于应酬，就到北方人，就认为比较粗犷直爽，这是对不同地域的人的刻板印象，等等。了解刻板印象，有助于我们识别人与事，但也应注意与人相处时避免犯“以偏概全”的错误。

三、人际交往的功能

人是社会的动物，不能离开群体而单独生存。亚里士多德说：“能独自生活的人，不是野兽，就是上帝。”有人估计，个人每天除 8 小时睡眠以外，其余 16 个小时中有 70%的时间是在进行人际交往。可见人际交往在人们生活中的重要性，概括地说，人际交往的功能主要有：

1. 获得信息的功能

人际交往与从书本获得信息相比，有着内容更广泛、渠道更直接、速度更快等特点。随着交际范围的扩大和友情的加深，我们能认识更多的人，听到更多的事，交换更多的思想，获取更多的知识与信息。

2. 认识自我的功能

人可以在与他人的交往中，与别人的比较中，以及别人对自己的态度和评价中认识、调整和改进自己，提高自我认识的水平。孔子说过：“独学而无友，则孤陋而寡闻。”

3. 协同合作的功能

通过人际交往，可以相互促进、取长补短，使单独的、孤立无援的个体结成一个强有力的集体来共同战胜困难，完成任务。

4. 身心保健的功能

那些交际面广的人往往精神生活丰富，身心也更健康些；相反，那些孤僻、不合群的人，往往有更多的烦恼和难以排遣的忧虑，因而也会有更多的身心健康问题。长期处于恶劣的人际环境中会导致各种身心疾病，如神经衰弱、高血压、偏头痛和溃疡病等等。

科学研究已经证明，良好的人际关系是一个人事业成功、心理正常发展、生活具有幸福感的重要条件之一，所谓“天时不如地利，地利不如人和”。一个人如果学会了与他人打交道，不管你从事什么工作，不管你的职务是什么，你都在通往成功的道路上走完了85%左右的行程，而在取得自己的幸福方面，已经有了99%的把握。

四、人际交往的原则

每个人都希望自己能够得到他人的认可与接受，能够与周围的人友好相处，能够获得期望的友谊和爱情，想要达到这个目标，就需要建立起一种健全的社会交往行为规则。虽然人与人之间的关系纷繁复杂，每个人的期望、要求不尽不同，但是，在人际关系的建立过程中，仍然有一些最一般的原则。这些原则可以指导并帮助人们赢得别人的认可，成功地建立并维持自己期望的人际关系。

1. 诚信原则

在人际交往中，人们可以容忍别人的缺点与失误，但却无法忍受虚伪和欺骗，如果一个人常常失信于人，必然会引起他人的反感、厌恶，阻碍正常交往。唯有真诚的态度才有助于交往的有效进行，它能够给别人提供一个安全和自由的气氛，使双方没有任何戒心、放心大胆地进行交流。

有人认为，在别人面前暴露自己的弱点是不明智的，会让别人瞧不起自己，有损自己的形象。其实这种认识是片面的，人们分享彼此的真实情感和印象，是增进友情的一种有效方式。

2. 平等原则

平等原则就是不论性别、年龄、民族、家庭、成绩等，平等对待、相互尊重，这是和谐交往的基本前提。因此，在与他人进行交往时，对别人有诚心，彼此尊重、平等地交往，才可能持久。事实证明，那些优越感强，喜欢表现自己，在人群中爱出风头，自认为高人一等的人在人群中是最不受欢迎的，他们也会被集体所孤立和排斥。

有些人在与别人交往中总是不停地谈论自己，只要有人听，他们就说个没完，毫不在意别人的反应，对别人要说些什么毫无兴趣；有些人通过谈话来炫耀自己；有些人通过谈话来求得别人的同情。无论如何，过分的关注自我，都不能使交往有效、顺利地进行下去。

3. 互利原则

互利原则要求人们在人际交往过程中，要考虑双方的共同价值和共同利益，使双方在交往中都能得到好处和利益，获得心理上的满足和平衡。人与人之间的相处如果没有做到“互助互利”的话，就不可能建立、维持和谐融洽的人际关系。

人际交往中的物质利益上的互利就更为常见，人们往往会考虑和衡量自己在交往中的付出是否有价值，如果付出多回报少，那么他就会心理失衡，交往的积极性就会受到影响甚至会选择主动结束交往。而那些能够得到深入发展并能长期维持的人际关系，恰恰是因为它使交往双方都能得到最大的满足，通过交往能实现从精神到物质上的互惠互利。

4. 尊重原则

一天，俄国大作家屠格涅夫走在大街上，遇到一个伸手向他乞讨的老人，可他翻遍了所有的口袋也没有找到一分钱，他深感不安，于是握住乞丐的手说：“对不起，兄弟，我什么都没有!”虽然他没有钱施舍，但这声“兄弟”却让这个乞丐感慨万分，回答他说：“哪儿的话，我已经很感恩了，这也是恩惠啊!”

从这个小故事中我们可以感受到尊重的力量。美国心理学家马斯洛在他的需要层次理论中把尊重的需要列入人的高级需要之中，认为人人都要尊重别人，同时也希望得到别人的尊重，也就是包括自尊和尊重他人两个方面，这个理论也同样适用于人际交往。当一个人得到了别人的尊重，他就会对尊重自己的人产生一种强烈的亲和力和认同感，就愿意接近对方并与之交往。

第二节　艺术高职院校学生人际交往透视

艺术高职院校学生人际交往有哪些特点？影响他们人际交往的因素主要有哪些？他们在人际交往中存在着哪些需要注意的问题？了解这些，是艺术高职院校学生学会与人相处，提高人际交往水平的前提。

一、艺术高职院校学生人际交往特点

艺术高职院校学生由于年龄跨度大、层次多、女生比率高、阅历不同等原因，人际交往的特点比较复杂，类型也多种多样。概括起来讲，有这么几个特点：

1. 渴求友谊，擅长交往

交往是人的心理需要之一。很多同学远离故土、亲人、朋友求学，容易产生失落感、孤独感，渴求得到周围同学的关心、体贴、爱护、信任和理解。特别是那些年龄

小，独立生活能力差的学生尤其渴望结交朋友。另一方面艺术高职院校的学生由于思想活跃，情感丰富，性格外向，热情活泼，他们也比普通学生更擅长与人交往，很快就能与同学甚至陌生人结识，并成为朋友。

2. 平等意识增强

和当代大学生一样，随着自我意识的觉醒，艺术高职院校的学生独立和自尊的要求越来越明显，这就使得他们对人际交往过程中的平等性要求增强，连低龄阶段的学生也是如此。他们既对他人平等相待，也希望他人对自己一视同仁。所以更多地选择与同辈交往，而经常回避居高临下的说教，包括对老师，都特别喜欢那些与他们打成一片的“哥们式”老师。

3. 重视与异性的交往

艺术高职院校学生正处于性生理、性心理发展与成熟时期，希望了解异性，得到异性的理解、尊重和爱慕。他们天性浪漫，思想开放，喜欢与异性交往是普遍现象，并且因为他们形象气质好，多数能说会道，他们也比普通学生更易获得异性的关注与青睐。因此正确引导他们与异性的交往，有利于他们个性的全面发展和培养健康的性心理，加深对异性的理解和尊重，增强自尊、自重、自爱意识和用理智控制情绪和欲望的能力。

4. 具有较强的社会性

艺术高职院校学生社会实践时间早，甚至在一、二年级就开始参加演出等社会实践，他们喜欢社会实践，渴望走出校园，融入社会。这应该说是一种积极的社会心理倾向，它是学生走向社会，开阔视野的原动力之一。但是如果管理不好，也可能对校园的组织纪律和正常的学习生活秩序产生一定的冲击，低龄阶段学生和虚荣心较强的女生还有一个提高是非识别能力、抵御外界不良诱惑，防止不良交往的问题。

5. 个性突出，情绪化倾向明显

艺术教育的办学模式、教学方式乃至思维方式往往是以个体为本体的，学生容易从个人的喜好、感悟出发，注重自我个性发展；在行为上往往表现出以自我为中心的较大的自私性、散漫性、随意性，而换位思考、协作意识、集体观念有所欠缺；尤其是女孩子，心眼小，易嫉妒，容易产生摩擦矛盾，影响人际交往。此外，艺术类学生既有情感细腻、丰富的优点，也存在易冲动、欠缺理性、忽视现实等不足，因此在人际交往中又表现出较大的情绪化色彩和倾向，与同学及他人关系不够稳定，波动性较大。

二、影响艺术高职院校学生人际交往的主要因素

1. 环境因素

心理学已经证明，人的心理和行为同时受遗传和环境的影响，其中环境因素的影响更大。

(1) 家庭环境。每一个人从出生就受到家庭的影响，直至终生。家庭内部成员之间交往的态度、行为方式，对孩子从小就起着榜样的作用，孩子很多行为都是从模仿大人开始的。艺术高职院校学生大多是独生子女，从小被娇生惯养、过分保护和溺爱，在

学校里较难与同学相处，不会理解别人，不会包容别人，甚至会出现吵架、打架等不良行为，还有较高比率的学生来自单亲家庭，因父母、家庭不和，孤独抑郁，很难对他人敞开心扉。

（2）学校环境。校园文化作为亚文化对学生心理健康的影响是潜移默化的，也是直接而深远的。近年来由于就业压力的加大，艺术高职院校校园文化也存在气氛不浓、品位不高、频度不足等现象，许多学生社团组织名存实亡；功利主义侵蚀校园，使校园人际关系也变得庸俗化，同学之间相互猜忌、小团体主义、个人主义现象时有发生，人与人之间的金钱关系、利益关系也或多或少地存在，这些现象使不少同学心理失衡，产生心灵的孤独感、寂寞感与不适应感。

（3）社会环境。随着社会的发展，各种外来思潮相继涌入，东西方文化和价值观并存碰撞，直接影响青年学生的价值选择。文化心理学家霍兰威尔提出，在某些情况下，外来文化移入压力会对人们的心理健康具有非常有害的影响。这是因为，当一种文化移入另一种文化时，由于文化刺激的泛滥，会造成价值体系的重新认知和整合，使人们难以依据自己已有的认知经验，合理而又准确地选择和认同一种社会价值观念系统，从而陷入无以参照、无以归附的境地，也容易产生心理失调和挫折感。由于艺术高职院校学生缺乏社会经验和很强的辨别能力，择友标准和人际交往的方式很容易受社会风气的影响。

2. 心理因素

（1）认知因素。人际交往的认知因素包括对自己的认知，对他人的认知和对交往本身的认知。对自己的评价过高会导致人际交往过程中过于以自我为中心，盛气凌人。评价太低又会导致自卑心理，害怕与人交往，甚至患上社交恐惧症。同样对他人的评价也会影响人际交往的态度，比如对自己评价过高的人常常对别人评价过低，而过于自卑的人又会害怕别人不喜欢与自己交往。另外，对交往本身的认知，也会影响人际交往，如果只考虑自己的利益，忽视别人的需要，就会引起交往的中断。

（2）情绪情感因素。情绪情感是人际交往中的主要特征，对对方的喜欢程度会影响着彼此之间的交往行为。艺术高职院校学生感情丰富，对人对事过于敏感，容易凭一时的冲动伤害同学之间的感情，因此使得人际交往缺乏稳定性。当一个同学的情绪反应过分强烈的时候，会给人一种轻浮，不踏实的感觉；过于冷漠，会给人一种孤芳自赏，目中无人的感觉。

（3）人格因素。人格是指在各种心理过程中经常、稳定地表现出来的心理和行为特征，包括气质、性格等。同学之间的人格差异会带来交往中的误解和冲突，而性格相似的人相处起来能够互相理解，有利于进一步的深入交往。一些有人格缺陷的学生会在与同学交往的过程中出现很多障碍。具有人格魅力的学生会吸引很多同学与之交朋友。

三、艺术高职院校学生人际交往中常见的问题

从内心来讲，艺术高职院校学生渴望与人交往，但是在实际交往过程中，很多同学

不能如愿以偿，甚至产生挫败感。从艺术高职院校学生交往的现状来看，主要存在以下几点问题：

1. 嫉妒心理

【案例】

小玲在班级里是数一数二的美女，同时成绩也十分优秀，同学和老师都非常喜欢她，但是最近总是丢书，或者丢衣服，后来经过学校的调查，发现是一直嫉妒她的小红所为。小红不仅偷偷地丢掉小玲的东西，还经常在别人面前说小玲的坏话。小红不光嫉妒小玲，只要是比她漂亮，比她成绩好的人，她都非常憎恨，所以，在班上她基本上没有朋友。

嫉妒心理是人际交往中与他人比较，发现自己在才能、荣誉、地位或境遇不如别人而产生的一种羞愧、愤怒、怨恨，甚至带有破坏的复杂情绪。表现为对他人的长处、成绩心怀不满，报以嫉恨，往往讽刺、挖苦、挑拨，甚至采取不合法、不正当行为。嫉妒心理是艺术高职院校学生尤其是女生中普遍存在的一种心理现象，是一种具有强烈的利己主义的排他性消极情感，更是一种不利于发展良好人际关系的危险情感。每个人都有一种追求成功和美好生活的愿望，当这种愿望得到满足时，就会产生排他性，害怕别人夺走自己的名誉、地位，当别人先于自己满足这种愿望的时候，心理就会产生一种强烈的失落感。特别是一些心胸狭窄、敏感多疑的同学，常常会对自身现状不满，容易将这种不满投射到别人身上，从而产生嫉妒心理。嫉妒会吞噬人的理智，影响人的正常思维，造成人格扭曲，也使人不敢与之交往。

2. 孤独心理

孤独是一种感到与世隔绝、无人与之进行情感或思想交流、孤单寂寞的心理状态。常常表现出萎靡不振、产生孤雁落群式的悲凉。“踏着铃声进出课堂，宿舍里面不声响，互联网上倾诉衷肠”的校园顺口溜就是写照。有的同学感慨：“总觉得每个人的脸上都蒙着面纱，谁也猜不透别人在想什么，也不敢轻易在别人面前袒露自己，甚至在寝室也要隐藏自己，感到很孤独。”这种现象在艺术高职院校学生的人际交往中比较常见。很多同学能够进行正常的交往，但总感觉缺乏能够互诉衷肠、同甘共苦的知心朋友，因此常常感到孤独和无奈，这个问题的原因主要是有些学生的自我保护意识比较强，在交往中只追求广度，而不寻求深度，导致内心的孤独与寂寞。

3. 自卑心理

自卑产生于自身的不足（包括生理和心理）以及挫折。自卑的人忧郁、悲观、孤僻、不敢与人交往。这类人大多性格内向，觉得自己处处不如人，总觉得别人瞧不起自己。在社交中表现为回避、退缩、害怕当众出丑。

艺术高职院校的学生正处于青春期，自我意识的发展使他们特别关注自身的长相、能力及其他相关因素，一旦觉得与周围同学有较大落差就容易产生自卑心理。以身高、长相、体型、相貌、肤色等先天条件为例，艺术类学生特别重视自己的外貌仪表，随着高等教育大众化时代的到来，近年来艺术院校学生中也有一部分外形条件相对较差的同学，尤其在器乐、美术等专业中比率更大。身处美女帅哥如云的校园环境，这部分同学的自卑心理就更为严重。我们在女生中做了个调研，问她们“对自己的形象气质是否满意?”结果只有7.33%的人回答“很满意”，45.26%的人回答“比较满意”，两项相加为52.59%；有40.09%的人对自己的形象气质表示“不很满意，希望自己更漂亮点就好”，更有7.33%的人表示“不满意，周围好看的美女太多了”。此外，艺术高职院校学生的自卑心理还表现在因专业条件不突出、家庭经济状况比较困难、学历偏低等而自卑。自卑心理使人缺乏自信，尤其是在遇到挫折、受到旁人的讽刺或嘲笑时，自卑心理会大大强化，进一步产生抑郁心理，逐渐丧失学习和生活信心。

4. 猜疑心理

【案例】

何某，女，某艺术高职院校学生，周围的同学都说她小心眼，对周围发生的事过于敏感，太多心。遇事好往自己身上贴，总是往不好的地方想，越想越生气，影响了人际关系，自己感到很苦闷，也很孤独。看到别人心情愉悦，人际关系和谐，她很羡慕。

“三个女生一台戏”，由于艺术高职院校女生多，背后叽叽咕咕、互相猜疑的情况在所难免。猜疑是由主观推测而产生的不信任的复杂情感体验，表现为言行敏感，总以为别人在议论自己，看不起自己。对别人的言行给予种种不好的猜测，有时甚至把别人的好意曲解为恶意。比如，有的同学看到别人在窃窃私语，就认为是在说自己坏话；别人无意中看自己一眼，就认为对方不怀好意；别人的一句玩笑话，就认为是在嘲笑自己，等等。人们在交往过程中，都免不了猜疑，只是程度不同，如果处处猜疑别人，必定神经过敏，事事捕风捉影，对他人失去信任，甚至产生交往障碍。

第三节　艺术高职院校学生良好人际交往能力的培养

人际交往能力是现代人取得成功的必备条件，在校园生活中就开始学会调适人际关系，掌握人际交往的原则与技巧，培养良好的交往品质，对于包括艺术高职院校学生在内的大中专学生成长成才，以及将来事业成功、生活幸福具有不可估量的意义。

一、调适人际交往中的障碍

1. 嫉妒心理的调适

嫉妒是艺术高职学生特别是女生普遍存在的又有害的心理现象，我们不妨尝试采用以下几个方法去调适：

（1）奋起直追法。当他人比自己优秀时，想想“超越对方”的办法是什么，同时积极实施提高自己的计划对策，以提高自己的能力与才干。当你一旦具备了与对手媲美的竞争实力时，嫉妒心便会消除，嫉妒就化成了进取的积极因素。

（2）转移注意法。“尺有所短，寸有所长”，当发现自己所嫉妒的对手长处是自己经过了努力也达不到时，就要转换思路，重新去寻找自身价值，在发挥自己长处上下工夫。比如貌不如人，就在能力上、学业上去努力，并由此体会心理上的平衡。专业条件比别人差一点，我就争取在文化成绩和综合素质方面胜过人家等等。

（3）消极对待法。学会适当运用“酸葡萄”心理，即当你在某些事物中感到心理不平衡时，不妨对自己说“葡萄是酸的，我压根就不想吃”，以此进行自我心理调适，放弃不必要的心理自扰。

（4）知足常乐法。世上要比较的事物太多，如果他人比自己优秀，就心理失衡，心生嫉妒，那么你将庸人自扰，难以快乐。因此，学会欣赏自己也是克服嫉妒心理的妙方。

2. 孤独心理及其调适

人的一生或多或少都会体验到孤独感，尤其是性格内向者。孤独并不可怕，但若得不到恰当的疏导或解脱而发展成习惯，就可能变得性情孤僻古怪，严重者甚至可能患上孤独症。下面给大家介绍几个克服孤独的方法，只要持之以恒，一定会有收效。

（1）多接触、帮助、信任他人。有孤独感的同学每天应至少拿一点时间去接触他人，与他人打交道。要培养自己对他人生活或事件的兴趣。可以先从某一个人开始，这样就可以使交流更容易些，逐渐消除自己的封闭习惯。帮助他人，为他人做些伸手可及的事会使你感到被人需要的快乐，从而减轻孤独感。尝试去信任别人，你会发现慢慢也能获得别人的信任和友爱，久而久之甚至能交到知心朋友，这样你就会感到非常快乐，孤独离你远去。

（2）多参加集体活动。马克思曾经说过：只有在集体中，个人才能获得全面发展其才能的手段。有的同学自视清高，认为集体活动“瞎哄哄”而不屑、不愿参加，结果把自己游离于集体之外，缺少朋友，没有集体归属感。因此，我们应努力融入集体，积极参加各项集体活动，成为集体中的一员，与他人一起分享快乐，分担责任，你会发现其中自有乐趣；你还会发现一些你所喜欢的人，友谊也就随之而来。

（3）充实课余生活。课余时间，多给自己安排一些感兴趣的事情，如读书，听音乐，看电影，上网，购物，会友，等等，这样你的生活自然被充实和多姿多彩所占据，孤独不战而退。

3. 自卑心理及其调适

心理学家阿德勒认为，每个人都有先天的生理或心理缺陷，因此，每个人都会自卑，只不过程度和表现形式不同而已。但如果过分关注自己的缺点，对此比较敏感，甚至害怕与人交往就是一种心理障碍了，需要克服和调适。

（1）正确认识自己，提高自我评价。战胜自卑，要从改变自我认识着手，要实事求是地看待自己，对他人和自己的优缺点要能够正确地比较，挖掘和发展自己的优势，扬长避短。

（2）进行积极的自我暗示、自我鼓励。自我暗示是一种自我刺激过程，即使自己处于一个不利的地位，也要鼓励自己，增强自信。哈佛大学幸福课老师沙哈尔的办法是，在纸上写上10条优点，每天大声地读出来，时间长了就会建立自信。

（3）要勇敢地面对生理与心理的缺陷，正确对待挫折。

世间没有十全十美的人，也没有一帆风顺的人生！有缺陷、有挫折的人生才是真实的人生，多彩的人生！问题不在于有没有，而在于我们怎样看待它。正确的态度是承认和接受事实，悦纳一个有些缺陷的自我；冷静地分析挫折产生的原因并力图战胜它。这样我们就能淡定从容，增强自信，克服自卑。

4. 猜疑心理的调适

克服猜疑心理的主要办法有：

（1）培养理智，切忌感情用事。当出现猜疑信号后，需要督促自己去找证据，不要妄加猜测，证据确凿可以找同学坦诚交流。如果没有证据，就要提醒自己“不要以小人之心度君子之腹”。

（2）主动了解同学。猜疑心理常常是由于不了解别人所致。大家来自天南海北，生活习惯，处世方式，人格特点都不一样，如果我们能主动去认真观察、了解别人的性格和为人处世方式，就不会总无端地猜疑别人了。

（3）培养良好的性格。要养成正直、坦率、诚实、实事求是的性格，养成根据事实进行推理、判断的习惯，克服武断下结论、轻易相信流言飞语的不良习惯。

（4）学会自我安慰。一个人在生活中被人说长论短，甚至遭到非议和流言，是再正常不过的事情。艺术高职院校女生多，背后叽叽咕咕的情况更难免。遇到这种情况，大可不必太在意，“难得糊涂”是信条，这样就可以避免烦恼。一旦猜疑心萌生，要安慰自己：不求尽如人意，但愿无愧我心；走自己的路，让别人说去吧。

二、培养良好的交往品质

良好的人际交往品质，包括真诚、信任、宽容、克制、自信、热情、幽默、换位等等。艺术高职院校学生要结合自己的实际情况，努力培养良好的交往品质。

1. 诚信

即真诚与信任。俗话说，“人之相知，贵相知心”。真诚与信任能使交往双方心心相印，彼此肝胆相照。秦末有个叫季布的人，一向说话算数，信誉非常高，许多人都同他建立起了浓厚的友情。当时甚至流传着这样的谚语：“得黄金百斤，不如得季布一诺。”这就是成语“一诺千金”的由来。后来，他得罪了汉高祖刘邦，被悬赏捉拿。结果他旧日的朋友不仅不被重金所惑，而且冒着灭九族的危险来保护他，使他免遭祸殃。可见，一个人诚实有信，自然得道多助，能获得大家的尊重和友谊。

2. 宽容

“惟宽可以容人，惟厚可以载物”，“得饶人处且饶人”这些古训都告诫我们在人际交往中要做到心胸开阔，宽容忍让，这也是为人处世的高层境界。虽然我们都喜欢与自己相类似的人交往，但是我们也无法避免与那些相异者相处共事。因此一定要宽以待人，视彼此的差异为正常合理，容得下他人的缺点和不足，尊重他人与己相异的兴趣和行为习惯。当同学、朋友不小心犯错时，也不要太斤斤计较，要有“宰相肚里能撑船”的雅量。杭州灵隐寺弥勒佛旁就有这么一副对联：“大肚能容，容天下难容之事；开口能笑，笑天下可笑之人。”生活中宽人律己可以减少和化解许多不必要的矛盾。

3. 克制

与人相处，难免发生摩擦冲突，克制往往会起到“化干戈为玉帛”的作用。克制是以团结为金，以大局为重，即使是在自己的自尊与利益受到损害时也是如此。但克制也不是无条件的，应有理、有利、有节，如果是为求一时苟安，忍气吞声地任人无端攻击、指责，则是怯懦的表现，而不是正确的交往态度。

4. 自信

俗话说，自爱才有他爱，自尊而后有他尊。自信也是如此，在人际交往中，自信的人总是不卑不亢、落落大方、谈吐从容，而绝非孤芳自赏、盲目清高。自信的人对自己的不足也有所认识，并善于听从他人的劝告，接受他人的帮助，勇于改正自己的错误。培养自信要善于解剖自己，发扬优点，改正缺点，在社会实践中磨炼、摔打自己，使自己尽快成熟起来。

5. 热情

在人际交往中，热情能给人以温暖，能促进人的相互理解，能融化冷漠的心灵。因此，待人热情是沟通人际情感，促进人际交往的重要心理品质。

6. 幽默

幽默作为一种心理品质，包含了乐观、开朗、向善、积极归因等特质；作为一种人际交往能力，它突出地表现为调侃、自嘲、苦中作乐等能力。幽默是智慧的表现，是交往的润滑剂，是避免尴尬的有效手段，是不得不反击时的宝贵利器。培养幽默的品质，首先要广泛涉猎各方面知识，充实自我。这样才能做到谈资丰富，妙言成趣。其次，陶冶情操，乐观对待现实。乐观与幽默是亲密的朋友，生活中如果多一点趣味和轻松，多一点笑容和游戏，多一份乐观与幽默，那么就没有克服不了的困难。最后培养深刻的洞察力，提高观察事物的能力，培养迅速捕捉事物本质的机智和能力。

7. 换位

换位就是在人际交往中对所遇到的问题，能设身处地地从对方所处的位置、角色、情境去思考、理解和处理，深刻体察他人潜在的行为动因，不以自己的心态简单地看待问题，对待他人。一位年轻人向一位年迈的智者请教怎样获得幸福和快乐，智者说了四句箴言：“把自己当别人，把别人当自己；把别人当别人，把自己当自己。”其中，前两句说的就是要学会换位思考。

三、学习人际交往的技巧

1. 充分有效的沟通

沟通是指个人之间在共同活动中彼此交流思想、感情和知识等信息的过程。主要是通过言语、副言语、表情、手势、体态等来实现的。同学们在学习生活中难免会出现矛盾，如果不能及时有效沟通，就有可能加深误会，导致人际关系出现裂痕。所以，在遇到矛盾冲突时，一定要利用各种条件、运用各种交流手段进行意见和情感的沟通。误会消除了，相互了解了，人际关系自然会朝良性方向发展。即使没有误会冲突时，同学们也要养成相互沟通的良好习惯，因为充分有效的沟通是建立良好人际关系、巩固友谊的前提。

2. 把握恰当的交往距离

有这样一个故事：两只困倦的刺猬，由于寒冷而拥在一起。可因为各自身上都长着刺，刺得对方怎么也睡不舒服。于是它们离开了一段距离，但又冷得受不了，于是又凑到一起。几经折腾，两只刺猬终于找到一个合适的距离：既能互相获得对方的温度又不至于被扎伤。

这个故事强调的就是人际交往中的“心理距离效应”。所以“亲密并非无间，美好需要距离”。同学之间的人际交往要把握好“距离”，首先，要尊重别人的隐私，不随便打听、追问别人的秘密，也不要随便向别人吐露自己的隐私。其次，运用好距离，不要天天黏着别人，每个人都需要独自的空间和自由，有些时候距离会产生美。

3. 提高语言艺术

“良言一句三冬暖，恶语伤人六月寒。”语言艺术运用得好，就能优化人际交往。相反，如果不注意语言艺术，往往无意间出口伤人，产生或激化矛盾。人际沟通的语言艺术主要有：

（1）称呼得体。恰当得体的称呼，使人能获得一种心理满足，使对方感到亲切，交往便有了良好的心理气氛。称呼不得体，则往往引起对方的不悦甚至反感，使交往受阻或中断。对长辈的称呼要尊敬，对同辈的称呼要亲切、友好，对关系密切的人可直呼其名略去其姓，对不熟悉的人要用全称。

（2）说话注意礼貌。正确运用语言，表达清楚、生动、准确、有感染力、逻辑性强，切忌平平淡淡、滥用词藻、含含糊糊；语音、语调、语速要恰当，要根据谈话的内容和场合，采取相应的语音、语调和语速；讲笑话要注意对象、场合、分寸，以免笑话讲得不得体，伤害他人的自尊。

（3）避免争论。同学之间的争论往往是在互不服输、面红耳赤、不愉快甚至演化成直接的人身攻击或严重的敌意中结束。这样的争论对人际交往非常有害，因此同学们在意见出现分歧时要通过讨论、协商的途径解决，最终做到“求同存异”，既表明了必要的原则性，又不伤害彼此友谊。

（4）恰当运用体态语言。在体态语言中，微笑和专注的神情非常重要，与人交谈要多微笑，交谈时眼光不要游移不定，左顾右盼，或者死盯着对方的眼睛；站立时不要老晃动自己的身子，或者让别人感到你手足无措；坐着时一般不要跷二郎腿；握手、礼节性点头要注意适当，不能太傲慢也不能太媚态，要尽量保持真实的自我，不要让别人畏惧也不要让别人看不起，要让别人总觉得你自然且富有教养。

4. 学会积极倾听

积极倾听能够非常有效地鼓励别人同你交谈。你表示出来的兴趣常常会使对方愿意做出更多的评论。同情、理解而不是批评的态度会让对方感觉自然，更加充分地倾吐心中的想法。很多同学在交谈中总是急于表达自己的想法，而忽略别人的讲话，这样就会造成大家都在讲，各说各的，最终导致沟通的失败。做到积极地倾听需注意以下几点：

（1）要有面部表情，通过表情体现出你对他的话真的感兴趣，比如，肯定性的点头，适宜的表情并辅以恰当的目光接触。

（2）少一些不耐烦的动作，如看手表、翻报纸、玩弄钢笔等。

（3）不要随意打断对方的话。别人没说完之前，尽量不要做出反应。等别人说完之后，再发表自己的看法。

5. 遵循“三 A”原则

“三 A”即接受（Accept）、赞同（Agree）、赞美（Admire）三个词英文首字母简称。每个人都希望别人接受、赞同、赞美自己的观点、优点，真诚的接受、赞同、赞美能够调动人的积极性，适时适度的赞美能够有效地增进彼此的吸引力。但注意赞美要适度，要有具体的内容，绝不能曲意逢迎。在赞美别人的时候，脑子里想着别人平时在你眼中的好，脸上带着真诚的微笑就可以了，发自内心的欣赏，别人是能感受得到的。

四、善处日常生活中的人际关系

大中专学生日常生活中最主要的人际关系包括宿舍人际关系和班级人际关系。

（一）处理好宿舍人际关系

学生在校期间，除了上课、吃饭和正常活动，大部分时间都在宿舍度过，与室友间的接触交往比与其他任何人都频繁密切，因此室友关系是在校大中专学生日常生活中最重要的人际关系，也是困扰他们心绪的重要烦恼源，如作息秩序不同步，恃强凌弱，联手挤对某个人，宿舍内经常分为两三个小团体，团体之间互相不理睬甚至有较大冲突等等。那么如何处理好这个关系呢？

（1）协商作息时间。一个宿舍少则四五人，多则七八人，在一起生活难免会出现作息时间的矛盾，所以要制定和遵循相对统一的作息时间，这样才能协调一致，减少分歧与争执，维持正常的生活秩序。

（2）协作搞好宿舍卫生。宿舍每位成员不仅仅要做好自己的事，同时还要搞好集体卫生和事务。有些同学不大乐意主动做打开水之类的公共事务，甚至卫生轮值都躲懒，这样是不可能受到室友喜欢的，也谈不上将来能成就什么大事。“一屋不扫何以扫天下”的道理大家都懂。

（3）不搞“小团体”。与同宿舍中某个人亲近，无论干什么事都喜欢和某一个人在一起而排斥其他室友，这不利于建立和谐的宿舍关系。所以，我们吃饭、外出、上课、练功、练琴不要长期固定与一两个室友结伴；不要长期和某一位室友“咬耳朵”、说悄悄话；在宿舍里，对每一个人要尽量保持平衡，保证和每一个室友都说话，都交往。

（4）不逞口舌之快。嘴巴上占便宜的人总是给人一种压力，与人难以相处。所以爱争论的同学不妨这样试试：等室友说完再说，说话时平心静气，就事论事不要说脏话，语音不要太高。

（5）不触犯室友隐私。未经同学同意不可擅自乱翻别人的物品，关系再好也要注意给对方留有自己的隐私和自由的空间。如果我们知道了室友的隐私，一定要守口如瓶，这是讲道德的表现。每个人都有自己的秘密，对于室友不愿意公开的事，千万不要去探究、传播。

（6）不拒绝小惠，报之以感谢。室友买点水果、瓜子之类的零食，分给你时，你不要推，不要以为吃了别人的东西难为情而拒绝。平时自己买了吃的或者从家里带了好吃的也要分给大家，互酬不仅体现在物质上，更体现在心理上。接受别人的礼物，真诚地说声谢谢，报之以关怀，这是人际关系的润滑剂。

（7）别人有难要相帮，自己有事要相求。同在一个宿舍，大家就像兄弟姐妹一样，应该相互关心和帮助。帮助他人会给自己心理上带来快乐和满足感，获得别人的帮助会给人一种温暖的感觉，帮与被帮都能加深感情。良好的人际关系是以相互帮助为前提的。

（二）处理好班级人际关系

班级人际关系是指班级中同学之间在相互交往过程中形成的比较稳定的心理关系。班级人际关系的好坏不仅影响班集体的形成与发展，更会影响学生个体社会化和个性的发展。

1. 主动了解同学

过去不同的生活经历形成了同学之间不同的性格、不同的为人处世态度和方法。我们应该尊重并接受这种差异，不要以自己的标准和要求去衡量别人。在各种班级活动中，主动与同学交往，多交流多接触就会慢慢增进了解，建立和发展友谊。

2. 淡化缺点、发现优点

“金无足赤，人无完人”，与同学交往不要过于苛求和挑剔，更不能揪住缺点不放。应该包容别人的缺点，多多挖掘他人的优点。

3. 打破人际寒冰

由于心理上缺乏接触和交流，很多同学几年相处下来仍旧是“熟悉的陌生人”。我们应该经常主动地与同学交流，说说话，聊聊天，甚至是请别人帮忙。如果我们谁都不愿意主动，就很难打破“人际寒冰”。只有相互交流，才能增进熟悉度和心理交融的程度。

4. 积极参加班级活动

除了上课，能够了解同学的最好机会就是班级的集体活动了，所以同学们应该主动积极地利用班级集体活动增加对同学的了解，建立良好的关系。如果总是逃避集体活动就会被孤立，缺乏归属感，而没有归属感的人是孤独的，寂寞的。

此外，大中专学生日常生活中的人际关系还包括师生关系、亲人关系等。处理好与老师的关系，要尊重老师的劳动，认真上好每一堂课；要虚心听从老师的教诲与要求，虚心接受老师的批评；对老师有礼貌，不顶撞冒犯老师；要做些力所能及的工作，为老师分忧解难。处理好与父母亲人的关系，要深怀感恩之心，多打电话、发信息问候父母，节假日常回家探望陪伴父母，并承担些家务劳动；要多体谅父母的不易与难处，节约花钱，节俭生活，在不影响学业的前提下还可以参加有益的勤工俭学活动，为家里减轻负担。

课后活动

人际交往能力测试

你的人际交往能力如何？下面30道自测题可供参考。请你根据自己符合的程度打分：凡符合的打2分，基本符合的打1分，判断不清的打0分，不大符合的打−1分，不符合的打−2分。

1. 我不喜欢广交朋友。

2. 我去朋友家做客，总是问有没有我熟悉的人也去聚会。如果没有，我的热情就明显下降。

3. 我同别人的友谊发展，多数是别人采取主动态度。

4. 我的文字表达能力远比口头表达能力强。

5. 我的朋友都是与我年龄相差无几的。

6. 我不习惯与别人聊天。

7. 在公共场合讲话，我不敢看听众的眼睛。

8. 我看见陌生人常常不知道该说些什么。

9. 我要好的朋友很少。

10. 在异性面前，我往往感到手足无措。

11. 我只喜欢同我谈得拢的人接触。

12. 到一个新环境，我可以接连几天不讲话。

13. 如果没有熟人在场，我很难找到彼此交谈的话题。

14. 我不习惯在大庭广众中讲话。

15. 如果在“主持会议”与“做会议记录”这两项工作中挑选一样，我肯定只挑选后者。

16. 我很少主动到朋友、同学家去访问交谈。

17. 领导在场时，我讲话特别紧张，结结巴巴，表达不清楚。
18. 参加一次新的聚会，我不会认识多少人。
19. 当别人请求我帮助而我无法满足对方要求时，我常常不知道如何处理。
20. 不是万不得已，我决不求助于人，这倒不是生性好强，而是感到难以启齿。
21. 即使我觉得很有道理，也不善于去说服别人。
22. 当有人对我不友好时，我往往找不到恰当的对策。
23. 我不知道如何与嫉妒我的人相处。
24. 我最怕在交际场合碰到令人尴尬的事情。
25. 我不善于赞美别人，感到难把话说得真切自然。
26. 如果有人话中带刺讥讽我，除了生气以外，我别无选择。
27. 我几乎没有异性朋友。
28. 参加聚会，我只坐在相识的人身边。
29. 我不喜欢同比我地位高的人交朋友，我感到这种交往不自在，很拘束。
30. 我最怕同别人打交道，不敢做接待工作。

测试评价：

计算总得分后，如果得分在30分以上，那么很遗憾，你的交往能力是非常差的了；如果得分在0~29分之间，那也不妙，你的交往能力还属较差；如果得分在-20~0之间，你便可以知道自己交往能力还可以；如果得分低于-20分，那么你应当高兴——你是一个比较善于交往的人。

（量表来源：http：//www. psyteacher. com/forum. php？ mod = viewthread&tid = 3155&highlight =，2012-7-24）

思考练习

1. 人际交往的原则、技巧有哪些？
2. 结合实际谈谈我们应如何调适人际交往中的障碍？

第七章

情绪心理指导

——不以物喜，不以己悲

丝丝心语

暴躁是一种虚怯的表现。

——大仲马

牢骚太盛防肠断，风物长宜放眼量。

——毛泽东

壮志因愁减，衰容与病俱。

——白居易

案例导入

香港巨星张国荣，20世纪80年代的歌王、90年代的影帝，演绎了无数经典歌曲和银幕形象，却在2003年4月1日愚人节这天从香港中环文华东方酒店一跃而下，跳楼自尽，享年46岁。如此有成就，在华人世界又有巨大影响的他为什么要自杀呢？

心理评点：从遗书中可以看出，张国荣有沮丧和忧郁情绪，抑郁症是杀张国荣的凶手，熟悉的人也证实张国荣生前患有抑郁症；从个性看，张国荣纵横娱乐圈，叱咤香港艺坛26年形成独有的个性形象，心性极高，行为做事喜欢极力追求完美，但内心敏感细腻，多愁善感，性情抑郁，心理比较脆弱，做出反常行为走向天国，令人十分惋惜。

第一节　情绪概述

在生活中情绪是人们心理状态的晴雨表，是人们在日常生活中感受比较多的一种心理现象，它反映着每个人内在的心理状态。我们每时每刻体验着各种各样的情绪，那么到底什么是情绪呢？

一、情绪的含义、特点与成分

1. 什么是情绪

关于情绪的定义一直存在众多的争论，不同研究者对情绪的实质提出了各种不同的观点。牛津英语字典上解释为：心灵、感觉或感情的激动或骚动，泛指任何激动或兴奋的心理状态。当前比较普遍的看法是：情绪是指以个体的愿望和需要为中介的一种心理活动，是人对客观事物的态度体验及相应的行为反应。

当客观事物或情境符合主体的愿望和需要时，就能引起积极的、肯定的情绪；反之，就会产生消极、否定的情绪。例如愤怒与他人所引起的不愉快情境相关联；内疚与由自己所招致的不愉快情境相关联；悲伤与环境控制的不愉快情境相关联。情绪同人的需要和动机有着密切的关系，例如人的某种需要得到满足或目的没有达到时，他会产生愉快或者难过等感受。所以情绪是客观事物是否符合个体的需要所产生的态度体验，是人脑对客观事物与人的需要之间关系的反映。

2. 情绪的特点

一般来讲，情绪具有以下特点：

（1）情绪是由刺激引发的。情绪一般不会无缘无故地产生，一定有引发的刺激因素。

（2）情绪是主观经验。情绪的发生常常与个体的认知判断结果相关。因此，即使同一个刺激，由于个体的认知判断不同，情绪的内在体验或外在反应也不尽相同。

（3）情绪具有可变性。情绪并非一成不变，它会随着我们身心的成长与发展，对情境的知觉能力以及个人的经验、应变行为而改变。

3. 情绪的成分

现代心理学家认为，情绪包含以下三种成分：

（1）个体的主观体验。指个体对不同情绪和情感状态的自我觉察和自我感受。人对自己、他人、事物由于主客观因素的不同而产生不同的主观体验，如对敌人凶残行为的仇恨，对学业和事业成功的喜悦，对考试失败的悲伤等等。这些主观体验只有个人内心才能真正感受到或意识到。在日常生活中我们也会通过言语将其表达出来，比如"我感到很内疚"、"我觉得很高兴" 等等。

（2）情绪的外部表现。通常就是我们所熟知的表情，一般包括面部表情、姿势、语态等。如人悲伤的时候会痛哭流涕，激动的时候会手舞足蹈，高兴的时候会开怀大笑。它帮助个体精确表达不同的情绪。一般我们可以通过这些外部表现表达自己的情绪状况，也可以通过它们了解到对方的情绪状况。

（3）情绪的生理唤醒。指个体在体验情绪时伴随的生理反应。比如愤怒的时候，个体会浑身发抖、心跳加速、血压升高。像脉搏加快、肌肉紧张、血压升高及血流加快等生理指数，都是个体内部的生理反应过程，常常伴随不同情绪而产生。

二、情绪的分类

情绪虽然是个体体验比较多的一种心理现象，但它本身是比较复杂的，不同的研究者对情绪的分类有着不同的看法。我国古代就有喜、怒、忧、思、悲、恐、惊的七情说。西方学者对情绪分类也进行了比较深入的研究，汤姆金斯列出了人类八种基本情绪：兴奋、快乐、惊奇、痛苦、恐惧、愤怒、羞怯、轻蔑。在此基础上，伊扎德又增加了厌恶和内疚两种情绪。下面给同学们介绍几种有代表性的分类方法：

1. 生物进化角度

从生物进化的角度可以把情绪分为基本情绪和复合情绪。基本情绪（basic emotion）也叫初级情绪（primary emotion），是人和动物都具有的情绪，比如在动物园中你看到大猩猩也会笑。基本情绪也是个体与生俱来的，如刚出生的宝宝会哭、会笑等等。克雷奇（Krech，1980）把快乐、悲哀、愤怒和恐惧看做四种基本情绪。

与基本情绪相对的是复合情绪（complex emotion）或次级情绪（secondary emotion），它包括情绪的各种变化及混合情绪，像悔恨、嫉妒、喜欢、同情等都属于复合情绪。复合情绪是和个体身心的成熟、发展以及个体生长的社会文化相关联的，是一种比较高级的情绪。

2. 情绪状态角度

按照情绪发生的速度、强度以及维持时间的长短，心理学家将情绪划分为心境、激情和应激。

心境是一种微弱的、持久的具有弥漫性的情绪状态。它不是对某一事物特定的态度体验，而是以同样的态度体验对待所有事物。比如《红楼梦》中的林黛玉敏感细心、多愁善感，她以同样的消极情绪看待周围一切事物，感花伤己，见花落泪，葬花吟词。心境持续的时间相对较长，某些心境甚至可以持续几个小时、几周、几个月甚至一年以上。导致心境产生和维持时间长短的原因有很多，包括个体的性格特点、世界观和价值观、生活中的顺境和逆境、人际关系等许多主客观因素。

激情是一种爆发性的，大强度的，维持时间较短的情绪，它主要是由对个体有重大意义的事件引起的。例如，考上理想大学或找到理想工作、遇到意中人等等。激情对人的影响有积极和消极两个方面。一方面，激情可以激发个体内在的心理能量，成为行为的巨大动力，提高工作效率并有所创造。如画家在创作中，尽情挥洒。但另一方面，激情也有很大的破坏性和危害性，人在激情状态下，生理的唤醒程度也较高，有时还伴随强烈的生理变化，如言语混乱，动作失调，甚至休克等，因而很容易失去理智，做出不顾一切的鲁莽行为。一些青少年犯罪，就是在激情的左右下，一时冲动，酿成大错。

应激是在出乎预料的危难或紧迫情况下所引起的高度紧张的情绪状态。如日常生活中突然遇到火灾、地震，旅途中突然遭到歹徒的抢劫等，无论天灾还是人祸，这些突发事件常常使人们心理上高度警醒和紧张，并产生相应的反应，这都是应激的表现。应激一般还伴随着相应的生理反应，比如心率加快、呼吸急促、血压升高、血糖增高等等。应激状态很消耗人的体力和心理能量，若长时间处于应激状态，可能会导致适应性疾病的发生。

3. 个体的高级情感

情绪和情感都属于感情过程。情绪多具有情境性和暂时性，一般会随着个体需要的满足和情境的改变而变化。情感多具有稳定性、持久性和深刻性，是与个体的社会性需要相联系的，是人类所特有的。现在研究者普遍认为人类的情感可以分为道德感、理智感和美感。

道德感指个体依据一定的道德标准，规范评价自己和他人的思想、意图和行为时产生的内心体验，是一种高级形式的社会情感。如爱国主义和集体荣誉感就属于道德感，它和个体的道德信念和道德判断存在密切联系。

理智感是指个体在智力活动中，认识、探寻和评价事物时产生的主观体验。比如对科学真理的追求，对谬论的嗤之以鼻等都是理智感。理智感和个体的认知相互作用，它是在个体认识外界事物的过程中产生和发展起来的，反过来它又推动着个体的认识活动，为个体平常的认知活动提供强大的动力。

美感是指个体对于美的感受、欣赏和评价时所产生的情感体验。美感体验是在个体个性特征、文化修养和社会经验等相互作用下产生的，不同个体有不同程度的美感体验。个体的美感体验可以由美好客观外界事物引起，比如对美好风景的欣赏；也可以由人类社会良好的道德品质和行为特征所引发，比如品德高尚的人会令人产生美感。德国戏剧家莱辛就曾说过：“美丽的灵魂可以赋予一个并不好看的身躯以美感。”因此美感和道德感是紧密联系的。

三、情绪的功能

我们为什么会有情绪？情绪在我们日常生活中起到什么作用？想象一下，如果有一天你无法体验或理解情绪，你的生活会是什么样的？现代学者普遍认为情绪具有以下几种功能：

1. 情绪的动机功能

还记得你拿到学校录取通知书那一刻么？你是不是想立刻来到学校里，看看学校有哪些设施，看看你即将学习和生活的地方，想知道陪伴你的同学有哪些，想知道有哪些老师会教授你知识？那时你有注意到你的情绪状态么？如果你回答“当时我非常兴奋”或者“我非常高兴”，那么，你是否发现，情绪为你的行为提供了动力，它具有唤醒人类行为的动机功能，进而驱动人的行为，满足人的需要，可以说情绪推动着个体向更重要的目标前进。

2. 情绪的适应功能

通过情绪的分类，我们认识到个体早期就有表达某些情绪的功能。比如婴儿在刚出生还没有掌握言语的时候，他们和成人的交流主要就是通过情绪。我们通过情绪了解婴儿的需求，做出相应的措施来满足他们的需求。不仅仅是婴儿，成人也是如此。日常生活中，我们可以通过对方的表情、语调等一系列情绪表达的方式了解他们的状况，以便和他们进行更好的交流。所以，情绪可以帮助我们了解自己和他人的状况，为个体适应环境、改善人的生存和生活条件提供重要帮助。

3. 情绪的信号功能

你走在校园里，突然看到你多年未见的好友正笑着向你走来。你会表现出什么样的表情？惊讶？高兴？当你买东西的时候，看到两个售货员，一个满脸怒气，而另一个面带笑容，你会选择哪一个？在我们的日常生活中，情绪就像一个信号，通过对这些信号的接受、转化和表达，一方面可以了解别人的情绪状态，另一方面也可以表达自己的情绪。通过情绪和情感的信号功能，个体可以传递信息、沟通思想、补充言语交流的不足。

4. 情绪的组织功能

情绪对个体的认知活动和行为具有组织功能，在认知活动方面，这一功能体现在个体的注意力、记忆、问题解决等一系列心理思维活动中。日常生活中我们或多或少可以发现，积极的情绪可以促进我们思考，而消极的情绪会阻碍我们正常的思维，让我们注意力缺失，记忆力下降。已有研究证实，情绪状态可以影响学习、记忆、社会判断和创造力。所以如果你能在生活中保持良好的情绪状态，那么你的生活可能会更好，行为更有效率。另外，个体体验到的情绪对社会中的日常具体行为也有重大的影响。心理学家已经发现当人们在体验某些情绪时，例如高兴、内疚，他们更倾向做出各种助人行为（Carlson et al. 1984）。

四、情绪对健康的影响

俗话说，“笑一笑，十年少；愁一愁，白了头”。情绪和健康的关系极其密切，一般说来，积极的情绪对健康有促进的作用，不良的情绪则会损害身体健康。

1. 积极的情绪促进健康

良好情绪状态对于健康而言，无疑是积极的、正面的反应。主要表现在对身心健康及个体的社会生活有促进的作用。

一般来说，如果人们能经常保持乐观的情绪，人的免疫机制就活跃旺盛，就能提高有效适应环境的能力。现在有学者提出，微笑可以使面部肌肉得到放松，对个体的神经系统、呼吸系统和心跳起到镇静的作用。笑，作为一种基本情绪的外部表现，不仅是一种令人愉快的个体体验，还是一种积极的自然现象，有助于使躯体得到最大的益处。有调查表明，战争结束后，胜利者的伤口愈合比失败者快；乐观和开朗的情绪甚至能使癌症患者战胜疾病。

良好的情绪状态除了对个体的生理健康有促进作用，对个体的心理健康也有帮助。生活中经常保持乐观、向上、稳定、积极的情绪，给人带来强烈的幸福感，即使在困难和逆境中，保持乐观的情绪也会增强自信心。此外，个体在良好情绪状态下，注意力也能更集中，记忆和思维能力也比较好。

另外，良好情绪状态有助于个体更好地学习和生活。情绪就像工作的催化剂，愉快、乐观、昂扬、满足、兴奋的情绪有助于增加工作动力，提高学习和工作效率，即使是适当的紧张和焦虑也可以帮助个体解决问题。

2. 不良情绪损害健康

西方曾有人说过：“一切对人不利的影响中，最使人短命夭亡的就要算是不良的情绪和恶劣的心境，如忧虑、颓废、惧怕、贪求、怯懦……”不良的情绪对健康具有非常大的威胁，那么，什么是不良情绪呢？

不良情绪是指不利于身心健康的情绪，当然它并不完全等同于具有否定性质的情绪。不良情绪通常是长期处于极端状态的情绪，包括极端的肯定性质的情绪和极端的否定性质的情绪，如长期的高亢情绪和长期的忧郁情绪。不良情绪的形成取决于人的需要是否得到满足以及满足的程度、时间和性质。必须强调的是，任何一种情绪的产生都有其生理和心理价值，即使焦虑、空虚、抑郁等否定性质的情绪，也有其存在的意义，它们是一种个体自我保护的机制。问题在于当这种情绪作用持续的时间过长或者强度过度时，便会危害人的身心健康。比如持久的心情低落、苦闷抑郁会使个体更容易受到疾病的侵害。现代医学研究已经发现，在人类的疾病中，由于心理因素、身心失调引起的心因性疾病占疾病总数的50%~80%。紧张、悲哀、抑郁等不良情绪，会激活体内有害物质，击溃机体保护机制，破坏人体免疫功能，因此致病。再比如有些过度的情绪，即使情绪本身是正面的，也会对个体的健康产生影响，如“范进中举”就是乐极生悲的典型例子。而过度的愤怒、憎恨、有仇、惊恐、抑郁等消极情绪对健康的损害更为明显。

美国哈佛大学学者用了40年时间，对204位成年人作了跟踪调查，发现在21岁至46岁之间过着舒畅精神生活的59人中，只有2人在53岁时得了重病，其中1人死亡，在同一时期内，得不到舒畅精神生活的48人，都在55岁以前死去。美国生理学家的实验研究证明，生气十分钟会耗费大量精力，其程度不亚于参加一次3000米赛跑。

【案例】

被苍蝇击倒的冠军

1965年9月7日，世界台球冠军争夺赛在美国纽约举行。路易斯·福克斯的得分一路遥遥领先，只要再得几分便可稳拿冠军了。而就在这个时候，一只苍蝇落在了主球上。此时路易斯并未在意，一挥手将苍蝇赶走了。可是，当他俯身准备击球的时候，那只苍蝇又飞回到主球上来了。在观众的笑声中，路易斯又去赶苍蝇，情绪也受到了影响。而更为糟糕的是，这只苍蝇好像是有意跟他作对，他一回到球台，它就又跟着飞回到主球上来，引得周围的观众哈哈大笑。路易斯的情绪恶劣到了极点，终于失去了冷静和理智。他愤怒地用球杆去击打苍蝇，不小心碰动了主球，裁判判为击球，他因此失去了一轮机会。本以为败局已定的对手见状勇气大增，信心十足，愈战愈勇，最终赶上和超过路易斯，夺走了冠军。

第二天早上，人们在河里发现了路易斯·福克斯的尸体——他投河自杀了！

分析：人要善于控制自己的情绪，不成为情绪的奴隶，避免过激行为发生。

第二节　艺术高职院校学生的情绪状况

个体的青少年期一般是从十一二岁开始到十七八岁结束。而成人前期则是从18岁到35岁这一阶段。艺术高职院校学生一般在青少年期入学，在成人前期毕业。在学校度过较长的学习和生活时间。所以他们的情绪、情感是既有这两个年龄段学生的共同特征，又有区别于普通中学学生和一般大学生的特点，总体而言，他们的情绪状况是在不断变化中逐渐地趋于成熟稳定的。

一、艺术高职院校学生的情绪特点

1. 情绪的两极性

情绪的两极性主要是指个体的情绪情感比较强烈，带有明显的两极性，比如从愉悦到狂喜，从伤心到大悲，从平静到激动等，这种两极性多体现在情绪的内容、强度、稳定性等方面。而情绪的两极性也是青少年情绪最突出的特征。艺术高职院校学生大多数处于青少年阶段，所以也具有情绪两极性的特点，具体表现有：外部情绪表现的两极性；内在心理体验的两极性；容易移情。

外部情绪表现的两极性主要指，青少年的情绪表现极其不稳定，很容易从一种情绪转变为另一种情绪。有时表现得还比较平淡、温和，但有时又表现出强烈和狂暴式的情绪。所以，有心理学家称这一阶段为“疾风怒涛”时期。

内在心理体验的两极性，在个体的日记和文章中表现得比较明显。日本的依田新（1972）指出青少年在日记中经常表现出坦白和秘密性、真实性和虚伪性等矛盾状态。铃木康平（1987）也指出青少年在日记中表现出自我批判和自我安慰的矛盾两极性。

移情，主要是指设身处地理解他人感受的一种能力。在移情的时候，个体经历了觉察、理解、体验和评价别人情绪和情感的几个过程。比如，一个人感知到对方很悲伤时，自己也能体验到这种悲伤情绪。这一阶段的学生随着认知水平的提高，情绪情感的发展，在移情水平的深度上有着很大的进步。他们不再像儿童时期，只对他人的情感及体验做出反应，而是能从内心深处和别人体会同样的情感。

2. 情绪的丰富性

艺术高职院校侧重对艺术欣赏、美感的培养，学生思维活跃，活泼开朗。步入学校生活学习后，学生的人际交往范围逐渐扩大，同学、朋友和老师之间交往更加频繁。随着自我意识的不断发展和各种需要、兴趣的扩展，情绪表现得更加丰富，敏感，细腻和复杂。另外，学生通过参加各种社团活动积极地锻炼自己的能力，学习社会道德规范，了解社会，同时对自己的社会角色、自我价值等问题有了更深层次的思考，各种高级的情感比如美感、道德感、理智感等都获得发展。

3. 情绪的矛盾性

情绪的矛盾性主要是指在日常生活中，特别在面临许多重大抉择的时候，所呈现出来的一种复杂和矛盾的情绪状态。我们的同学在年龄较小的时候离开了父母，步入了集体生活，他们的内心既有着依赖于他人的需要，同时还存在着希望自己独立的想法。对个体这一时期情绪矛盾的研究中，心理学上曾提出“心理性断乳”这一专业名词，它是由霍林沃斯提出来的。霍林沃斯将青少年从家庭的独立过程称之为“心理性断乳”。心理断乳期的个体需要改变原有的习惯，比如在家里衣来伸手、饭来张口，现在要住集体宿舍，吃食堂的大锅饭等等。这时他们既希望能得到他人的理解和关爱，又不愿意接受他人过多的照顾；他们既想像大人一样有所作为，但又不想承担太多的责任。

4. 情绪的想象性

有时学生的情绪体验容易以自我为中心，陶醉于所经历过的，甚至是想象中的某一特定情绪状态之中而不能自拔。特别是艺术类学生，他们在学习和欣赏古往今来艺术家的艺术作品，看到了这些作品浓缩了艺术家对人生悲欢离合的感悟，对内心欲望和情绪的宣泄及对美好事物的表达，更容易在感情上产生共鸣。他们有时会感知、体验、理解、想象、再创造作品中的角色，有时甚至会幻想自己是艺术作品中的某个角色，和这些角色一起哭、一起笑。

二、艺术高职院校学生常见的情绪困扰

美国著名的心理学家埃里克森曾将个体自我意识的形成和发展过程划分为八个阶

段，这八个阶段的划分是由时间顺序进行的。他指出12岁到18岁左右的个体经历着自我同一性和角色混乱的冲突。这个年龄段的个体，一方面开始关注自身的成长成熟，开始探寻“我是谁”、“我是怎样的一个人”这样的问题，另一方面他们开始更多地关注外界事物。所以，个体在认识自己、了解世界的过程中，会产生更多的情绪困扰，如果他们能够很好地认识自己，便可以产生积极的情绪，反之就会产生消极的情绪。艺术高职院校学生在校时大多处于这个阶段，在学校的几年中，他们经历着个体的生理和心理从不成熟发育到成熟的转化和过渡，这一转化和过渡时期是人的心理变化最激烈的时期，与同龄的其他学生相比较，他们和社会接触更早、更频繁，因而在成长、就业、学习过程中会产生较多的情绪、心理困扰和冲突。

1. 入学的兴奋好奇和学习时的迷茫焦虑

艺术高职院校学生的学习时间从三至五年不等。他们入学时年龄从十一二岁、十五六岁到十八九岁不等。与同龄的初、高中学生相比较，他们较早地进入了轻松自由的、选择性更多的校园进行学习。面对各种各样的新课程，面对远离父母呵护和管教的新环境，他们更多感到的是兴奋和自由。但随着入学兴奋和好奇的消退，他们需要开始面对繁重的课业任务，面对与同学、老师及其他人群的人际交往，面对长时间的校园生活。他们开始担心自己所学能否得到应用，毕业后能否找到工作。在自我认识与评价、学习、交友、恋爱、就业、成长等一系列问题的重压下，有时会产生紧张、焦虑、抑郁等各种消极情绪，使他们对自己的未来感到迷茫和不安，这些情绪困扰都严重束缚了他们自身能力的发展和自我价值的实现。

2. 自卑情绪

自卑是由于个体对自己某种生理的、心理的因素的低估，或者由于其他原因的认知偏差而导致的轻视自己各方面能力的消极情绪体验。比如，由于对自己的能力、学识、品质、相貌等方面的评价过低而丧失自信。自卑情绪是现实生活中比较常见的情绪体验，几乎人人都曾体验过，只是程度不同。适度的自卑对个体的成长有一定的激励作用，它能够使人更加奋发图强，取得成就；然而过度的自卑，作为一种不良的情绪状态，会影响个体的身心健康。

高职层次的学生很多在中小学阶段知识基础打得不牢，他们因成绩不理想而进入高职院校就读。因此，与普通大学生相比，心理上会产生自卑、低落的情绪，加上现在市场的激烈竞争和就业的压力，社会对高文凭的认同度越来越高，这就加重了这部分学生的自卑情绪。自卑的学生常常轻视自己，认为自己这也不行，那也不行，没有什么可与他人相比。这种情绪一旦占据心头，忧郁、烦恼、孤独便纷至沓来，如果遇到一点困难或挫折，更是消极绝望。在这些学生看来，想获得学习和生活上的成功，是极其困难，很难想象的。这种不良的情绪如果长时间不能消散，不仅影响学生的学习、生活和人际交往，久而久之，导致学生内心抑郁、孤独和苦闷，甚至危害终身。

【案例】

某高校周末之夜。毕业班的大学生们都在尽情地享受着这难得的空闲，上街、约会、娱乐、休闲等。来自农村的王平与同寝室的同学玩起了打牌“争上游”。为了增添刺激性，有人提议，谁当一次“下游”就用笔在谁的背上画一只乌龟，大家一致赞成。或许是手气好，王平好长时间没当下游，他与同学们一起，起劲地在下游同学的背上画着一只又一只乌龟。嘻嘻哈哈，好不开心。可是，一不留神，王平当了下游。而他却怎么也不让其他同学在自己的背上画乌龟。年轻气盛的同学岂肯放过他，一拥而上，将他按倒在床上，在他背上画了一只好长好长尾巴的大乌龟！他生气了，愤怒地将牌摔到地上，恨不得掀翻桌子。同学们莫名其妙，不知道问题出在哪儿。一位同学解围道：“好了，好了，天已不早了，都睡觉吧”。扫兴的同学们各自上床休息。已过半夜，王平一直为被画乌龟之事而耿耿于怀，翻来覆去不能入睡。大约 2 点钟，他从上铺跳下来，将下铺画乌龟的张明推醒：“起来，起来！”张明睡得正香，半睡半醒的他极不情愿地喃喃道：“什么事啊？”王平说：“你告诉我，为什么要在我背上画乌龟？”张明无法回答，就敷衍说：“睡觉，睡觉，有话明天再说吧。”王平不依不饶：“你必须起来给我讲清楚！”此时，张明已清醒：“你胡闹什么！这有什么好讲的。我就是不起来。”王平拿起一把水果刀：“我喊一、二、三，你必须起来！”“我就不起来！”张明答道。“一——二——三！”张明未动。失去理智的王平对着张明的胸部连捅三刀。全寝室的同学都被惊醒了。大家一边上报情况，一边将张明送往医院。在路上，张明就不治身亡。

分析：大学生的激情犯罪。王平平时就自卑，加之有生理缺陷，尾骨较别人突出一点，对他造成长期的心理负担和挥之不去的阴影，不敢游泳，不敢上澡堂，担心别人看到自己的缺陷而丢脸。长期压抑痛苦，使他形成孤僻自卑的性格，他不相信任何人，在同学一不留神画的象征性的“尾巴”刺激下，他情绪失控，失去了理智，犯了罪。一桩小事酿成一大悲剧，断送了两位即将毕业大学生的性命。

3. 焦虑情绪和内心冲突

焦虑一般是指内心的不安、紧张和恐惧情绪，是人们遇到某些事情譬如考试、求职、挑战、危险时一种正常的情绪反应。更多的时候，焦虑是与精神打击以及即将来临的给个体身心造成威胁和危险，或者是对个体具有重大意义的刺激相联系的。焦虑也是一种比较普遍的情绪表现，并非所有的焦虑都是消极的。适度的焦虑可以提高个体的警觉水平，调动身心潜能，注意力会更加集中，思维更加活跃，心理反应加快，从而能更好地解决所面临的问题。

高职院校的学生，他们入学之后会发现其学习生活完全不同于中学时代的生活。首先，相比较其他的同龄人，应试教育压力明显减小，学习更加讲究自觉主动性和实用性；过去是强调基础理论知识的全科学习，而现在是基础理论知识与实践应用相结合的高等职业教育，学习的目标和方向更加明确。面对这些新的变化，许多学生都希望在日后的学习中能掌握更多的理论知识和应用技能，为步入职场做准备。但是由于现在许多高职院校校园的硬件和软件都不尽如人意，硬件上面，校园的面积相对较小，图书和实验仪器设备都不全备；软件上面，师资力量和学校管理都还不足以满足学生的需要。所以，这些理想与现实的差距造成了他们内心的巨大失落，形成了内心的冲突。

此外，随着人才竞争越来越激烈，高职院校的学生普遍意识到自己学历文凭的弱势状态，担心自己所学并不一定能帮助他们在社会上找到一份称心如意的工作，这使他们产生了不同程度的焦虑感。在专业条件平平综合素质又不高的艺术学子身上，焦虑情绪尤为突出。处于焦虑状态下的学生总是过度紧张、心烦意乱，情绪的稳定性较差。长时间的焦虑、紧张和内心的冲突还可能造成注意力不集中，记忆力减退以及头疼、失眠等躯体反应，给学生的身心造成沉重的负担。

4. 内心孤独和抑郁情绪

抑郁是现代人中一种常见的情绪状态，以情绪低落为主要特征，表现为闷闷不乐或悲痛欲绝，严重的还伴随着失眠、早醒或睡眠过多，以及食欲不振、体重减轻等躯体反应。根据近几年研究学者的抽样调查，高职院校中具有抑郁倾向的学生比率日益增加。这些学生有的认为社会变化太快，自己无力解决许多问题，于是自暴自弃；有的由于自我价值没有得到充分的体现而郁郁寡欢；有的由于一点小错误和失败就对自己全盘否定等等。这些学生一般情绪比较低落，内心孤独，对生活缺乏兴趣，无愉快感；他们在性格上容易自卑、自责、悲观等。如果持续维持这样的情绪状态，对个体的学习和生活肯定会造成影响，严重者还可能患上抑郁症。

第三节 做情绪的主人

月有阴晴圆缺，人有悲欢离合。生活中人们的情绪也不可能时时丽日晴空，也会有凄风苦雨的时候。这就要求我们要学会调控好情绪，做情绪的主人，提高心理健康水平。

一、情绪健康的评判标准

情绪健康不仅是身心健康的重要内容，也是身心健康的重要标准。世界卫生组织在健康的标准中提到的“处事乐观，态度积极，乐于承担责任”，“应变能力强，能适应环境的各种变化”和“能适度地表达和控制自己的情绪”等就直接和情绪、情感相关。的确，良好的健康情绪有益于人们的身心和学习、生活、工作，反之则有碍于身心和学习、生活、工作。

那么怎样才算情绪健康呢？对此，心理学界没有定论。

美国心理学家赫洛克（F. Hurlock）提出健康情绪的四条标准：一是能够保持健康，自己能控制因身体疲劳、睡眠不足、头痛、消化不良、疾病等引起的情绪不稳定；二是能够控制环境，不是想干就干，而是先预料后果，再采取行动；三是能使情绪的紧张消解到无害方面，不是压抑情绪，而是将情绪转变，升华到社会性的高度；四是能够洞察理解社会。

日本心理学家关中文在其《青年心理学》一书中提出了健康情绪的两个标志：一

是在客观评价自己的基础上能够控制一时的情绪欲求，忍耐不满情绪；二是能够设计现实的生活，他还提出了达到健康情绪的办法是在现实生活中注意自己的情绪，深入了解自己，调整情绪，珍惜现在，重视现在自己内心深处的东西，面对现实生活而不逃避等。

现在人们一般认为，情绪的目的性恰当、反应适度，不带有幼稚的、冲动的特征，正性作用强，符合社会规范的要求，就是情绪健康的标准。

借鉴国内外学者的观点，结合青少年的年龄及情绪特点，我们认为青少年情绪健康应具备下述特征：

第一，情绪的基调为积极、乐观、愉快的；

第二，情绪反应适度；

第三，对不良情绪有一定的调节和抑制能力；

第四，有较好的自我批评和自我接纳感；有幸福感和满足感；

第五，能加强自我修养，优化情绪；

第六，理智感、道德感、美感等高级社会性情感能得到一定的发展。

当然健康有标准，快乐无尺度。个体是否快乐、幸福，情绪是否积极向上，都和个体看问题的角度息息相关。如果在日常生活中我们能够树立适当的人生目标，懂得“知足常乐”，面对现实；遇人遇事心存善意，广泛交友等，总能从中体验到快乐和幸福。

【案例】

药家鑫，21岁的西安音乐学院大三的学生。2010年10月20日深夜，驾车撞人后又将伤者刺了八刀致其死亡，2011年1月11日，西安市检察院以故意杀人罪对药家鑫提起了公诉。4月以故意杀人罪被判处死刑，剥夺政治权利终身，并处赔偿被害人家属经济损失45498.5元。撞车杀人的恶性事件，让认识他的人，“永远无法理解”为什么？

分析：药家鑫的生命终止了，他为自己的过错付出了沉重的代价，他的离去，留给父母、亲人、家庭太多的遗憾和痛苦。在他心里有着许多情绪反应：

（1）愤怒情绪的压抑。父母亲为了练琴经常打骂药家鑫，别人的童年充满欢笑，他的童年时光除了学习，就是练琴，成绩下降还把他关进地下室以示惩罚。长期以来的苛求、责难、体罚，客观上形成了一个表面顺从听话，内心却压抑了许多愤怒情绪的双面人。

（2）情绪极端化的两极。父母一方面对他管教很严，对他的要求和期望较高；另一方面只要药家鑫按照他们的要求去学习和练琴，不管他提什么要求，父母都会想方设法、无条件地去满足。这种无理智的、畸形的爱把药家鑫培养得异常自我、异常脆弱，他不懂得该如何正确处理生活中的冲突和矛盾。

（3）漠视生命，冷漠无情。药家鑫看到张妙被撞倒的时候，第一个念头就是害怕，怕难缠，以至于挥刀杀人。缺乏对生命最基本的敬畏，在这种“防讹诈”的警惕心理催生下，自己走向万劫不复的罪恶深渊。

因此，青年学生要学会处理复杂的事情，学会控制情绪。

二、艺术高职院校学生不良情绪的心理调适

在日常生活中，我们总会不知不觉地进入不良情绪状态。不良的情绪影响我们的认知思维活动和日常行为，而且如果长时间处于不良情绪状态中，对个体的生理功能也会有损伤。所以对消极情绪进行积极的心理调适，从而更多地体验幸福、愉快等积极的情绪，塑造阳光健康的心态对我们来说就显得极其重要。那么，我们应如何调适不良情绪呢？下面介绍几种简单的调适负面情绪、调动正面情绪的方法，它适用于包括艺术高职院校学生在内的大中专学生。

1. 进行合理的情绪宣泄

“宣泄”在汉语词典中的定义指“排放，泄出”。“宣”为疏导，“泄”为放出。合理的情绪宣泄是指个体采用合理的，可以被社会和他人所接受的方式进行宣泄，控制情绪可能产生的消极影响以及所诱发的冲动行为，将其转换为积极健康的建设性行为的过程。

每个人都有喜、怒、哀、惧等不同的情绪体验。面对现代快节奏的紧张生活，人们无可避免地会受到压力、焦虑、愤怒、紧张等多种负面消极情绪的干扰。如果这些不良情绪积累过多，得不到合理的疏导宣泄，就会产生心理压力，打乱个体的身心平衡，若消极体验长期存在，则会对工作学习产生巨大的损害，所以积极合理的宣泄极其重要。在日常生活中，情绪的宣泄可以从身心两方面入手，比如找个可以信赖的朋友，和盘托出心理的焦虑、郁闷或担忧，如果有些话难以启齿，不妨写出自己内心的感受，比如写日记或给自己写信；适当参加体育运动或体力劳动，让躯体尽情舒展；闭上眼睛听音乐或者放声歌唱，尽情舞蹈，让心灵与艺术尽情对话等等。我们本来就是学艺术的，要学会更好地利用艺术的娱人功能来为我们服务，在至美的艺术欣赏中放松身心，调节情绪。

2. 学会自我暗示和自我安慰

生活中每个人都有安慰别人或需要别人安慰的时候，不过最重要的是学会自我安慰和自我暗示。“百年人生，逆境十之八九”，在人生的旅途中，并不总是阳光大道鲜花坦途，而是常常要面对阴雨绵绵，要与不如意之事结伴而行。比如考试不合格，求职不成功，疾病缠身等等。这时我们就需要给自己一个合理的解释，以便更好地接受现实。这在心理学中称为“合理化作用”，即个人的行为不符合社会评判标准或者没有达到追求的目标，为了降低或消除因挫折而产生的紧张和焦虑，而给自己不合理的行为施加一个合理的解释，使自己能够接受现实。在日常生活中有两种较为常见的心理学合理化现象，一个叫“酸葡萄心理”——人们想得到却得不到的东西，就是说这个东西不好，就像在《伊索寓言》中总是吃不到葡萄的狐狸说葡萄是酸的一样。另一个叫“甜柠檬

心理”——只要是人们自己所拥有的东西，就认为这些东西是好的。像柠檬吃起来很苦涩很酸，但人们还是认为柠檬很“甜”。这两种合理化作用如果能够合理应用，尤其是当个体由于好胜心过强而受到挫折后，过分沉浸在由于困难而导致的心理不安、紧张乃至消沉的不良情绪中时，能帮助个体减轻心理压力，摆脱由于过度焦虑带来的对身心健康的危害，并有利于个体及时地调整心态，确定下一阶段前进目标并为之努力。

学会正确的自我暗示和自我安慰，有助于更好地适应社会，健康生活。但是如果过度地使用这种合理化思维，则会对我们的生活产生显著的副作用。比如鲁迅先生笔下的阿Q，被人打时口中或心中念一句“反正是儿子打老子”，这样总是寻找理由为其受到的侮辱或遇到的不公待遇开脱就走了极端，反而不利于个体的身心健康和社会生活了。

3. 学会放松

放松，主要是指对事物的注意或控制由紧变松。心理咨询中有一种治疗紧张和焦虑的方法，叫系统脱敏法，它的基本思想就是对于一个原本可以引起个体焦虑紧张的微弱刺激，以全身放松对抗，从而使这一刺激逐渐失去了引起焦虑的作用。研究者一直相信，生理上的放松可以对抗心理上的焦虑。放松的方法有很多，主要有深呼吸放松法、想象放松法和肌肉放松法等。各种放松方法都强调个体从外到内，从生理到心理全方位的放松。需要注意的是，放松应该常化，即平时多进行放松训练，这样才会收到很好的效果。下面主要针对想象放松法进行说明：

想象放松法主要是通过对一些广阔、宁静、舒缓的画面或场景的想象以达到让个体放松身心的目的。这些画面和场景可以是大海（包括海上慢慢地日出或海潮慢慢地涨落）、滑雪（慢慢，潇洒地从山顶沿平缓的山坡向下滑落）、躺在小舟里在平静的湖面上飘荡，等等。总之，可是尝试想象一切能让心灵平静愉悦的美好场景。个体平时在训练的过程中，可以先找一个位置，让全身各部位处于舒适的状态下，想象自己处于放松的情境中。通过自己语言的暗示或者在平缓、轻柔音乐的帮助下，慢慢放松全身各个部位。

4. 改变思维方式

美国心理学家阿尔伯特·艾里斯曾提出著名的“ABC理论”，C是指不良情绪困难和行为不适的具体表现，A是指这些反应相应的诱发事件，B是指两者之间的不合理信念。他认为人的情绪和行为障碍不是由于某一刺激事件直接引发所导致的，而是由于个体对这一事件不正确的认知和评价以及所引起的信念产生的，最后导致特定情景下的情绪和行为后果。

一般当个体体验到消极情绪和遇到行为不适时，往往会认为是刺激事件导致不良情绪和行为后果的。而忽视了我们的思维评价过程。但是通常正是一个人的思维评价决定了这个人的行为和态度，这就像我们通常说的，不同的人对同一件事有不同的看法。所以以“ABC理论”为原型的合理情绪训练方法就是以理性控制非理性，以理性思维（合理思维）方式来替代非理性思维（不合理思维）方式，通过改变认知，以减少由非理性信念所带来的情绪困扰和随之出现的行为异常。

在日常生活中，我们也要改变一些不合理的思维方式，代之以合理的思维方式，那么，哪些是不合理的思维方式呢？

第一，“绝对化的要求”。它主要是指以个体自己的意愿为出发点，认为某一事件必定会发生或不会发生，常用“必须”或“应该”等态度强硬的词语。比如，“我必须获得成功”，“人应该得到生活中所有对自己是重要的人的喜爱和赞许”等等。而实际上这些要求往往是无法实现的，因为客观事物的发生是不以人的主观意志为转移的，所以如果个体一直持有类似的观点，很容易陷入情绪的困境。

第二，“过分概括化”。它主要指个体对事件以偏概全。比如一个人不小心做了一件不好的事，就认为他很坏，一无是处。或者遇到一次小的挫折，就认为自己极其失败，没有价值等，这些都是过分概括化表现。

第三，“糟糕透顶”。它主要是指个体认为事件的发生会导致非常可怕或灾难性的后果。抱有这种观点的人往往会认为“如果事情非己所愿，那将是一件可怕的事”，当他们遇到了他们认为是糟糕至极的事情时，就会陷入极度的负性情绪中。

以上三种都是比较典型的认知错误，很容易造成个体的情绪障碍。艺术类学生思维活跃，如果能在日常生活中进行良好的情绪思维训练，那么就能更好地调适不良情绪。一般的情绪思维训练主要包括以下几个步骤：首先，要认识到目前困扰自己的情绪有哪些，明确产生这些情绪的原因。其次，要搜寻导致这些情绪的想法，剖析这些想法，认真思考是哪些非合理信念导致了不良情绪。最后，再树立新的合理的想法理念，体验新理念下的新情绪。

三、艺术高职院校学生良好情绪的培养

生活中的困难和冲突最先反映在情绪中。由于社会压力的增加，当代青少年学生面临的问题和挫折也越来越多，所以，提高挫折的承受能力，有效调节挫折带来的不良情绪，培养积极的、良好的情绪，保持情绪的稳定性，越来越受到重视。下面给大家一些培养良好情绪的小建议：

1. 热爱生活，对生活、学习保持积极乐观的心态

包括保持好奇心，善于关注和发现生活中新奇的事物，学习其中积极的东西，并能够充分地享受乐趣。主动创造能使自己感到快乐的生活和事业，要知道快乐不是等待和被赐予，而是一种发现和创造。

2. 保持自己的情绪稳定

尽量做到喜不狂，忧不惧，胜不骄，败不馁，谦不卑，在社会交往中既不妄自尊大也不畏缩恐惧，对于无法得到的东西不过于贪求。

3. 认识自己的情绪体验，能够接纳自己的情绪及其变化

要认识到虽然个体也会有悲、忧、愁、怒等消极的情绪体验，但只要善于调适，这些情绪一般不会停留太长久，愉快、乐观、开朗、满意等积极情绪状态总是占据优势的。

4. 善于与人交往，能够保持良好的人际沟通

能现实地看待别人，而不是被过去的经验所约束。相信自己，也尊重别人。成功地处理日常生活中的各种紧张状态，遇事不骄不躁。

此外，接受和学习新知，经常从别人身上学习良好的东西，培养创新意识与精神；改变自己的认知；掌握有效的自我情绪调节方法如自我暗示、自我安慰、合理宣泄等等都是调节情绪的好办法。

艺术高职院校的学生除了从心理学角度了解这些知识以外，还可以从艺术的角度和艺术家的著作中解读人的心理和情绪。通过艺术欣赏和艺术作品的学习，我们可以调节、改善、丰富和发展自己的精神生活，提高精神素质（包括认知能力、情感能力和意志水平），让自己的生活更加健康和快乐。

课后活动

情绪无声传送

将学生分成两组，每组 8~10 人，根据主持人提供的字条上的情绪成语如兴高采烈、慷慨激昂等用动作表现，传给下一同学，规则是不能出声，只能靠动作表现，最后让结尾同学说出接收到的情绪词汇，再与开头同学对比，看哪队学生准确正确。通过活动分享理解接收他人情绪传递的感受与误差。

思考练习

1. 什么是情绪？情绪是怎么分类的？
2. 情绪的功能和作用有哪些？情绪和健康的关系如何？
3. 日常生活中我们应该如何调节不良情绪？你有什么调节情绪的好方法？

第八章

优秀意志品质的培养

——磨砺意志，学会坚强

丝丝心语

那些能将我杀死的事物，会使我变得更有力。

——尼采

坚强的意志面前，一切都会臣服。

——泰戈尔

案例导入

杨光原名杨晓光，集作词、作曲、演唱、乐器、模仿、主持等众多才艺于一身，被誉为文艺界的奇才、盲人天才。2008年春节晚会上，从央视三套《星光大道》走出来的盲人歌手杨光，演唱了一曲《等待》。他还模仿了文兴宇、曾志伟等名人的声调。杨光快乐的神态、逼真的表演，仿佛一片阳光，带给观众强烈的震撼。

心理评点：杨光成功了，他说：“每个人对于成功的标准都不一样，虽然我的名字和我的自身条件有很大差距，但我成功的标准就是把快乐、温暖传递给我的观众。谁又能说我不是真的阳光呢?”良好心理素质与意志品质是他成功的基础与关键。

第一节　意志概述

20世纪早期，心理学家曾将人类的心理活动分为知、情、意三种基本形式，“知”指的是认知，“情”指的是情绪和情感，而“意”所说的就是意志了。这三种基本形式，是人们认识和改造世界的主观意识过程。前面我们了解了个体的认知和情绪，本章节主要介绍个体的意志和意志活动。那么，什么是意志呢?

一、意志与意志行动

1. 意志

意志是指人自觉地确定目的，并根据目的支配、调节自己的行动，克服困难，从而实现目的的心理过程。例如学舞蹈的同学为了让开度、软度达到较好状态，不怕苦、不怕疼地坚持训练等。人在反映客观世界的过程中，不仅接受内外环境刺激的作用产生认识和情绪情感，而且还要采取行动反作用于客观世界。个体根据自己对客观事物的认识，先在头脑中确定未来行动的目的，然后根据这个目的支配自己的行动，并力求实现此目的，这种心理活动就是意志。它是人类意识能动性的集中表现，也是人类特有的心理现象。

意志与心理活动的其他两个环节“知”(认知）和“情”(情绪情感）之间是紧密联系的。“知”是意志的基础，“情”对意志有重要的影响，可以促进或阻碍人们的意志行动；另一方面，人的意志也能影响与调节人的认知活动和情绪情感。

2. 意志行动及其特点

意志不仅与“情”和“意”相关联，它和“行”也是分不开的。由意志支配的行为就叫意志行动。意志行动是人特有的，但并非人的一切行动都是意志行动。例如，异物进入眼睛眨眼流泪，心情舒畅随口哼个曲调等就不属于意志行动。判断一个行动是不是意志行动，必须同时具备以下三个特征：

（1）意志行动具有明确的目的性。意志行动和明确的目的分不开，明确的目的是意志行动的前提，离开了目的，就没有意志可言。意志是人类所特有的，是人和动物在本质上的区别之一。动物没有意志，只能消极被动地适应自然。而人在认识改造客观世界的过程中，却是积极主动地、带有一定目的性地去探寻和改造。人在行动前，行动的目的和结果就以明确的观念形式存在于自己的头脑中，有时甚至在头脑中想象出目标达成时的状态。正如马克思所说：蜜蜂建造蜂房的本领使人间的许多建筑师感到惭愧。但是，最蹩脚的建筑师从一开始就比最灵巧的蜜蜂高明的地方是他在用蜂蜡建造蜂房以前就已经在自己的头脑中把它建成了。

（2）意志行动与克服困难相联系。人在行动之前，总是根据需要先确定目的，目的确定以后，就会采取具体行动，在行动中难免会遇到各种障碍、困难，这时就需要“意志”出来工作，帮助人们与困难作斗争并努力克服、战胜它。这种为了实现预定目的，在行动中不断与困难作斗争的过程就是意志行动。因此，克服困难是意志行动中最重要的特征之一。没有困难的行动不能称为意志行动，比如人们茶余饭后看电视、上网等，这些行为虽然具有一定的目的，但并不能称为意志行动。只有与克服困难相联系的有目的性的活动才是意志行动，比如有听力障碍的人士克服种种障碍学习语言等。

（3）意志行动以随意动作为基础。意志行动是以随意动作为基础的，人只有掌握了随意动作才能顺利完成意志行动。那么什么是随意动作呢？人的动作按是否受意识的支配可分为不随意动作和随意动作两种。不随意动作是指不受意识支配，在一定刺激的作用下，不由自主、自然而然实现的简单动作，如眨眼、打喷嚏、咳嗽等等。而随意动作则是指受到意识调节和支配的，具有一定目的性、方向性的动作。它是通过后天实践逐步学会的，如读书、写字、练功、劳动等，就是有目的的随意活动。随意活动中体现和渗透了人的意志，没有相应的随意活动，意志就无法体现。

二、意志品质

1. 意志品质的含义

意志行动是每个人都有的，但不同的人意志品质却千差万别。比如有的人一旦下决心，就执著坚持，不达目的誓不罢休。有的人却是“思想的巨人，行动的矮子”，尤其遇到障碍困难就打退堂鼓，最终难以成事。这种在意志行动中表现出来的稳定的、鲜明的心理特征就叫意志品质。

2. 优秀意志品质的主要特征

（1）自觉性。意志的自觉性，又称为意志的独立性，是指一个人能清晰地意识到自己行动的目的和意义，并能主动地支配自己的行动，使之符合自己行动目的的心理品质。有自觉性的人能自觉地管理自己，约束自己的行为，不受外界干扰，不屈从外部压力；不用别人暗示和督促，就能独立地发现问题，并按照客观规律调适自己的行动，充分发挥个体的主观能动性，实现预定目标。与自觉性相反的不良意志品质是懒惰、盲从和独断。

（2）果断性。意志的果断性是指一个人善于明辨是非、抓住时机、迅速而合理地采取决定并执行决定的心理品质。果断性以正确认识为前提，以深思熟虑和当机立断为特征，与思维敏捷性紧密相连。具有果断性品质的人，善于审时度势，在紧要关头能当机立断，及时行动。与果断性相反的不良意志品质是优柔寡断、患得患失、踌躇不前。

（3）自制性。意志的自制性是指一个人为了达到目标，能够驾驭自我、克服自己的欲望和情绪干扰、支配自己的情感、约束自己言行的心理品质。自制力反映了意志对不良行为和情绪的抑制过程。在人们实现目标的过程中，总会有与目标不一致的欲望和诱惑，或有消极情绪情感的干扰，如激情、暴怒、愤慨等。有自制力的人一方面能够排除外界干扰，约束自己的言行，迫使自己坚决执行决定，具有较强的组织性和纪律性。另一方面表现为对自己不良情绪的调节和控制，使自己的情绪更加稳定。与自制性相反的不良意志品质是冲动、任性、放纵。

（4）坚韧性。意志的坚韧性是指一个人在行动中坚持决定，百折不挠地克服重重困难去达到行为目标的心理品质。在完成目标的时候个体总是会遇到各种各样的困难，这些困难最能考验一个人的意志是否坚定。明代著名中医药学家李时珍坚持了20年写成传世巨著《本草纲目》，字数多达190万字，收入的药材达到1800多种。马克思写《资本论》花了40年的心血，歌德写《浮士德》苦战了60年。爱迪生经过14000次的实验，终于发明了现在我们使用的白炽灯泡。这些都是意志坚韧性的表现，正所谓“滴水穿石”，每个人的成功都是伴随着不懈的努力，坚定的信念。与坚韧性相反的不良意志品质是动摇性。

三、压力与挫折

目前大中专学生所承受的压力与挫折不少，如考试压力、学习压力、就业压力、人际压力，等等，由此导致了一系列的心理健康问题。那什么是压力与挫折呢？

1. 压力

压力，原是用于物理学上的一个专业名词，指垂直作用于流体或固体界面单位面积上的力。后来被引申到心理学上，是心理压力源和心理压力反应共同构成的一种认知和行为体验过程。它影响着个体的日常行为和身心健康。

心理压力的产生原因是复杂的，每一个人的压力都有所不同。正如俗语所说：“人人有本难念的经。”但总体说来，可以将引起压力的原因归为四类：生活事件、挫折、心理冲突和不合理的认识。生活事件一般是指对个体有影响意义的重大事件。我国学者杨德森和张亚林在1986年曾编制生活事件量表，里面包含了48种我国较常见的生活事件，这些生活事件有正性也有负性，对个体有不同程度的影响。挫折主要是指个体的行为受阻，目标无法实现时而产生的一种紧张状态。下面我们会详细说明。心理冲突一般包括双趋冲突、双避冲突、趋避冲突和多重趋避冲突。不合理的认识主要指由于个体不合理的信念和观念而导致的身心压力。

2. 挫折

挫折是指人们在有目的的活动中，遇到无法克服的障碍或干扰，使预定的目标不能实现，需要或动机不能得到满足时而产生的紧张状态与情绪反应。一般挫折造成的不良反应既有生理上的血压升高、心跳加快等反应，也有失望、痛苦、沮丧、不安、抑郁等心理上的反应。

具体而言，挫折包括三层含义，挫折情境、挫折认知、挫折行为。挫折情境主要是指干扰或阻碍个体实现目标的情境状态或条件，构成挫折情境的可能是自然或社会情境，也可能是人或物。挫折认知是指个体对挫折情境的知觉、态度和评价，属于人的主观范畴，这是产生挫折和如何看待挫折的必要条件。如果对挫折认知不正确，即使是轻度的挫折障碍，也会引起强烈的挫折反应。这是只有当主体将情境认知为挫折情境时才会产生的挫折反应。正如巴尔扎克所说："世上的事情，永远不是绝对的，结果完全因人而异。苦难对于天才来说是一块垫脚石，对于能干的人是一笔财富，而对于弱者是一个万丈深渊。"挫折行为主要是伴随着挫折认知而产生的行为和情绪上的不良反应，如抑郁、愤怒、焦虑。当三者同时存在时，即可判断是挫折，但有时只有后两者同时存在，也可以认为是心理挫折。

挫折产生的原因是多方面的，既有主观方面的，也有客观方面的，概括起来可以分为客观因素和主观因素两大类。

客观因素主要包括两大类：一种是自然因素，主要指各种自然条件，比如地震、暴风雨等，或者是无法克服的自然规律等。另一种是社会因素，主要是指个体所生活的社会环境，政治、经济、文化、宗教、道德规范等。

主观因素也包括两类：一种是生理因素，指个体由于生理上的缺陷比如残疾、疾病等造成个体无法胜任某种工作，无法完成某些任务。另一种是心理因素，比如不适当的自我估计，自我评价过高和过低都容易使个体产生挫折感。除此之外，个体的人格特质、动机抱负水平都属于心理因素。心理学家们的研究揭示，客观因素对个体的心理影响不是直接的，而是通过中介完成的。这种中介就是个体的人生态度、价值观念、认知水平等心理因素。

四、意志与压力挫折承受力的关系

意志与压力挫折承受力的关系就像弹簧和压力的关系，所谓"困难像弹簧，你强它就弱，你弱它就强"。在遇到挫折时，意志坚强的人能够自觉地调节和控制自己的心理和行为，积极地面对现实，分析挫折的原因，克服种种压力来对付挫折和困难。即使失败了，也能理智地分析失败的原因，善始善终地将计划执行到底，直至目标实现。意志坚强的人对挫折的适应能力、承受能力都较强，并能将挫折进一步转化为促进目标实现的积极因素，从而增进自己的自信心。意志薄弱的人往往在遇到困难时，搜寻的不是解决困难的方法，而是各式各样的借口。有的人甚至虎头蛇尾，在计划还没有开始就放弃。他们遇事缺乏自信、主见，人云亦云，随波逐流；对自己的评估不正确，自信心较低；对自我的控制和约束力较差。有的人在遇到挫折时，容易改变行为的方向，回避现实，采取消极的应对方式，其结果不仅严重影响既定目标的实现，而且还降低自己对挫折的承受能力和适应能力，甚至会导致意志消沉和情绪低落，进而影响个体的身心健康。所以，意志坚强的人，其抗压耐挫能力也较强；而意志低的人，其抗压耐挫能力也较差。

第二节　艺术高职院校学生的意志品质

良好的意志品质是对付和战胜困难与挫折的法宝。作为艺术高职院校的学生，我们的意志品质如何？有哪些优点？又有哪些不足？弄清这些是我们培养良好意志品质的前提，所谓“知不足而后学”说的就是这个道理。

一、艺术高职院校学生意志品质特点

艺术高职院校学生总体的意志品质特点就是意志增强，但仍薄弱；抗压抗挫折能力有所提高，但仍不够。随着知识和经验的增长，艺术高职院校学生已经能较理智地思考，全面地分析外界环境和自己的主观因素，并做出相对合理的行动，对自己的情绪状况的调节也表现出一定的自制力。具体表现为以下几个特点：

1. 自觉性的提高

我们的同学进入艺术高职校园后，离开了父母的怀抱，离开了良好的家庭照料，几乎所有的事情都要靠自理，这对于锻炼他们的自觉性和自立能力有着较大的帮助。随着学生年龄的增长，其自我意识不断地增强，再加上专业文化知识的学习，知识与思想觉悟都在提高，这使得多数同学能自觉地思考和确立人生目标，对自己的将来进行一定的勾画，并能把计划付之于实践；在实现目的的过程中，还能自觉地根据情况的变化对行动目标和计划进行一定调整，相比较中小学时代，自觉性明显提高。

2. 果断性增强

随着知识水平的提高和经验的丰富，同学们意志的果断性品质也有较大发展，尤其是高职层次的学生。他们在校园社团文体活动和社会实践中表现得日益自信、行事更加果断，对问题能进行比较全面的分析，是非明辨能力也不断增强，能较好地分清楚主次和轻重缓急，找出正确的解决方法。

3. 勇敢性增加

美国现代成人教育之父戴尔·卡耐基曾经说过：“朝着一定目标走去是‘志’。一鼓作气中途不停止是‘气’，两者合起来就是志气。一切事业的成败都取决于此。”勇气和勇敢是指个体敢想敢干、毫不畏惧的气概，藐视困难的勇气。它推动着个体采取行动。它能使人在行动的过程中始终保持一种排除险阻，昂扬不屈的斗志。艺术高职院校学生刚步入自由度较高的校园生活，面对学校各种各样的社团活动和社会实践机会，他

们有一股“初生牛犊不怕虎”的拼劲儿，敢想敢干，希望以此展示自己的水平，提高自己的能力。

4. 自制力有所提高

与中学时代相比，我们同学的自制力也有了较大的提高。尤其是高职层次的同学，他们能够较好地控制自己的不良情绪和消极行为，努力使自己处在积极的情绪体验之下，而行为也更好地与目标保持一致。低龄阶段的同学尤其是处在十三四岁至十八九岁这个青春叛逆期阶段的同学虽然自制力明显较弱，有时还会干出一些冲动的事情，但随着年龄和经验的增长，其自制力也呈不断提高的发展趋势。

5. 独立性增强

艺术高职院校学生随着身心的成长和成熟，个体内心的信念和想法也日趋稳定和成熟。他们在日常行事中更多的是自己做主，按自己的意愿行事，能够更好地听取家人、师长和朋友的建议。特别是高职层次的学生，在远离了父母的唠叨，可以做自己想做的事之后，回过头反而发现父母的许多唠叨是正确的，因此会更加珍惜并且更愿意听取父母的意见，这些都是思想日益成熟、独立性增强的表现。

二、艺术高职院校学生不良意志品质表现

虽然艺术高职院校学生的意志品质较之中小学时代有很大的提高，但由于他们仍处于青春期，生理和心理都在不断的成熟和发展中，遇到的压力和挫折也不少，所以仍存在一些不良的意志品质，主要是：

1. 惰性不同程度的存在

惰性是指个体由于主观上的原因而无法按照既定目标行动的一种心理状态。它是人懒惰的本性，不易改变的落后习性，不想改变老做法、老方式的倾向。虽然艺术高职院校学生的自觉性有所提高，但惰性也在相当一部分同学身上存在，惰性是许多同学常感到苦恼又难以改正的心理现象，是最常见的一种意志缺陷。虽然我们的同学对自己的惰性有着清晰的认识，甚至可以说出“被窝是青春的坟墓”之类的精辟话语，但很多时候也就是停留在对惰性危害性的认识这一层面上，而难有与惰性作斗争的决心和魄力。一般来说，惰性主要表现为懒散、拖拉、退缩、逃避等行为。

2. 软弱性和冲动性

随着个体的成长，艺术高职院校学生的勇敢性的确有所增加，但由于他们仍然处于青春期，心理发展过程中存在着许多矛盾和冲突，在遇到机遇和挑战时仍表现得比较胆怯懦弱。如有些学生在面对挑战的时候踌躇不前，患得患失，缺乏勇气和信心，害怕困难和失败；有些同学由于年轻气盛，经验不足，因而特别害怕失败，有些甚至只能接受成功，不能接受失败；有些同学看起来很勇敢，“天不怕，地不怕”，遇事就冲上去，毛手毛脚，莽撞行事；个别同学甚至把对抗老师，违反纪律等一系列不良行为视为勇敢，如，你敢在课堂上与老师作对吗？我敢！你敢逃学吗？我敢！其实，这不是真正意义上的勇敢，而是一种浅薄的行为，是心理发展不成熟的表现。

3. 自制力仍然薄弱

艺术高职院校学生年龄偏小，生活阅历和知识、经验水平都不高。一些学生的思维发展水平还在不断完善，加之处于躁动的青春期，因此对自己情绪和行为的理智控制水平还不高，很容易受到内在心理状态和外在不良诱惑的干扰。例如一些年龄较小和自制力较差的同学，沉迷于网络游戏，有的甚至将生活费差不多都用来上网、买游戏装备了，严重影响了正常的学习和生活。

4. 行为具有一定的依赖性和逆反性

虽然我们的同学离开了父母，进入了生活环境相对宽松的校园，但由于处在由依附向独立“过渡”的年龄段，因此，虽然有独立自主的意识，但独立性发展水平还没有达到真正成熟的程度，行为仍然具有一定的依赖性。例如有些同学特别是新生衣服脏了不是自己洗，而是积攒在那里，等着家人来帮着洗或周末带回家交给父母洗；不少同学不能独立完成作业，而是抄袭、下载交差；在就业、升学等重大问题上，更是较大地依赖于父母和老师。

艺术高职院校学生还具有一定的逆反心理，这在五年制高职前三年的学生身上表现最为明显，因为他们恰好处在青春叛逆期年龄阶段。另外高职层次的学生大多处于“第二逆反期”，他们极其渴望独立，希望成人重视他们的意见，但由于成人和老师并没有完全注意到这种要求，仍然对他们有过多的关怀和照顾，有时也会引起他们行为和情绪上的逆反。

【案例】

2011年4月1日晚，在浦东国际机场大厅，从日本返沪的24岁留学生汪某到达后不久，就与前去接机的母亲因学费问题发生争执，并从托运的行李中取出一把水果刀，对着母亲连刺9刀，导致母亲顾某当场倒地昏迷。汪某随即被赶来的民警抓获，同时民警迅速将顾某送至附近医院抢救。2011年10月19日，“浦东机场刺母案”，在浦东法院开庭，母亲3次情绪失控求法庭轻判儿子。

分析：表面看，这起“机场留学生弑母案”很是偶然，但其实在这件极端事件背后隐藏的正是教育、意志、压力等诸多因素造成的悲剧。

其一，教育问题。汪某高中毕业后就去日本读书，留学已有5年，但独立生存的能力并不强。从小到大，家长只对孩子的学习提要求，对孩子的独立生活能力、为人处世之道、生活价值观等方面很少关注，只要孩子学习成绩好就行。案件发生在留学生身上，根源还在于我们的家庭及学校的教育。

其二，自私与意志缺乏。学生留学本应自立或部分自立，汪母出于对孩子的溺爱，包办了孩子的一切。养而不教的后果，是汪某极端行为产生的根基。对孩子要求百依百顺，孩子以自我为中心，太过自私，一旦满足不了其要求，连亲生母亲都不管直接就拿刀刺人了。

其三，海外留学压力。海外生存不易，在国内依赖惯了父母，一下子没有亲人的照顾和帮助肯定难以适应，生存能力差、学习生活压力大、意志不够坚强的孩子更易产生问题。

三、艺术高职院校学生常见的压力与挫折

艺术高职院校学生遇到的压力和挫折有很多，但是基本上可以概括为以下三种：

1. 学习压力与挫折

在步入艺术高职院校学习之前，多数同学是怀着浓厚的兴趣而选择艺术这条道路的，但也有一定数量的同学不是根据自己的兴趣和能力选择学校和专业，而是由于成绩不理想才不得不选择就读高职。所以这部分同学在日常的学习过程中，往往学习兴趣欠缺，学习主动性较差。繁重的学习任务、父母的期望以及同学间的竞争会使他们产生一定的精神负担和压力，觉得学习是一件痛苦的事情，因而在学习上会表现出敷衍、厌烦、抱怨；情绪上容易出现暴躁、沮丧、低落等现象。一些学生由于学习压力过大，出现一些躯体的症状，比如睡眠质量较差，经常失眠，经常感到不舒服，在考试前和考试时，会表现出焦虑不安等症状。

在以分数作为衡量学生学习效果的评鉴标准下，遇上成绩没考好，学习挫折感也会油然而生。学习挫折直接削弱大学生的主观幸福感，据一项调查显示，大学生遭受学习挫折后，“难过”占 41.6%，“担忧”占 31.7%，“不安”占 26.2%，“紧张”占 19.2%，“难堪”占 16.4%，“气愤”占 16.4%，选择“无所谓”的比例仅为 6.1%。一些同学担心因此不能评优评先，不能获得奖学金、助学金，甚至影响毕业就业。艺术高职院校学生的学习压力和挫折还突出地表现在：他们会为没有获得某次演出或社会实践机会而特别伤心难过，因为能否及时获得演出等专业实践机会是他们最在乎的事情之一。

2. 人际交往压力与挫折

人际交往对青年学生而言是仅次于学业发展的一项重要的社会需要。青年学生都希望获得更广泛的良好人际关系，但由于性格或者成长经验的影响，在人际交往中，往往难以达到理想效果。要么难以抛开自尊、自傲和矜持的面具，要么以错误的方式伸出橄榄枝，反而引起别人的误解，导致人际交往受挫。青年人的交往与儿童有很大的差别，随着自我意识的发展，青年人的社会交往带有自主的特点。社会交互作用对青年的发展具有非常重要的作用。它是青年社会化发展的一项重要任务。艺术高职院校学生由于缺乏人生阅历及交往的技巧，与人交往时难免会出现种种的误解与尴尬，给自己带来心理上的压力。恋爱、对爱情的渴望也常常折磨着青年学生。应该说，爱情对大学生而言是非常正常的需求，但是，由于现实因素的限制，很多同学往往难以得到爱神的垂青。近年来大学生的恋爱动机越来越具有追求感性和物质化的倾向，加上恋爱过程中交流沟通技能的欠缺，维持恋爱需要的物质条件不具备等原因，部分学生遭遇恋爱挫折在所难免。

3. 社会压力

逐年加大的就业竞争，给青年学生带来的隐性压力不言而喻。艺术高职院校学生感受的社会压力来自社会对艺术生的偏见、就业竞争等。以社会对他们的偏见来说，社会普遍认为学艺术的没有内涵，文化不好，只是好看的“花瓶”，这让不少学生感到不平和委屈；就业也给了他们沉重的压力，一方面由于学历没有优势，另一方面由于所学知识、专业和现实的吻合度存在一定距离，加之艺术学习投入的高成本使得他们择业期望也较高，不少学生只愿意选择生活条件相对优越的大中城市和沿海地区，不愿意到基层寻求发展，所以难以找到“理想”的工作。

第三节　艺术高职院校学生优秀意志品质的培养

面对急剧变化的现代社会，面对生存的各种现实环境和竞争激烈的艺术行业，艺术高职学生必须调适不良意志品质，培养良好的意志品质，增强克服困难的信心、勇气和智慧。那么，这些应如何着手呢？本节我们一起来探讨。

一、艺术高职院校学生不良意志品质的调适

意志是青少年正常学习和工作的保障，所有成功者都具有坚强的意志。在青少年阶段能否养成良好的意志品质，对于他们今后的成长是至关重要的。

1. 建立正确的认知

思想是行动的先导，调适不良意志品质，首先要求我们建立正确的认知，包括对培养优秀意志品质重要性的认知和对困难挫折的认知。

（1）要充分意识到优秀意志品质对我们成才的重要意义。优秀的意志品质会使人清醒地认识到自己行动的动机和目的，使人在复杂的情境中冷静而迅速地采取恰当的措施和行动，使人在困难面前不退缩逃避，在身处逆境时能帮助我们打开另一扇人生之窗。艺术的学习是辛苦的，所谓“台上十分钟，台下十年功”，在通往成功的路上充满太多艰辛和挑战，没有良好的意志品质护航是难以设想的。认识到这一点，我们就会下意识地克服自身意志品质中的一些不良因素或成分。

（2）要正确认识和对待困难和挫折。人生的道路谁都不可能一帆风顺，困难与挫折是每个人必须面对的现实课题。困难和挫折对个体的心理影响是双重性的，就看你如何对待。如果你把它看成一块绊脚石，就可能被绊倒爬不起来；如果你把它看成一块垫脚石，那么它就会变成磨炼你意志的契机。一些同学受到挫折，如考试不理想、朋友误会、失恋等，表现出许多不理智情绪反应，做出不正确的行动，如对人对物进行攻击或损害，破罐子破摔，消沉，堕落等，这些都与缺乏对挫折的正确认识有关。认识到挫折不可避免之后，就要注意改善挫折情境。对挫折情境的改善，首先应尽量预防挫折的发生，即对一件事情的成功或失败做出预先评判，把有可能导致挫折发生的因素消灭于萌

芽状态。挫折发生之后，就要认真分析引起挫折的原因，设法改变、消除或降低其作用的程度。最后，要善于总结失败和挫折中的教训，及时找出失败的原因，找出对付和战胜挫折的办法。

2. 在日常学习生活中注意优良意志品质的学习与养成

（1）树立明确的学习目标。有了明确的目标，才会有前进的动力，这是帮助我们战胜困难和挫折的前提。比如，有了争当三好学生和获得奖学金的目标，就会督促你克服惰性，刻苦学习、练功。

（2）于细微处下工夫，从小事做起。“千里之行，始于足下。”优秀意志品质的养成就在我们日常学习生活的点滴当中。比如，你若能坚持每天不睡懒觉，尤其数九寒天也能做到不留恋热被窝，而能准时早起吊嗓、练功，那你意志品质中的自觉性、坚韧性也就得到了很大的锻炼和提高。

（3）善于管理自己，养成良好习惯。目标只是你成功的起点，接下来更重要的是要付诸实施。人都是有惰性的，这就要求我们能管住自己，克服惰性，坚持不懈，久而久之便习惯成自然。比方如果你没有看书的习惯，那么你就每天强迫自己看一小时的书，不看完就不罢休。

（4）主动在艰苦的环境中锻炼自己。我们中大多同学是独生子女，是“蜜糖中泡大的一代”，缺乏对艰苦生活的历练与体验，也相应就会降低我们对幸福的感受。因此，有机会要主动到艰苦的环境中去锻炼下自己，这对磨砺意志品质非常有益。比如，利用寒暑假到农村、基层参加一些“三下乡”、“四进社区”的志愿服务活动，适当参加一些勤工俭学活动，体验生活的不易和艰辛等。

（5）向身边优秀人物和优秀艺术家学习。榜样的力量是无形的，巨大的，我们要善于观察身边的人和事，向身边优秀的同学、老师学习。古今中外很多德艺双馨的艺术家也在意志坚强方面给我们留下了很多感人事迹和佳话，值得我们好好学习。

【案例】

80 后盲人音乐家孙岩

孙岩，1983 年生，三岁失明，四岁时靠自己的记忆力和为盲人特别制作的乐谱开始弹钢琴，曾获全国“十佳”少年称号，以优异成绩考入中央音乐学院附中。在附中学习时被免试保送上中央音乐学院。多年来，他用超乎常人的毅力，取得了突出的成绩，一只手摸谱，一只手找音阶，然后再换一只手摸谱，最后把整个谱背下来，一首三四页的普通曲谱，翻译成盲文乐谱却是厚厚的一大本。2006 年 3 月 30 日，孙岩与师兄师姐一起，在解放军歌剧院举办了一场“孙岩·琴心涌动——2006 马克华菲钢琴音乐会”，表达他感谢社会、感谢母校、诚报恩师的美好心愿，成为著名的盲人音乐家。

分析：孙岩身上体现了自觉、独立、坚韧等优秀意志品质，不失为身体健全的艺术学子的学习榜样！

二、艺术高职院校学生常见压力与挫折的应对

大中专学习生活虽然如诗歌，浪漫美好，但挫折也常常会不期而至。当代大中专学生遭遇的挫折主要有来自学习的、人际关系和社会压力方面的，那么我们应如何应对这些挫折呢？

1. 学习压力的应对

学习压力是大中专学生最常见的一种压力。对于学习压力的应对，我们首先要保持乐观的心态，积极的态度，良好的情绪，这些都可以帮助我们提高学习效率。其次要树立理想，明确学习目的，在不断的学习过程中培养对知识的兴趣和爱好。要根据自己的实际情况制定相应的学习计划，包括长期的学习目标和中期、短期的学习计划。为了使自己的计划更好地实施，目标更快地达到，可以找和自己志趣相同的同学一起学习。当某一个科目学习起来比较困难的时候，可以先阅读与该科目相关的课外读物。在学习的过程中，要多与他人交流，提高自己的信心和勇气。觉得自己专业选择有偏差而对专业学习感到较大压力的同学，应及时调整自己的目标和心态。首先要树立“既来之，则安之”的心态，自身专业条件不够好，我就尽量用勤来补拙，能学到什么分上是什么分上。其次，要有“东方不亮西方亮”的意识。我既然专业条件欠佳，那么我就从综合素质方面为突破口，比如加强文化知识学习，培养锻炼自己的组织协调能力等等。

2. 人际关系压力的应对

在面对人际关系压力的时候，我们要思考这种压力是如何产生的，是由于自己不合理的思维方式、想法还是其他的原因。现实生活中，我们可以从两个方面来应对压力。一是从自己的角度来增力。例如，保持一个自信、开放的心态，穿整洁、漂亮的衣服，展现自己的才华、特长等，以此提高自己的魅力和信心。二是学会尊重和信任他人。任何人都希望得到别人的尊重和信任，尊重他人其实也是尊重自己，要学会换位思考，理解、关心、尊重他人，这将有助于同学们应对人际压力和挫折。

3. 社会压力的应对

对于社会上对艺术生的偏见，我们大可不必耿耿于怀，我们要在注重专业素质提高、注重外在形象靓丽帅气的同时，加强自身文化素养和品行素养，做一个全面发展的艺术新人，给世人展示艺术学子清新活泼健康智慧的形象。面对就业压力，最主要的是要好好学习，练就一身本领，须知：今天学业过硬，明天择业就业自然主动。此外，还得适当调整就业观念。比如充分认识到当前的就业压力，建立合理的就业期望；树立“先就业再择业后创业”的新理念等等。

三、艺术高职院校学生优秀意志品质与抗压耐挫能力的培养

近年来，在心理学和成功学领域，除了智商和情商外，流行一个新概念：逆商

（Adversity Quotient，AQ）。逆商是逆境商数的简称，也称为挫折商，是指人们面对逆境时的反应方式，即面对挫折、摆脱困境和超越困难的能力。它和智商IQ、情商EQ一起并称为3Q，是人们成功的关键因素。在市场经济日趋激烈的今天，我们能否有所成就，不仅取决于是否有丰富的专业知识、娴熟的专业技能和卓越的管理才华，在很大程度上还取决于我们面对挫折、摆脱困境和超越困难的能力。然而，高的逆商并不是与生俱来的，而是个体在后天的环境中不断培养和训练得来的。那么作为艺术高职院校学生，我们应如何培养自己的意志品质、提高自己的逆商呢？

1. 树立积极正确的世界观、人生观、价值观

当今社会是一个包容的社会，其价值观和世界观向着多元化发展，一些不公正、不合理的社会现象严重影响了人们的价值判断。这无疑给青少年价值观的形成造成了消极影响。因此，我们在日常生活中要多读书，读好书，利用科学知识来武装自己；要向英雄模范和优秀艺术家学习，并在生活中不断践履，逐步树立科学的世界观、人生观、价值观，树立坚定的信念与远大的理想。

2. 培养良好的兴趣、习惯

有些同学的失败并不是意志力的问题，而是勉强自己做自己不感兴趣的事情。如果所从事的活动让你感觉索然无趣，行动自然难以坚持。浓厚的兴趣能激发出巨大的毅力，因此在条件许可的范围内，尽量去尝试自己既感兴趣的又符合社会要求的事情和活动，可以根据自己的专业和兴趣，选择课程和娱乐活动，培养自己良好的兴趣和习惯。

3. 不断鞭策自己

良好的意志品质需要自己不断地激励，我们不妨经常用榜样、名言警句等来勉励鞭策自己，使自己不断靠近理想的自我；还可以与周围优秀的学生做比较，找出自己的差距，奋力追赶。

4. 坚持制订计划，从小事做起

日常小事是锻炼人意志的基本途径，像早起早睡，坚持锻炼，抵御网络诱惑，合理分配时间，都是在平时的学习生活中培养起来的。要制订好学习计划，安排好每天的日程，同时严格执行计划，无论遇到什么情况都坚持完成计划。比如同学们可以坚持写日记，及时分析自己，发现自己的弱点并及时加以克服。遇到克服不了的困难，还可以和同学、老师进行交流。

虽然挫折会让我们难受，使我们的学习和发展受阻，但它同时又是人生的宝贵财富，是促使成长的必要条件，认识到这一点，我们就有勇气和信心去勇敢地面对挫折。古谚云："宝剑锋从磨砺出，梅花香自苦寒来。"没有挫折的人生是苍白虚幻的人生，不经过挫折的磨炼，也就没有成功的喜悦和人生的幸福！因此，挫折也可以成为促进我们成长的积极因素，它可以磨砺我们的意志、丰富我们的经验、增长我们的智慧与才干。同学们，快乐不是平坦笔直的康庄大道，或者无忧无虑的锦衣玉食，而是经过奋力攀登后踏在脚下的高峰，用自己的坚韧和勤劳换来的硕果。相信自己，找准自己的位置，每个人都可以拥有一个有价值的人生！

【案例】

邰丽华，中国残疾人艺术团团长、舞蹈演员、艺术总监，中国特殊艺术协会副主席。小时因高烧注射链霉素而失去了听力。律动课上，老师踏响木地板的震动，启蒙了她对音乐的痴迷，被她称作“看得到的音乐”的舞蹈也从此成为她生命里的光明。2005 年中央电视台春节联欢晚会上，她领舞的群舞——千手观音，展现动人心魄的艺术魅力。让几亿中国人在热闹中沉思、感动！她说过：“残疾不是缺陷，而是人类多元化的特点。残疾不是不幸，而是不便。残疾人，也有生命的价值。愈是残缺，愈要美丽！”

分析：这位聋哑姑娘靠顽强的意志，靠不懈的拼搏和奋斗，描画了残疾人敢于超越常人的奋斗轨迹。

课后活动

测测看

请回想一下你在过去一个月内有无出现测试题中所述情况，有三种答案供你选择：A. 从未发生；B. 间或发生；C. 经常发生，请选择符合你实际情况的一项作答。

1. 总觉得手上工作太多，无法应付。
2. 总觉得时间不够用，所以要分秒必争。例如过马路时冲红灯，走路和说话的节奏很快速。
3. 觉得没有时间消遣，终日记挂着工作。
4. 遇到挫败时很容易发脾气。
5. 担心别人对自己工作表现的评价。
6. 觉得上司和家人都不欣赏自己。
7. 担心自己的经济状况。
8. 有头痛、胃痛、背痛的毛病，难以治愈。
9. 需要借烟酒、药物、零食等抑制不安的情绪。
10. 需要借助安眠药去协助入睡。
11. 与家人/朋友/同事的相处令你发脾气。
12. 与人倾谈时，打断对方的话题。
13. 上床后觉得思潮起伏，很多事情牵挂，难以入睡。
14. 太多工作，不能每件事做到尽善尽美。
15. 当空闲时轻松一下也会觉得内疚。
16. 做事急躁、任性而事后感到内疚。
17. 觉得自己不应该享乐。

计分方法：

从未发生计0分，间或发生计1分，经常发生计2分。

分数解释：

①0~10分：精神压力程度低，但可能显示生活缺乏刺激，比较简单沉闷，个人做事的动力不高。②11~15分：精神压力程度中等，虽然某些时候感到压力较大，仍可应付。③16分或以上：精神压力偏高，是典型的“高压”者。提醒你该反省自己，去寻找一下压力来源和寻求解决办法了。

（量表来源：http：//sanmeidaifu. 51. net/87-tianyihu-yaliceshi. htm，2012-7-25）

思考练习

1. 什么是意志？什么是意志行动？优良意志品质有哪些特征？
2. 什么是挫折？我们应该如何认识和对待挫折？
3. 结合自身实际谈谈应如何培养自己的意志品质？

第九章

恋爱与性心理辅导

——爱人爱己，关乎幸福

丝丝心语

死生契阔，与子成说；执子之手，与子偕老。

——《诗经》

成熟的爱应该以自爱为基础，只有在自己的人格完全成熟时，知道自己需要怎样的爱，并且具有给予爱的能力时，建立起来的爱情才是稳固的。

——埃利希·弗洛姆

当我们毫无阻碍地便可获得性满足时，例如在古文明的衰落时期，爱便变得毫无价值，生命也呈现一片空虚。女人越是拒绝，越是否认其性欲，男人对她的估价便越来越高了。

——弗洛伊德

案例导入

我错在哪里？

我和男友从初中就开始了交往，我们都喜欢艺术表演，有共同的兴趣爱好，相处久了，我们有了肌肤之亲，感情也一直蛮稳定的，高中毕业我们考入了不同的艺术大学，不在一个城市里。一开始，我们各自忙于全新的生活，并没有觉察分开两地带来的思念，还以“距离产生美”来相互安慰。可四个月后，我慢慢发现原来自己非常不适应他不在身边陪伴的日子，甚至可以说是越来越不能忍受了。我知道他是那种很重情的男生，而我也是一个很重感情的女生，因为我们俩的家境都不是很富裕，物质上我并不要求他太多。有时，我甚至觉得自己可以不要很多女生恋爱中“想当然”的浪漫情调，我要的只是一个可以实实在在陪伴我的人。开心的时候能够分享我的快乐，难过的时候能给我温暖的慰藉。这些是我最想要也最在乎的，他却不能给予。更要命的是，我和男友有时一个学期才见一次面，而且由于各自学校的课时安排不同，连打个电话也困难。

现在，我们之间的沟通变得充满了不理解和不信任，争吵成了每次难得通话的主要内容。为此，我开始整天胡思乱想：他为什么总是不理解我？难道这样的一点点要求很过分吗？难道他已经不再爱我？难道几年的感情这么脆弱？满脑子都是两人吵架的话语和场景，我开始失眠，慢慢影响到学业。我觉得自己精神快要崩溃了，想过要放手这段感情，可转念又不舍得。我很困惑，我开始怀疑感情真能做到“两情若是久长时，又岂在朝朝暮暮”吗？

最终我的男友还是离我而去。

心理评点：相爱的青年男女，都渴望自己的爱情美满，但要获得美满的爱情，需要注意几点：一是恋爱不宜过早，更不能轻易越过雷池。案例中这对学生恋人初中就开始了恋爱，典型的早恋。早恋中的人对事物的看法、对情感的认识、处理和担当都还是有很大欠缺的，不利于感情的稳定和发展。二是恋爱中的双方要给对方留有一定的自由空间，不能过于依赖和管束对方，这样的爱情才健康正常。精神分析社会文化学派代表人物埃利希·弗洛姆说得好：“无论多么深厚的感情，都不是要使爱情双方合为一体，而是要始终保持两个人独立、自由的品格，即是一种对立中的矛盾统一。”三是爱情需要互相理解支持和一定的无私奉献精神，像朱丽倩甘愿做刘德华27年的隐婚妻子，但俩人感情一直稳定且随着年岁增长越发香醇。四是学生阶段谈恋爱一定要以学业为重，不因恋爱影响学习和自己的身心发展，否则得不偿失，爱情也开不出绚丽之花！

第一节　爱情与性心理概述

情与性，灵与肉，历来是人类现实生活中的重要课题，也是文艺作品中的永恒主题。如今，恋爱已成为大学校园的普遍现象，性也不再是青年学子遮遮掩掩的问题。因此，学习与了解一下关于爱情和性方面的基本知识，对于我们树立正确的婚恋观意义不言而喻。

一、爱情心理概述

1. 什么是爱情

爱情，一个甜蜜美好而又忧伤惆怅的字眼，给它下定义都是困难的，不同时代对爱情有不同的诠释，不同的人对它有不同的希冀与体认。现代一般定义为：爱情是两个人基于一定的物质条件和共同的人生理想，在各自内心形成的对对方最真挚的仰慕，并渴望对方成为自己终身伴侣的最强烈、最稳定、最专一的感情。

2. 爱情的特征

分析爱情定义，我们认为，爱情有这么几个特征：

（1）爱情具有互爱性。爱情一定是两人之间（当然主要是指男女之间）的相互倾慕，相互爱恋，我爱你，你也爱我，彼此相爱。一厢情愿的爱慕就只是单相思，不是爱情。

（2）爱情有两个支点。那就是一定的物质条件与共同的精神情趣，俗称“面包”与“玫瑰”。首先，一定的物质条件是爱情存在和发展必要的物质前提。虽然我们反对世俗物欲至上、金钱至上的爱情观，但存在决定意识，物质决定精神，爱情的存续同样离不开一定的物质条件，“贫贱夫妻百事哀”说的就是这个道理。其次，爱情更应是精神层面的琴瑟和鸣，即基于理想、信念、情感、志趣、价值观念等的一致。缺乏共同的人生理想、共同的情趣和追求的爱情一定是苍白无力的，甚至压根不是爱。在具备生存发展的基本物质条件下，玫瑰远比面包重要，所谓“宁可坐在自行车尾笑，不愿坐在宝马车内哭”。

（3）爱情具有强烈性。爱情这种情感一定具有强烈性或者说激情，这种特性在其他人际交往中一般是不存在或不那么强烈，激情甚至冲动是爱情力量和魅力的重要表现。当爱情受到外来阻力时，对爱的强烈激情能使相爱的双方做出令人敬佩和难以想象的果敢抉择与行动；但这种激情和冲动有时也会使当事人受感情的支配，做出丧失理智的行为。

（4）爱情应以婚姻为目的。爱情应是真挚的、稳定的情感，它不求回报，自主自愿对对方负责，并渴望对方成为自己的终身伴侣，长相厮守。所谓“一切不以结婚为目的的恋爱都是耍流氓”的说法是有深刻道理的。我们判断对方对自己的爱有多真、多深，他（她）是否愿意和强烈要求与你步入红地毯是重要的鉴别标准。

（5）爱情具有排他性。排他性或专一性也是爱情最重要的特点之一。爱情是两颗心相撞发出的共鸣，两人一旦相爱，就会要求相互忠贞，并且排斥任何第三者亲近双方中的一方。因此，多角恋、婚外恋到底有多少爱情的成分，是玩弄感情、游戏人生还是真爱，是值得大大拷问的。伟大的教育家陶行知曾经很形象地说过：爱情之酒甜而苦，两人喝是甘露，三人喝是酸醋，随便喝要中毒。这话值得情感纠结中的男女谨记！

3. 爱情的属性

马克思主义认为，人是社会性动物，他来自自然界，又高于自然界。一方面，人要吃，要喝，要生存，要延续后代，因此，具有一般动物的自然属性，所谓“食色，性也”。另一方面人又是社会的人，必定受到生产关系和各种社会关系的制约，因而又具有社会属性。其中，社会属性是人的本质属性。人的双重属性也决定了人类爱情的双重属性：

（1）自然属性。每个人都有先天性的潜能，随着年龄的增长，性机能日趋成熟，性意识的萌发，性心理的发展，都会产生一种对异性的向往、追求和吸引，所谓：“哪个少年不钟情？哪位少女不怀春？”这便是爱情的自然属性，它是爱情产生和存在的基础，也称为“性爱”的一面。

（2）社会属性。所谓爱情的社会属性是指人们在对异性的向往和追求中，要受到一定的物质条件和社会道德的制约，受到各种社会思想观念的影响，要承担社会繁衍和教育的责任等等。我们称为“情爱”。正是这种社会属性才使得人类超越了动物的纯粹性本能，从而使爱情升华为一种高尚无比、优美诚挚的情感。

正如人的本质属性是社会属性，爱情的本质也在于其社会属性，即“情爱”。那种鼓吹“食欲付诸实践叫吃饭，性欲付诸实践叫爱情”的观点是对人类神圣爱情的亵渎，是把“人格”降到了“动物格”。所以真正的爱情应该是情与性、灵与肉的高度结合和统一。

4. 恋爱的心理效应

当一个人爱上他人时，在他身上就会出现很多与平时不同的状况，引起一些特殊的心理现象，也就是恋爱心理效应，了解这些，有助于青年朋友理智地对待爱情。恋爱的心理效应主要有：

（1）晕轮效应。恋爱中的晕轮效应就是我们常说的“情人眼里出西施”，即一旦爱上某个人，那个人在你眼中就会变得完美无缺。这时你是无法发现他（她）的缺点的，也会因此而产生配不上他（她）的自卑心理，更有甚者会失去自我，唯命是从，这也就是人们常说的“恋爱中的人智商为零”。恋爱中的晕轮效应还会使恋爱双方极力掩饰自己的缺点，表现自己的优点，因而恋爱时保持一份清醒，多了解对方是绝对必要的。

（2）振奋效应。有的人在爱上一个人后会提振信心与勇气，他们越是对自己爱的人刻骨铭心，就愈加奋发图强、努力向上、展现自我，为的是能够得到对方的青睐，更好地给对方幸福，这就是恋爱的振奋效应。

（3）逆反效应。也叫“罗密欧与朱丽叶效应”。在莎士比亚经典名剧《罗密欧与朱丽叶》中，罗密欧与朱丽叶两人相爱，但由于世仇，他们的爱情遭遇巨大阻碍。压力并没有使他们分手，反而使他们爱得更深，直到殉情。研究发现，如果出现干扰恋爱双方爱情关系的外在力量，很多时候恋爱双方的情感反而会加强，恋爱关系也会更加牢固。这种外界干涉越大，恋人相爱越深的现象就是“罗密欧与朱丽叶效应”。它主要是逆反心理使然，这就给为人父母者以启示：不要轻易干涉儿女婚姻!

（4）逆向效应。逆向效应是在恋爱中出现的排他、嫉妒等心理。有的人还有极强的占有欲，甚至恋爱不成而反目成仇，由爱生恨，自毁和毁灭他人，使爱情朝逆向转化。

二、性心理概述

【案例】

“同妻”女博士跳楼自杀

据《成都商报》报道，2012年6月15日凌晨，成都某高校外国语学院韩语教师、博士研究生罗某，从一座公寓的13楼坠下，当场身亡。作为“同妻”(男同性恋者的妻子）中的一员，她的死亡引起关注。

逝者罗某生前聪明漂亮，与丈夫程某是同乡，经人介绍相识，交往五六个月后，于2012年1月8日领证结婚。婚后，罗发现程与婚前判若两人，多次网诉丈夫婚后冷淡，网友认为她丈夫“性取向”可能有问题。罗掩饰说婚前一切正常，“可以排除性取向问题”。之后，罗偶然从程手机中发现男子暧昧短信以及相关内容，顷刻心理崩塌。“新婚五个月sex（性生活)，一只手数得过来。……这不叫骗婚，什么才是骗婚?”她在网上的留言，显得悲愤交加。6月13日，罗在网上发帖：“姐妹们是对的。我丈夫是一个gay，从头到尾，都在骗我。”在此前后，同性恋身份被发现后的程某发短信向罗道歉：“我就是个王八蛋，不值得你伤心。”6月14日，罗首次向母亲透露了离婚事宜；当晚，程某通过微博向罗公开道歉：罗老师，对不起，我就是个gay。是我骗了你，骗婚目的就是为了掩盖自己。6月15日凌晨3时许，罗某发出最后微博：“这个世界真叫人疲倦，那么就让一切都结束吧!”

分析：这个案例不仅涉及同性恋的敏感话题，也从侧面说明性的圣洁性、重要性。性，在过去的中国，人们往往避之不谈，其实这是非科学的态度。性，关系着人类的繁衍，关系着每一个家庭和夫妻关系的稳定，关系着子女教育和孩子的心理健康发展，关系着人类的身心健康，是人类生命之源，欢乐之源；性爱是天然的镇静剂、镇痛剂，具有提高免疫系统的功能。上述案例中罗某轻生的行为虽然让人惋惜，但她近乎无性婚姻的境遇着实悲催，让人同情。

接下来让我们一起来了解一些关于性的基本知识。

1. 什么是性

广义地说，性是指人或事物本身所具有的能力、作用等。狭义来讲，性是指与生殖有关的内容，特指男女之爱欲。我们这里所讲的性显然是狭义上的。

性是一种本能，是人的原生能量，是人的生理与心理现象的重要驱力。从字面看，“性”由“心”和“生”构成：“心”是人的情感认识、道德意志等；“生”是人的生理需要、自然本能、情欲。可见，性包括性生理和性心理两个层面，是两者的和谐统一。性生理是性心理发展的生物学基础，如果性生理发育有障碍或缺陷，就会使性心理的发展出现偏差；性心理会反过来调节性生理，使人的本能需要符合社会常伦。

2. 人类性行为的特点

（1）持续性。即性行为的非生育目的。夫妇之间既是所生子女的养育者，更是性伴侣，性生活是夫妻感情的纽带、润滑剂。

（2）隐秘性。配偶间性交有隐私性，不希望别人看见。现在网络上一些晒隐私行为，如自我暴露隐私处，各类艳照门事件等，之所以遭到了社会舆论的不齿与谴责，就是因为当事人的性行为违背了隐秘性的特点。

（3）排他性。即心理上的独占性，爱情与性在某种程度上都是自私的，不容有第三者介入。

（4）社会性。即性行为要受道德与法律等社会因素的制约。个人在性生理发育的过程中，必须不断地学习和适应个人所在的社会为个体在性方面发展所设置的基本规范和要求。

（5）圣洁性。性是神圣的，不容蔑视和亵渎，人们要尊崇地、真诚地对待它。未婚的女孩，请自尊自爱，珍重自己的第一次，看清你所爱的人，事前三思，事后勿悔。不要太天真，总以弱者和受害者的身份在抱怨，那样不会取得任何人同情，反而会成为他人的谈资与笑柄。记住：多一份理性，就会少许多后悔、痛苦的可能性。男生也一样，要做一个负责任的男人，做爱带来的不仅仅是快感，还有责任。事前想想，自己能够担当得起这份感情吗？千万不可玩弄感情，这样对人格与品德有损。尽管世事不会尽如人意，但是，每个人都应该坚守一定的原则与底线，去追求那份属于自己的圣洁的性和爱！

3. 性心理的发展

性心理是由性生理发育的内部冲动和社会意识的发展相结合而形成的。在产生性心理的两个因素中，对性心理的内容起决定性作用的是社会生活条件和环境影响。由此可见，性心理的产生是不可避免的，是正常的。我们不要把性心理看成是羞耻的东西。问题在于要适当地调节性心理，培养健康的性心理。

性心理的发展是伴随着第二性征的出现，性意识的觉醒而发展的，经历了四个阶段：

（1）异性疏远期。学龄期（6~12岁，潜伏期），称为“疏远异性的性厌恶期”。青少年在第二性征出现后，内心深处产生了春情萌动的感觉，朦胧地意识到两性差别，开始产生不安和羞涩的心理，很怕异性注意自己的变化，把异性的秘密和男女之间的关系也看得很神秘。这就使得他们在与异性的接触或交往中，男女彼此疏远，即使是青梅竹马的童年伙伴也较少交往了，担心由此引起别人的耻笑或议论。“心有相互吸引之力，而行又互相疏远”的现象经常在这个年龄阶段出现。如走路不同行，同桌画三八线，开会各站一边，活动各结同性伴等。

（2）异性吸引期。青少年正值青春发育期，由于性生理的发展和逐渐成熟，性意识开始觉醒。一般发生在女孩 12~13 岁，男孩 13~14 岁以后。很多有趣的现象开始出现了：少男少女开始好表现自己，特别是男孩乐于在女孩面前炫耀自己的能力与才华，以赢得女孩的好感与赞许；少女开始有意识地修饰自己的仪表，注意讲究自己的谈吐，希望能够引起异性的关注和好感。但是我们的父母开始操心了，特别容易精神紧张，甚至不顾孩子的尊严而去偷看孩子的日记，想严加管理又缺乏科学的方法，生活中我们经常遇到父母与孩子因此而对立的案例。

（3）异性向往期。14~16 岁的青少年向成人过渡加快，在对异性产生好感的基础上，慢慢地由对群体异性的好感转向对个别异性的依恋，甚至有的还形成一对一的“专情”行动，而萌生了恋情。

（4）择偶尝试期。16 岁以后的青少年会开始对特定的异性产生自然而纯真的倾慕，伴随着生理成熟，男性出现遗精，女性出现初潮。高中毕业进入大学的青少年，对异性的爱慕和向往有了比较严肃的选择和排他性，自然而然地进入了恋爱择偶尝试期。男女双方从内心深处都感到异性存在的美好，并想尽办法用各种方式接近异性，希望引起对方的注意与好感。艺术高职院校学生正好是处于这个时间段，他们追求爱情，渴望恋爱，反映了在性生理成熟的基础上正常的性心理需要。

【案例】

我对异性的认知发生了偏差

我现在 19 岁了，在念大专。由于我从小性格内向，比较害羞，和女孩接触比较少，而且，常常听说有男孩和女孩发生性关系的信息，于是我就以为，男和女之间就只有那样的事，不知道还有情爱这一词。另外，我常常听说有的女孩因为失恋或者失身之后沦为妓女等，我还从黄色录像中见到一些风骚的女子很随便地与男性发生性关系，于是我就认为女人是很好骗的、是很贱的。这种想法我在初中时就有了。现在我很想改变这种看法，因为我有女朋友了，我想对她好，可是心里边那种偏见却老缠着我。她是很不错的女生，我也很喜欢她，但是我常常还是不珍惜她，而且经常伤害她刺激她，我很害怕她因此离我而去。

分析：因为在青春期缺乏正确的性教育，加之偷看黄色录像后对异性和性行为的错误认知，使这位同学的性心理发展出现了偏差。性无知在我国青少年人群中较为普遍，著名医学专家吴阶平指出：“没有青春期教育的教育是不完全的教育，青春期教育中性教育是最重要的内容。”大量的案例证实，几乎所有成年性心理障碍者，都在儿童或青少年时期便显露出某些偏离正常的趋向，直接影响到了自己的婚恋生活。因此，青少年性健康教育是非常必要的。

4. 直接影响性心理发展的因素

（1）遗传基因。男性的性心理障碍的发生，与一定的人格缺陷有关，如：露阴癖，最多见于具有抑制性特征的内向性人格群体，家族性易性癖病例也与遗传因素有一定关系。

（2）家庭教育。从小到大很少和父亲在一起，缺乏对父亲的认同，对母亲过分依赖的男孩容易产生恋母情结；而从小到大很少和母亲在一起，对父亲过分依赖的女孩则容易产生恋父情结。容易使男性成为同性恋的家庭因素有：男孩的成长环境中有太多的女性，因此使思想、言行倾向于女性化，习惯于女性的行为模式。容易使女性成为同性恋的家庭因素有：非常不稳定的家庭环境，父母不和，幼时有性创伤体验，对男性恐惧，母亲让女儿有畏惧做女人的感觉，父母希望她是儿子，等等。大量案例还表明，孩子无意间窥视到双亲的性生活、家长不适当的性讨论以及过分严格的禁欲教育等，也会对孩子的性心理发育产生不良影响。

（3）个体发展境遇中偶然事件的影响。个体早年遭遇性侵害可能导致她（他）对异性和性的恐惧和厌恶；黄色书刊和黄色光碟作为一种不良的性刺激，也常常是导致一些青少年性犯罪的直接诱因。

5. 性健康的意义

诗经曰：“靡不有初，鲜克有终。”意思是没有良好的开端就很难取得满意的结果。人们的性心理、性观念的发展也是如此。孩提乃至青春期引导上的失误，有可能毁掉一个人一生的性心理和性行为的健康发展，影响他们一生的“性”福，甚至出现因性问题所致的身心伤害，极少数人还可能走上堕落和性犯罪的道路。

性健康是完整身体及心理健康的一部分，是良好的人际关系的基础，对家庭幸福与社会稳定都十分重要。艺术高职院校学生正处于青春发育期中的“青年期”，是从半成熟半幼稚的状态进入成熟的关键时期，关注这一时期他们性心理发展的规律和问题，对他们进行科学的引导与教育，帮助他们掌握性心理、性生理和性道德方面的知识，形成正确的性观念与性行为，有助于解决他们的性困惑，提高其性素质，形成良好的性文明。

第二节　艺术高职院校学生恋爱现象与性心理状况

如今的大学校园，学生恋爱早不是什么新鲜事，而是一种较为普遍的现象。艺术高职院校也不例外，其中部分学生还出现了婚前性行为。因此，对艺术高职院校学生的恋爱与性心理状况进行分析，对于有针对性地加强对学生婚恋观的教育无疑具有重要的现实意义。

一、艺术高职院校学生恋爱现象面面观

1. 恋爱比例较高，成为校园普遍现象

在艺术高职院校，存在一部分未成年学生，如中国舞专业的小同学，十一二岁进来，十六七岁毕业，他们中没谈恋爱的同学不少。但由于艺术类学生的形象优势和个性特点，成年和相对高龄层次的学生恋爱的比率却明显要高于普通院校文科类和理科类学生。根据我们咨询实践中陆陆续续与不同年级、不同专业的男女学生进行的谈话发现，有大约70%的同学在大学里都谈了恋爱，30%的同学没有谈恋爱，而在30%的没谈恋爱的同学中新生占了大多数。

2. 常态甚至略偏传统的恋爱观

艺术院校女生多，女生又较之男生更活泼，在恋爱中优势更多，我们就以对女生调研的数据为例来说明，这一说明应该更有说服力。

首先，对大学期间学生谈恋爱，她们的看法很正常，甚至略显保守。调研中40.09%的人表示大学生谈恋爱“很正当，正在谈或曾谈过”；有34.48%的人表示“很正当，还没谈，遇到合心合意的也会谈”；有24.57%表示“很正当，但个人在校期间不想谈”；仅有0.86%的人表示“反对，影响自己的学习和今后的婚恋”。其次，她们的择偶标准也是值得认同和尊敬的。调查中，我们列了5个因素请她们选择并排序，结果，排序第一的是“有责任心，对我好”(51.29%的人把它排第一位，25.86%的人把它放第二位)，排第二位的是“性格志趣相投”(25.29%的人把它排第一位，33.62%的人把它放第二位)，排第三位的是“有才气，有内涵”(18.1 %的人把它排第一位，28.02%的人把它放第二位)，接下来分别是“外表帅气”(仅有3.88%的人把它排在了第一位，7.76 %的人把它放第二位)，“经济条件好，有房有车，不在乎年龄”(仅有0.86%的人把它排在了第一位，3.45 %的人把它放第二位)和“其他”(0.86%的人把它排在了第一位，1.29 %的人把它放第二位)，经济条件几乎排到了末位，远不像外界所猜测的“艺术院校美女多半是拜金女”。

3. 恋爱动机多元化和较大程度的盲目性

请见我们对艺术高职院校学生的“你是在何种情况下开始谈恋爱的”统计数据：

你是在何种情况下开始谈恋爱的?	总数（%）	男生（%）	女生（%）
一见钟情	36.61	37.71	34.65
摆脱压抑感	26.07	26.21	22.26
证明自己的魅力	16.25	15.64	17.33
满足好奇心	14.64	11.73	19.80
赶潮流	6.43	6.70	5.94
其他	4.26	4.32	4.22

按理说，大学校园里的爱情应该是纯洁而美好的，但市场经济下价值观的多元化也影响了大学生的恋爱观。上表调查数据显示，我们的同学在恋爱动机上是复杂的、多元的，而且存在较大程度的盲目性，对于爱的真谛的理解是有欠缺的。少数同学甚至渗入了不少功利性因素，他们在恋爱中过多地看重家庭背景等物质方面的因素，把金钱、权力、社会关系等因素作为衡量恋人的杠杆，忽略对方人品、道德、责任感，谈恋爱时讲求实惠和享受，甚至存在当“二奶”、做“三陪”、被包养的极端个例，急功近利，道德失范，价值观、恋爱观扭曲，目的只有一个，就是不想通过艰苦努力而快速达成目标。

【案例】

看清“嫁”的陷阱

据报载，南京一名女大学生陈红（化名）在一家制药厂实习时结识某制药厂销售部负责人刘某。刘某从此经常请陈红吃饭，出手阔绰。时年47岁的刘某早有妻室，还有三个女儿，却骗陈红说夫妻感情不和，已经离婚十多年了。之后，刘某多次购买贵重首饰送给陈红，并带陈红一起旅游。刘某的信誓旦旦很快俘获了陈红的心。陈红心想，自己不知道要奋斗多少年才能有个像样的窝，嫁给刘某应该是条捷径。抱着“学得好不如嫁得好”的心态，陈红很快与刘某同居，并怀上刘某的孩子。2007年2月，陈红产下一名男婴，但产后第20天的下午，刘某把孩子抱走，并送回徐州老家。陈红再三追问才知道，刘某根本没有离婚，找她只是想让她给自己生个儿子。原想麻雀变凤凰的陈红，却沦为人家“借腹生子”的工具。

分析：追求物质条件比较优裕的幸福生活本无可厚非，但态度要慎重，途径要对路！一些女孩认为“干得好不如嫁得好”，其实是非常片面和有害的观点。婚姻固然可以影响甚至改变女人的命运，但前提是你要真嫁对了人，而且你自身也足够优秀，对对方真正有强大和长久的吸引力。而且，选择一个“钻石男”把自己嫁出去，你绝对不能损害他人利益，不能做有违道德法律的事情。案例中女大学生陈红与年近50岁的人“谈恋爱”，虽说受了刘某的欺骗与诱惑，但只要稍微有点理智和常识，不过于看重物质诱惑，对于一个年近50的成功人士是否处在单身状态，是真的爱她想娶她还是另有企图等等，是不难了解和辨识清楚的。陈红为“攀高枝”轻易委身，自吞苦果可以说是自作自受，不值得同情，所谓“可怜之人必有可恨之处”，但却值得我们深思与警醒。

4. 恋爱行为的公开性

由于西方开放思潮的影响以及艺术类学生强调个性、崇尚自由的特点，学生的恋爱由羞涩与含蓄转向了恋爱行为的公开化，许多学生恋人在大庭广众、众目睽睽之下旁若无人地做出各种亲昵的动作，有的甚至在人前故意秀恩爱。在调研中，我们问：“你是否接受在公共场合拥抱接吻的行为？”结果有30%的同学认为“在公共场合拥抱接吻是个人的自由，可以接受，也不会去干涉”；有35%的同学认为“勉强接受这种行为，但是仍觉得不好意思”；有35%的同学则表示“无法接受这种行为，自己也不会这样做”。

5. 恋爱道德意识需要加强

20世纪90年代在中国蔓延的后现代主义社会文化思潮所倡导的质疑挑战权威的观念，对青年学生的恋爱观也产生了一定的影响。后现代主义强调的平等对大学生在恋爱和婚姻中追求平等具有积极的推动作用，但也导致了学生对传统恋爱和婚姻道德观的质疑和挑战。学生的贞操观念和责任意识趋于淡薄，在恋爱中，个人的情感凌驾于理性和道德规范之上。更有甚者，为了自己在物质或者是精神上的享受，不惜破坏他人的婚姻和家庭。我们在调研中发现：在“是否将恋爱对象作为婚姻的对象”这个问题上，有30%的同学表示“看情况，无法确定以后会与现在的恋爱对象结婚”；有30%的同学表示“在大学里谈恋爱不在乎长久，而是在乎曾经体验和拥有”；40%的同学表示“从来没有考虑过这个问题”。

6. 同性恋、多角恋、未成年学生恋爱现象值得重视与关注

教育管理实践中，我们发觉艺术院校同性恋现象似乎比一般院校要多，我们的调研一定程度上印证了这种判断。问题是这样设计的：“你周围是否有同性恋或有着同性恋倾向的人?”结果35.24%的人回答“有，而且看起来比一般学校要多”，52.59%的人回答“有，但非常少”，也有12.07%的同学回答“没有，反正我没见过”。当问到“你是如何看待同性恋现象的”时，有20.26%表示“可以接受，和异性爱一样，也是一种爱”，9.91%表示“不能理解，更不能接受”，69.83%表示“可以理解，但自己不能接受”。产生上述现象跟学艺术的孩子紧贴时尚前沿、较早接触社会等因素有一定关系。

此外，艺术院校女生多男生少，有时容易出现多个女孩喜欢一个男孩的情况，个别男生甚至以此为优势搞三角恋、多角恋，这非但不利于正常同学关系的发展，还有可能引发一些校园不安全因素和事故。有极个别女生同时和校内外多人保持恋爱关系，也很容易导致不良事件的发生。受学长学姐恋爱成风的影响等，少数低龄阶段的未成年学生也仿效谈起了恋爱，由于他们身心都尚未成熟，辨识与自我保护能力差，由此带来的危害较成年同学要严重得多。

二、艺术高职院校学生性心理情况分析

1. 婚前性行为比率明显增高

受西方性自由、性解放思潮影响，当代青年学生对婚前性行为日益持宽容理解甚至接受态度，学生同居现象日趋普遍。艺术类学生更不例外。伴随着恋爱的高比率，婚前性行为比率也明显增高。在对艺术类女生的调研中，我们有这么个问题：“你对婚前性行为的看法是什么?”结果有31.47%的人表示“情到浓时这是很自然的事，该来就来，发生了就去承受一切”；18.53%的人表示“不大好，但往往难以控制或控制不了”；有3.88%的人表示“没什么，都什么年代了，这不算什么问题”。但可喜的是，也有46.2%的人表示“不好，自己会坚决抵制”。

2. 常态甚至略偏保守的性爱观

从刚刚所述的女生对婚前性行为的认可和接受度就可窥见艺术高职院校学生常态甚至略偏保守的性爱观。虽然过半同学对婚前性行为持宽容理解甚至接受的态度，但有46.2%的同学表示“不好，自己会坚决抵制”，远远超过外界甚至我们的想象。调查中，我们还进一步了解她们“对婚前性行为最大的担忧是什么?”有59.48%的同学回答是“怀孕、堕胎、感染”；有31.90%的同学回答是“如果恋爱没有结果，不好面对以后的恋人、爱人”；8.62%的同学回答是“其他情况”。调查中，我们还请她们对自己这个群体的性观念进行总体评价，结论也是比较客观的，有82.33%的同学回答“不保守”，只有9.91%的同学回答“很开放”，还有7.76%的同学回答“比较传统”。现在舆论有对艺术类女大学生“妖魔化”的倾向，认为她们行为放浪，显然有违事实真相，是把个例和少数现象夸大化的以偏概全和哗众取宠，也是对艺术类女大学生极度不负责任的诋毁和中伤！据我们长期教育管理中的接触了解，绝大多数艺术院校的女孩子都是自尊自重的，她们是否发生婚前性行为基本不与道德品质相关，而更多地与个人性格、际遇、自控力等因素关联，在这群活泼漂亮的女孩子中，在校期间没谈恋爱和没有婚前性行为的绝非凤毛麟角。

3. 存在一些恋爱心理误区

少数学生由于恋爱观的偏差，导致性心理出现一些误区，主要是：

（1）性的随意性。少数学生不了解爱的真谛，或出于生理需求，或出于物质需求或出于攀比心态而恋爱，从而容易随随便便地付出自己的身体。不少大学生对热恋中的性冲动采取放纵的态度，认为关系反正已定，性行为是迟早的事，甚至认为它可以加深爱情的发展。有的不负责任，还美其名曰：“不求长相厮守，只求曾经拥有”；更有甚者认为婚前性行为可以积累“性经验”。可大量的事实告诉我们：学生时代性行为放纵得到了暂时生理上的满足，而带来的常常是空虚、厌倦、不安与自责。那种偷尝禁果时的复杂心态，也使得双方的性行为不可能达到真正的完美与和谐，反而有可能为婚后的性生活留下阴影。

（2）性的好奇心。一些同学受从众心理和好奇心驱使，看到人家都在谈恋爱，自己也要试试看，认为不谈恋爱同学会认为自己不成熟、没有魅力，从而没有面子。

（3）性的公开性。不少同学认为恋爱是个人问题，忽视了恋爱的社会属性，导致在公众场所中可以旁若无人地做出拥抱、接吻、抚摸等亲昵行为，损害了大学生清新健康的形象。

（4）性的交易性。还有极个别同学受拜金主义和享乐主义思潮影响，把爱情和性看成是追名逐利、及时行乐、满足虚荣的跳板和工具，电视剧《蜗居》热播时，我们调研女生“如果有机会当《蜗居》中的‘海藻’，你愿意吗?”结果有88.79%的人表示“不愿意，这是违背道德的事，也是女性不自立的表现”；8.62%的人表示“很难说，尤其是遇到感情伤害和经济问题的时候”，2.59%的人表示“愿意，如果依靠的男人有权有势又舍得为自己大把大把花钱甚至爱自己”。

4. 性知识比较贫乏

【案例】

透支未来　伤害自己

22岁的时候，小花（化名）已经有过7次流产的经历。从20岁第一次怀孕，她就觉得做人流是“很轻松的事，不过是睡一觉，醒来怀孕的问题就解决了”。当医生叫她去和妈妈说一声的时候，她惊讶地说，为什么要和他们说？“我已经不是第一次做了，不就是做人流吗？没事的。”在她看来，人流就如同打耳洞一样轻松。24岁时小花结婚了，结婚3年依旧没有怀孕的她，每天承受着来自外界的压力，以及来自身体的慢性疼痛。蜡黄的脸色和消瘦的身体，让她像一朵提前枯萎的花。这时她才知道，年轻时的肆意透支了未来，避孕从来不是个小事情。

在我国，青少年学生获取性知识的主要途径是报纸杂志、网络媒体、影视录像等，学校和家庭性教育严重缺乏，这就使得当代大中专学生普遍对性知识了解不够。艺术高职院校学生年龄偏小，还有未成年学生，加之文化底蕴不足，不爱学习，因而情况更甚。不少学生或缺乏性道德知识，或缺乏对两性心理的了解，或缺乏安全、科学的性技能，不知道如何避孕，意外怀孕后该如何处理，怎样应对性骚扰和性侵害。很多同学缺乏妇科、男科以及性病预防的基本常识，一些女生缺乏自我保护意识，认识不到早孕对身体和生殖健康的危害，造成怀孕和流产等等。因而学校因势利导地开展和加强性知识和性健康教育势在必行。

第三节　学会爱的艺术

美国著名诗人惠特曼说：“爱，不是一种单纯的行为，而是我们生活中的一种气候，一种需要我们终生学习、发现和不断前进的活动。”的确，爱不仅是一种情感，也是一种能力，一门艺术。在校大中专学生缺乏社会知识和经验，学会爱的艺术应该成为我们的必修课，只有这样，才能提高爱的能力，收获美满爱情。

一、处理好恋爱中的几对关系

1. 恋爱与学习的关系

恋爱是人生的一件大事，但它绝对不是人生的全部。学生的主要任务是学习，过早地恋爱，多少会影响到学业，但也不要认为爱情就一定是学习的绊脚石，处理得好的话，爱情也能对学习起到激励和推动作用。因此，对在校大中专学生来说，如果真的和爱情不期而遇，就要正确处理恋爱与学习的关系，以学业为主，以今后事业和人生发展为重，把爱情变成激发学习热情、推动事业发展的动力。

众所周知，学习是学生的天职，艺术高职院校学生学习任务不轻，不但要苦练专业基本功，还要学习补充文化知识。面对繁重的学习任务，在时间和精力有限的情况下，如果把爱情置于学业之上“不爱学业爱美人”，把宝贵的精力和美好的青春年华过多地消耗在谈情说爱上，既浪费了时间耽误了学业，又难以获得真正的爱情。学生时代谈恋爱，成功率本来就很低，如果学习耽误了，更是一件得不偿失的事。别林斯基早就说过：“如果我们生活的全部目的仅在于我们个人的幸福，而我们的幸福仅仅在于一个爱情，那么生活就会变成一片破碎的心灵和阴暗的荒原，在人生的交响乐曲中，事业才是永恒的主旋律。”只有把学业放到首位，一切以学习为重，全面提高自己的综合素质，才能使爱情的力量升华为促进学习的动力，这才是聪明智慧的选择。学业的成功又可以使自己得到升华，增强自己的学识与魅力，为爱情提供更加充足的营养，使爱情之花绽放得更加美丽。

2. 恋爱与集体的关系

恋爱中的同学容易忽视周围的人，游离于集体之外，陶醉和固守在卿卿我我的两人世界，这对在校大中专学生来说是非常不利的。它会限制你的交往范围，妨碍你的发展进步，不利于个人的成长和社会适应能力的提高。其实，一个热爱集体、关心他人的人，才能真正给所爱的人以至深、坚实的爱。

3. 恋爱与道德的关系

爱的情感并不仅仅是两情相悦，也是同道德责任紧密结合在一起的，只有以高尚的道德作为基础，才能获得真正的爱情。因此恋爱过程必须遵守相应的道德要求，恋爱的前提是双方平等、互相尊重；选择恋爱对象时应注意对方的道德品质；恋爱过程中应互帮互助、真诚相待，纯洁专一；恋爱行为要含蓄文明、自尊自重、自制自爱。

4. 恋爱与博爱的关系

爱的情感不仅包括情侣之爱，还包括父母之爱、朋友之爱、社会之爱、祖国之爱等诸多方面。一个大学生如果不爱父母、同学、朋友、学校和社会，也不可能在恋爱过程中付出真的情感。一个人爱的情感愈博大，其情爱也就愈专一，其性爱必然会愈高尚。只有把对异性的渴望、爱慕和追求与对祖国、对社会、对亲人的爱高度融合，爱情才能变得高尚和稳固。

二、不断提高爱的能力

爱的能力是指和他人建立亲密关系的能力，它对人的一生发展有着重要的意义。具备了爱的能力会使你好好地爱他人，好好爱自己，能真正体验到爱给人带来的快乐和幸福。恋爱的过程也是培养爱的能力的过程。爱的能力包括以下几种：

1. 给予爱的能力

要具有给予爱的能力，首先要懂得爱是什么，什么是健康的爱。其次，要了解自己，塑造自己。要知道自己喜欢什么，需要什么，适合什么；要了解他人，善于主动关心、帮助他人，学会克己与宽容；要培养独立的人格，增强勇气和自信心。最后，要掌握表达爱的艺术和给予爱的技巧。如果喜欢他（她），就勇敢、自信、真诚地表达出来，表达时要注意运用恰当方式和语言。在恋爱中要注意施爱的技巧，许多恋人之间矛盾不断，并非缺乏爱，而是沟通和给予爱的方式有问题。

2. 接受爱的能力

我们不仅要有施爱的能力，还要有接受爱的能力。很多人没有充分的心理准备，一旦爱情突然来临，显得惊慌失措，不敢接受属于自己的爱，以致错失机会和良缘。因此，要对爱神降临有足够的心理准备，要善于关注和辨识周围对自己有意思的异性，遇到合适的，就要勇敢地接纳。须知，爱是双向的，不仅仅是付出，同时也是收获。一个人只有体会到了他人的爱，才有可能给他人以更大的爱。

3. 鉴别爱的能力

首先，要能区分好感、喜欢和爱情，不要错把异性之间的好感、喜欢、友情错当爱情。一般来说，区分爱情和一般的友情并不难，日本一位心理学者提出了五个指标可供参考。一是前提不同。友谊的前提是“理解”，爱情的前提是“感情”。二是要求不同。友情的要求是地位“平等”，爱情的要求却要“一体化”。三是规则不同。友情是“开放的”，爱情则是“关闭的”。四是基础不同。友情的基础是“信赖”，爱情的基础则是纠缠着“不安”。五是期望不同。友情充满“充足感”，爱情则充满“欠缺感”。其次，要对示爱对象的情况能在较短的时间里有个清晰的、准确的、较为全面的了解，然后判断眼前这个人是不是适合自己，宜不宜接触和交往。这种辨识能力直接关系着你们的恋爱是否会和谐、是否高质量。富兰克林说过：“婚前要睁大眼睛，婚后要闭上一只眼睛。”前一句说的就是要提高爱的辨别能力。

4. 拒绝爱的能力

对于自己不愿意接受或认为不值得接受的爱情应有勇气拒绝。拒绝时应注意两点：一是果断。拒绝的态度和语气要果断坚决，容不得半点优柔寡断，否则对对方造成的将是更大的伤害。二是尊重。每个人都有爱和被爱的权利，也有接受和拒绝的权利。要尊重每一份真挚的感情，这既是对他人的尊重，也是对自己的尊重。要学会用充满关切、尊重、机智的方式来维护他人和自己的尊严，切忌不顾情面，恶语相加。

5. 解决爱的冲突的能力

爱情不可能只有甜蜜恩爱，它也会充满大大小小的矛盾冲突。这些冲突一方面来自日常生活中的不一致或不协调，另一方面来自双方性格的差异。相爱的人走到一起，不是为了寻求两个人的一致性，而是看如何磨合彼此的不一致，协调生活。爱需要太多的包容、理解和体贴。一旦恋人间发生矛盾，要学会用建设性的方式去解决。沟通就是非常有效的方式，恋人间需要有效的沟通，表达清楚自己的思想、感受，任何伤害性的争吵或者冷战都不利于问题的解决。

6. 保持爱情长久的能力

爱情需要保鲜，幸福需要经营，即便是步入婚姻的爱情同样如此。稳定和谐的爱情与婚姻需要双方共同经营。我们可以从两个方面入手：一是心中有自己，保持并不断提高自己的魅力。这就要求我们注重外部形象和内在修为。不要以为确立了恋爱关系或者结了婚就万事大吉，不修边幅，邋里邋遢，特别是女性，着装打扮更要得体、大方、漂亮、精致，男性也要适当讲究。内在修为男女都要注重，男人更甚，没有事业支撑的爱情难以持久。一位哲人说：只有事业有所成就，爱情才能有所附属。二是心中要有对方。多给另一半沟通、温馨的时间，多关爱彼此，这种关爱无须多么惊天动地的誓言或阔绰的物质表示，很多时候，一束花、一个微笑、一个眼神、一个动作、一声问候、一杯热茶都是爱情与婚姻的保鲜良药。

三、勇于承担爱的责任

关于爱情与责任的关系，我们可以这样形象地说：爱情是花，责任是土，土壤肥沃，爱情之花才开放得灿烂美丽，结出的婚姻之果才甜蜜好吃。

爱一个人，选择一个人，同时就意味着一份沉甸甸的责任。看着教堂里一对对美丽的新人，爱神眷顾他们让他们成为彼此的另一半，这时，慈祥的神父总是会问新郎新娘同样的问题："你是否愿意她（他）成为你的合法妻子（丈夫）？无论疾病还是健康，或任何其他理由，都爱她（他），照顾她（他），尊重她（他），接纳她（他），永远对她（他）忠贞不渝，直至生命尽头？""是的，我愿意！"没错，"我愿意"，我愿意对眼前这个我爱的人负责，呵护照顾她（他）一辈子。这种自愿担当的责任丰富了爱情的内涵，提升了爱情的境界。使爱情融入平凡的生活，变得更加平实而持久。

曾经有一个真实的故事，体现了婚姻中责任的含义。一个公司的CEO，是一个非常成功的人。有一天，他的妻子出了车祸，成了一个植物人。他从此不再工作，天天照顾、陪伴自己的妻子。公司董事长找CEO谈，提出由公司请几个保姆来全天照顾他的妻子，这样CEO就可以回公司上班了。CEO拒绝了，董事长说："她已经是一个植物人，什么都不知道了，就算你天天的照顾她，她也不知道你是谁了，保姆和你的照顾是没有分别的"。但CEO说："当她不知道我是谁的时候，我要知道她是谁！"多么崇高的责任感啊，真是让人震撼、感动！

大学生的恋爱大都是激情碰撞下的初恋，激情平息后，许多同学并不懂得如何去呵护对方，如何承担责任，往往造成对彼此的伤害。因此，当代青年学生一定要努力培养自己的担当意识和能力，没有一定担当能力时不要轻易说爱，一旦爱了，就要好好待他（她），关心他（她），照顾他（她），理解他（她），支持他（她），包容他（她），与他（她）同甘共苦，经受风雨。没有原则性分歧和不可调和的矛盾，不要轻言分手。我们老祖宗说得好："死生契阔，与子成说，执子之手，与子偕老"。因为爱了，所以在一起；因为在一起，所以对彼此应担负起责任；因为责任，所以变成了亲人，从此牵手到老。

四、微笑面对爱的挫折

【案例】

无法承受的伤害

肖某，女，19岁，某艺术高职院校环境艺术专业二年级学生。肖某来自农村。曾有轻度神经衰弱的病史。对于能到省城上高职，肖某感到万分高兴。到校后，学习刻苦，成绩优异，大一时曾被评为三好学生。随着年龄的增长，加上周围的同学陆陆续续已经找到了异性朋友，她也很盼望自己的那位白马王子早日出现。当她向本专业一男生表白时，遭到拒绝。事后，肖某夜不能寐，觉得做了件很丢人的事、丢了面子。由此经常剧烈头痛，胸中憋闷，度日如年，无法集中精力学习，最终产生了自杀念头。给系领导、父母、同学留下遗书后，她吞下了大量的安眠药。幸亏老师、同学发现及时，送医院抢救过来。经医生诊断，该同学生理未见异常，转由心理咨询专家进行辅导。

分析：恋爱是男女双方互相了解，培养加深感情的过程，恋爱的成功率本来就不是百分之百，失恋是很正常的事情。恋爱应该是双方自觉自愿的行为，一厢情愿的感情不是爱情。失恋并不可怕，关键是我们对待失恋要有正确的心态和认识，不能一失恋就痛苦得不能自拔，甚至轻生。

莎士比亚说："爱是一种甜蜜的痛苦。真诚的爱情永远不是走一条平坦的道路。"大学生心智都没有完全成熟，经济也不独立，还没到恋爱的成熟季节，因而在追求爱情的过程中遇到各种波折是在所难免的，最为突出的就是失恋。失恋以后，内心的痛苦是可以理解的，而且"爱得越深，痛得越烈"。那么，对于这种失恋的痛苦，我们应该怎样对待呢？请尝试以下方法：

1. 正视现实，失恋不失德

失恋之苦在于一个"恋"字，爱情是双向、相互的，以双方的爱情为基础，失去任何一方，爱情就失去了平衡，恋爱即告终止。恋爱中如果对方坚决要求分手，那么不管对方有多优秀，要分手的理由有多充分，也不管你对对方情有多深，你都必须冷静，不再痴缠，理性接受分手的现实，正如那首歌唱的：《放手也是爱》。不仅如此，还要尽量做到失恋不失德。有的同学失恋以后失去理智，死缠烂打，软磨硬泡，甚至要挟伤害对方；有的同学本来是有理的一方，却仗着占理做不道德的事，结果反而成为理亏的一方。做不成恋人，仍然可以是同学甚至朋友，即便对方在某些问题上有对不住你的地方，只要不是特别大的原则问题，应尽量宽容和谅解。如果真是原则问题，应该向老师或有关方面反映，寻求问题的公正解决。

2. 转移注意力，失恋不失志

失恋以后要设法尽快转移注意力，不要老是想着恋爱时的事情，那样于事无补，只会增加伤感。转移注意力的方法很多，可以找密友倾诉自己的心事，让朋友帮你一起分担忧愁；可以到大自然中去怡情，让青山绿水来洗涤忧伤。当然，最好的方式是把注意力转移到学习中去，那样可以把失恋的痛苦转化为学习的动力。文学巨匠歌德在23岁时第五次失恋，痛苦至极，差点拔剑自杀，但最终他抛却失恋的痛苦，以满腔激情写下《少年维特之烦恼》，把挫折当成了一笔宝贵的财富。

3. 理解对方，完善自己

要设身处地地为对方着想，这样做有助于你理解对方终止爱情的原因，有助于你接受失恋这一痛苦的现实并及早走出失恋的阴影。一个巴掌拍不响，一段恋情的结束，或多或少也会有自身的原因，静下心时不妨好好梳理，找出自己的不足和在恋爱中做得不够好的方面，这样，你反倒会变得成熟起来，帮助你在下一段感情中做得更好。

4. 相信“天涯何处无芳草”

失恋或单恋者要认识到适合自己的异性在各个阶层各个地域都存在，时刻向自己重复“天涯何处无芳草”(可以通过口头)，一段时间后自己就会相信它。相信佳偶并不难觅，就不会纠缠在一个人身上不放。

俄国诗人普希金有句名言：“假如生活欺骗了你，不要忧郁，不要愤慨！不顺心时暂且忍耐；相信吧，快乐的日子就会到来。”如果遭遇失恋，我们应该微笑面对。

美国著名诗人惠特曼说：“爱，不是一种单纯的行为，而是我们生活中的一种气候，一种需要我们终身学习、发现和不断前进的活动。”的确，爱不仅是一种情感，也是一种能力，一门艺术。在校大中专学生缺乏社会知识和经验，学会爱的艺术应该成为我们的必修课，只有这样，才能提高爱的能力，收获美满爱情。

课后活动

阅读短文：苏格拉底与一个失恋青年对话

网上有一则关于苏格拉底与一个失恋青年对话的童话，他教我们换个角度看问题：感激那个抛弃你的人。

苏（苏格拉底）：孩子，为什么悲伤？

失（失恋者）：我失恋了。

苏：哦，这很正常。如果失恋没有了悲伤，恋爱大概也就没有什么味道了。可是，年轻人，我怎么发现你对失恋的投入甚至比对恋爱的投入还要倾心呢？

失：到手的葡萄给丢了，这份遗憾，这份失落的感觉，您非个中人，怎知其中的酸楚啊！

苏：丢了就是丢了，何不继续向前走去，鲜美的葡萄还有很多。

失：等待，等到海枯石烂，直到她回心转意向我走来。

苏：但这一天也许永远不会到来。你最后会眼睁睁地看着她跟另一个人走了去的。

失：那我就用自杀来表达我的诚心！

苏：但如果这样，你不但失去了你的恋人，同时还失去了你自己，你会蒙受双倍的损失。

失：踩上她一脚如何？我得不到的别人也休想得到！

苏：可这只能使你离她更远，而你本来是想与她更接近的。

失：您说我该怎么办？我可真的很爱她呀。

苏：真的很爱？

失：是的。

苏：那你当然希望你所爱的人幸福？

失：那是自然。

苏：如果她认为离开你是一种幸福呢？

失：不会的，她曾经跟我说，只有跟我在一起的时候她才感到幸福！

苏：那是曾经，是过去，可她现在并不这么认为。

失：这就是说，她一直在骗我？

苏：不，她一直对你很忠诚。当她爱你的时候，她和你在一起，现在她不爱你，她就离去了，世界上再没有比这更大的忠诚，如果她不再爱你，却还装得对你很有情谊，甚至跟你结婚、生孩子，那才是真正的欺骗呢。

失：可我为她所投入的感情不是白白浪费了吗，谁来补偿我？

苏：不，你的感情从来没有浪费，根本不存在补偿的问题，因为在你付出感情的同时，她也为你付出了感情，在你给她快乐的时候，她也给了你同样的快乐。

失：可是，她现在不爱我了，我却还苦苦地爱着她，这多不公平啊！

苏：的确不公平，我是说对你所爱的那个人不公平。本来，爱她是你的权利，但爱不爱你则是她的权利，而你却想在自己行使权利的时候剥夺他人行使权利的自由。这是何等的不公平！

失：可是您看得明明白白，现在悲痛的是我而不是她，是我在为她而痛苦。

苏：为她而痛苦？她的日子过得可能很好，不如说是为你自己而痛苦吧。明明是为自己，却还打着别人的名义，年轻人，德性可不能丢哟！

失：依您的说法，这一切倒成了我的错？

苏：是的，从一开始你就犯了错。如果你能给她带来幸福，她是不会从你的生活中走开的，要知道，没有人会逃避幸福。

失：什么是幸福？难道我把整个的身心给了她还不够吗？您知道她为什么离开我？仅仅因为我没钱！

苏：你也有健全的双手，为什么不去挣呢？

失：可她连机会都不给我，您说可恶不可恶！

苏：当然可恶。好在你现在已经摆脱了这个可恶的人，你应该感到高兴，孩子。

失：高兴？怎么可能呢，不管怎么说，我是被人给抛弃了，这总是叫人感到自卑。

苏：不！年轻人的身上只能有自豪，何必要自卑。要记住，被抛弃的并不就是不好的。

失：此话怎讲？

苏：有一次，我在商店看中了一套珍贵的西服，可谓爱不释手，营业员问我要不要。你猜我怎么说，我说质地太差，不要！其实，我口袋里没有钱。年轻人，也许你就是这被抛弃了的西服。

失：您真会安慰人，可惜您还是不能把我从失恋的痛苦中引出来。

苏：是的，我很遗憾自己没有这个能力。但可以向你推荐一位有能力的朋友。

失：谁?

苏：时间，时间是人的最伟大的导师，我见过无数的被失恋折磨得死去活来的人，是时间帮助他们抚平了心灵的创伤，并重新为他选择了梦中情人，最后他们都享受了本该属于他们的那份人间之乐。

失：但愿我也有这一天。可我的第一步该从哪里做起呢?

苏：去感谢那个抛弃你的人，为她祝福。

失：为什么?

苏：因为她给了你诚实，给了你寻找幸福的新的机会。

说完，苏格拉底消失了。留下的路便由这位失恋者自己走了。

（文章来源 http：//www.douban.com/group/topic/13837221/，2012-7-16）

思考练习

1. 结合阅读上述短文的体会，谈谈年轻人应如何正确对待恋爱过程中遇到的挫折?
2. 你是如何理解爱情与学业的相互关系的?谈谈你在恋爱前后身心状况的变化。

第十章

网络心理辅导

——科学上网，不做网虫

丝丝心语

网络的交互式特征、匿名性和便利性……使得它容易让人上瘾。

——金伯利·杨

如果我们把网络看成工具而不是玩具，后果截然不同。

——迷恋网络劝谏语

案例导入

小王，男，19岁，某艺术高职学院影视系大二学生，由于长期沉迷于网络不能自拔，严重影响了学习生活，在班主任老师的建议下前来心理咨询中心寻求帮助。根据本人描述，进大学后开始接触网络，被五彩缤纷的网络世界所吸引，下课后就迫不及待地回寝室打开电脑上网玩游戏，玩到很晚都舍不得去睡觉。到了大二，这种情况进一步恶化：每天早晨眼睛都还睁不大开就用手摸索着电脑主机打开电脑，要先玩上几把才肯起床；每天晚上也是在网络游戏中厮杀，有时甚至通宵达旦；白天不去上课，玩累了就在宿舍睡大觉。因为长期旷课，学习根本跟不上，多门功课亮起红灯。据其室友反映，该生在寝室可以视为隐形人，他基本上不跟其他人打交道，也很少与班上同学接触，独自一人沉浸在网络世界里，对学校组织的各种活动漠不关心，从不参加，班主任为此多次找其谈话，但是没有效果。由于缺课次数太多，该生面临被劝退的危险。在这种情况下，班主任建议其来心理咨询室进行咨询，想寻找其网瘾背后的真正原因，看能否挽救该生，让其不再沉迷于网络。

心理评点：小王的问题，表面上看是一个网络成瘾的问题，但是通过与其交谈和深入分析，发现其上网的根本原因是因为对所学的专业没有自信。小王学的是影视表演专业，由于他觉得自己其貌不扬，身材矮小，而学这个专业的男生大多长得高大帅气，于是认为自己学这个专业没什么出路，以后当演员的可能性几乎为零。抱着这种心理，他逐步对学习失去了兴趣，开始自卑厌学，不愿意与同学交流，宁愿独来独往，为了逃避现实中的压力，便开始迷恋网络，沉迷于网游和网络交友中，在网络中寻求自我满足。

第一节 网络世界与心理健康

互联网作为一种最新的人际交流工具，已不由分说地闯入了我们的生活。据调查，从1997年到2009年，我国互联网用户人数从62万人猛增到2.98亿人，而且还在呈现加速增长的趋势，人类正大踏步地迈进网络时代。对此，有人欢呼，有人疑虑，当然也有人抗拒抵御。但可以预料到的是，互联网正如当年的汽车、电话等一样，无论你赞同与否，也无论其本身的优劣，都势不可当地往前发展，并且潜移默化地改变着人们的生活状态和生活方式，冲击着人们的思想观念。

在校园里，“上网”已经不是什么新鲜的话题，互联网自诞生以来，便以其独特的魅力给青年学生带来了深远的影响，也带来了全新的思维方式、学习方式、交往方式和生活方式。然而科学技术从来都是一把双刃剑，互联网当然也不例外。它给我们的生活带来种种便利的同时，也带来了许多消极影响。因此，科学认识互联网，充分利用它给我们学习生活带来的积极作用，同时正视其负面影响，培养良好的网络心理素质，是当代青少年学生心理健康发展的重要课题。

一、精彩纷呈而又良莠混杂的网络世界

所谓互联网就是指集通信网络、计算机、数据库以及日用电子产品于一体的电子信息交换系统，它能使每个人随时随地地将文本、声音、图像、电视信息传递给设有终端设备的任何地方、任何人。互联网又被称为继报刊、广播、电视之后新兴的第四媒体，甚至它还涵盖了前面三大媒体的功能。自 1969 年计算机网络在美国诞生以来，它便以惊人的速度在全球扩张并且占据了社会生活的各个领域，渗透到我们生活的方方面面，成为我们生活不可或缺的一部分。

那么，如何科学认识网络？网络世界有哪些特点？简洁地概括就是：精彩纷呈而又良莠混杂。我们可以从下述方面来综合理解：

1. 内容的丰富性

（1）信息的丰富性。网络的信息容量非常之大，可以容纳这个地球上所有的信息，无论时事政治、战争和平、娱乐新闻、巷尾趣谈无所不包。信息网络为人们提供了巨大的信息资源，在网络上你可以了解发生在过去的历史事件，也可以知晓发生在今天的现实新闻；可以知晓远到大洋彼岸的五彩缤纷，也可以了解近在身边的点点滴滴。网上搜索引擎帮你在铺天盖地的信息中迅捷地找到你所需要的东西，在亿万中国网民中流传着一句家喻户晓的话：“百度一下，你就知道。”

（2）功能的丰富性。你可以在网上收发邮件、看电影电视、玩网络游戏、听音乐广播、看杂志小说、交话电费、网购网销、网银支付、买卖股票等等，还可以网上应聘、征婚交友、网络教育等等。总之，功能很是强大，几乎生活中的一切都可以在网络上方便快捷地进行。

2. 环境的开放性

互联网是一个全球性的开放系统，任何人都可以通过网络与整个网络世界，与所有的“网络人”进行交往，接收来自世界各地的信息，也可以方便地发送信息，并且在网络中，地理距离对交流对象的选择毫无影响，人们完全可以凭借共同的兴趣和信念寻找交流伙伴。网络不排斥任何人，网络用户可以在网上随心所欲地“冲浪”。网络的开放性可以给人们带来大量的新信息和先进观念。但是，也给一些图谋不轨之人提供了便利，给虚假和不健康甚至反动信息的传播提供了可乘之机。例如一些不法分子利用网络的这种开放性在网上合伙进行反社会的活动，等等。

3. 互动的虚拟性

互联网构建的世界是一种“人造的世界”，是虚拟的世界，虚拟世界中的一切事物只是信息的集合，而非物质的集合。网络社会的虚拟性是其最主要的特征，互联网宣布了虚拟时代的来临，这种虚拟生活对人类社会产生了巨大的影响。不需要面对面接触，仅通过敲击键盘就可以进行交流，这样人们就可以对自己的身份进行虚拟和扮演。有这样一句网络幽默：“在网上，没人知道你是一条狗。”于是，有些人会隐藏自己的身份以满足其令人不快的需要，例如攻击他人，或是开诚布公地讨论一些隐讳的问题，这些

问题通常在面对面交往中是不便提及的。

另外，人们还利用日新月异的电脑网络技术创造出许多虚拟的事物，许多电视、电影的画面都是应用了电脑模拟技术制作的。总之，在“网络社会”这个崭新的信息世界，行为往往是在“虚拟实在”的情形下进行的，在网络中，可以使人们的想象力得到无尽的发挥，许多在现实世界中实现不了的“想法”也可以在网络中轻松地实现。

4. 速度的快捷性

以计算机、通信和信息技术为支撑的网络已经成为连接信息社会最主要的纽带，它将世界的各个角落联成一体，形成了一个崭新的信息和通信网络系统，能够在便捷地传递信息的同时处理庞大的数据、信息等，并且将世界万物都囊括在网络中。通过网络，人们可以从浩如烟海的信息中查询到自己需要的内容；电子邮件已经成为网络人际互动的工具，人们通过电子邮件能够快捷地和他人进行交流，无论多遥远的距离，人们也能很快地联系上，不像传统的邮件需要等待很长的时间；不用坐车、坐船、坐飞机，你就可以和远隔重洋的亲朋好友互通音信，可以通过视频通话见到对方。随着网络技术的日益进步，其兼容性也会越来越强，上网将变得越来越方便、快捷，它实现了整个世界的快速、适时连接，打破了时空限制，形成了信息内容和信息传播方式超地域性的统一。

5. 资源的共享性

网络拓展了人类的认识和实践空间，远在天涯的人们可以瞬间变为谈天说地的朋友，庞大的地球在网络的影响下变成了“村落”。在网络环境中，人人都可以在网络上使用最先进的软件和资源库。网络还把异质的宗教信仰、价值观、风俗习惯、生活方式呈现在人们的面前，经过频繁洗礼和自主选择，不同国家、不同习惯、不同生活方式的人们通过学习、交往、借鉴，达到共识、沟通和理解的目的。

总之，当互联网超时空地把世界连接成“地球村”后，每个网民在这个“村”里都是平等的公民，平等地享受网络的各种资源和信息，突破了种族、国家、地区等各种各样有形无形的界限，真正实现了全球范围内的人类交往。

二、网络对青少年的影响

“上网”已经成为了一种时尚，而在庞大的网民群体中，青少年占了很大的比例，并且还在逐步增多。据调查，目前网民中 18~35 岁的青年占 85.8%，18 岁以下的占 2.4%。互联网成为了青少年学习知识、交流思想、休闲娱乐的重要平台。但网络是把“双刃剑”，它对青少年身心健康的发展既有正面影响也有负面作用。

1. 网络对青少年心理健康的积极影响

（1）给青少年的学习生活带来便利。互联网是集各种功能于一体的辅助性工具，青少年如果能够适度、合理地运用，使互联网功能得到最大的发挥，就能给自己的学习生活带来便利。如可以足不出户地在当当网上购买自己所需要的书籍，在学术期刊上搜索文献资料，节约了在图书馆茫茫书海中寻找资料的时间。作为艺术院校的学生如果能积极运用互联网的信息渠道功能，更能给学习生活带来无限便利。因为艺术院校的学生很多时候需要的学习资料不光是文本性质的，更多是音频、视频性质的，这样他们可以利用网络搜索下载自己所需要的音频、视频资料。像学舞蹈的学生可以在网上搜索自己需要的舞蹈视频，自主学习舞蹈动作、剧目等。

（2）开阔青少年视野。互联网是个信息宝库，学术、经济、娱乐信息以及其他各种各样的知识应有尽有，内容丰富且生动形象。同学们可以通过网络获取各种信息，开阔自己的视野；通过网络了解国内外时事要闻，让自己跟上时代的发展。艺术院校的学生可以通过网络了解与自己专业相关的各种新闻、信息，例如自己喜欢的歌星开音乐会的情况，最近推出了什么专辑、单曲，自己喜欢的演员最近有什么新作品等等。

（3）满足青少年交流、沟通和理解的需要。网络高效、快速、方便、独特的交流方式与当代青少年偏于好奇、乐于幻想、追求独立的心理相吻合。互联网上的沟通方式多种多样，大中专学生可以通过互联网经常与家人和朋友保持联系，获得心理支持；也可以通过互联网与兴趣相投的人保持联系，建立正常的人际关系，拓展自己的人际交往范围；很多人还乐于把平时不愿意跟父母、老师讲的，不能与同学分享的心事跟网友倾诉，满足理解的需要。

（4）满足青少年娱乐放松的需要。学习之余，青少年可以通过互联网适度地进行一些娱乐活动，使自己由于长时间学习紧张疲惫的神经得到放松，从而更好地投入到学习中去。同时，还可以通过互联网的娱乐功能让自己的负性情绪、压力等得到合理的排解宣泄，从而有利于保持良好的情绪状态。

2. 网络对青少年心理健康的消极影响

网络虽然带给我们无尽的好处，但青少年如果无节制地滥用，则会使它发挥消极的作用，对现实生活造成负面影响。

（1）网络有可能对青少年思想品德素质产生消极影响。主要体现为：网上信息泛滥可能造成青少年信仰的缺失或价值观的多元化，影响青少年正确的人生观、价值观的形成；互联网上信息接收和传播的隐蔽性，有可能引起青少年道德意识弱化、社会责任感下降；网络交流的隐藏性、无约束性，容易使青少年做出一些违反常规的事情，甚至走上犯罪的道路。

（2）网络有可能对青少年智力素质产生消极影响。主要体现为：网络聊天是许多青少年上网的主要内容，多数进入聊天室聊天的青少年大都没有固定的话题，这种散漫的聊天方式，容易影响青少年的逻辑思维能力和注意力；网络挤占了青少年读书和思考的时间；在网络上，有人靠帮别人写论文、做作业赚钱，于是，许多缺乏自律的青少年从网络上下载文章作为作业交给教师，甚至硕士、博士论文也从网络上购买，这就大大影响了青少年学习的态度；现实生活中有不少青少年由于过度地迷恋、依赖网络，沉湎于网络之中，使正常学习、生活秩序遭到破坏，学习时无精打采，学习成绩下降，有的甚至厌学、逃学、辍学。

（3）网络有可能对青少年身体素质产生消极影响。主要体现为：长时间连续上网会造成情绪低落、眼花、双手酸痛、疲乏无力、食欲不振、焦躁不安、血压升高、植物神经功能紊乱、睡眠障碍等，网吧等不良的上网环境也会损害青少年的身体健康。

（4）网络有可能对青少年心理素质产生消极影响。主要体现为：长期上网会引发青少年网络孤独症，人际情感淡漠，对现实社会产生不认可甚至逃避的心理；“网恋”和网络聊天会引发青少年系列感情纠葛，导致各种情感问题；网络的虚拟性、隐蔽性，会诱发青少年的双重人格障碍；网络操纵时间失控，还会导致网络成瘾症，使青少年变得孤独、敏感、忧郁、警觉、不服从社会规范，甚至出现精神障碍、自杀等情况。

（5）网络有可能对青少年社会适应能力产生消极影响。主要体现为：网络是一个虚拟的世界，人们网上交际主要依靠抽象的数字、符号，青少年长期沉迷于这种人机对话模式，会使社会适应行为和能力受到影响，甚至患上“网络社交障碍症”；在网络环境下，青少年交往的对象、身份都不确定，这就减弱了青少年社会角色的获得能力；网络交往的虚拟性、自由性，很容易导致人们行为的普遍失范，不利于青少年的社会化，甚至导致青少年社会化的失败。

第二节　艺术高职院校学生的网络心理

网络以它独具一格的特点对青少年心理行为产生了重要的影响，了解艺术高职院校学生的网络心理特点和常见的网络心理问题，可以预防和治疗他们由于迷恋网络带来的心理发展障碍等方面的问题，有利于恰当地引导他们将学习、生活与网络这一强大的工具结合起来，促进学习和发展。

一、艺术高职院校学生的网络心理特点

艺术高职院校学生既有着青少年网络心理的一般共性，一些方面也有着更为突出的特点，主要是：

1. 猎奇动机比较强

喜新猎奇本来就是青少年的鲜明个性特点，学艺术的青少年热情奔放，更喜欢追求新奇的事物；网络资源的丰富性、内容的刺激性更会催化他们的猎奇心理。据了解，有相当一部分学生上网的目的就是猎奇，追寻一种在现实生活中难以了解，通过正常渠道难以获得的奇、艳、特事物或信息，以此获得感官刺激，产生创作的欲望和灵感。

2. 发泄和减压动机比较强

随着社会竞争的日益激烈，社会对人才质量的要求也越来越高。进入艺术高职院校的学生无论专业还是文化都不是最出类拔萃的，面对严峻的就业形势和激烈的人才竞争，比照自己的资质条件，有相当一部分同学感到迷惘、恐慌甚至焦虑、抑郁，于是，很多同学选择网络这个虚拟世界来逃避现实的压力。在互联网上，他们可以投入到疯狂的游戏中以此忘却一时的现实压力，也可以找个陌生人倾诉自己的种种苦闷。

3. 自我实现动机比较强

虚拟的互联网可以成为大中专学生“实现自我”的一个理想王国，特别是对于艺

术类学生来说，互联网给他们提供了一个自我实现的平台。在互联网上，他们可以享受到平等、自由、成功、刺激的感觉。一些同学本来就是抱着明星梦而来的，他们看到传媒和艺术的繁荣兴旺，看到明星大腕的耀眼光环，于是迈入了艺术院校，跨进了艺术这个行业。一旦发现理想与现实之间存在着巨大的差距，自己的目标很多在现实中难以实现时，一些学生开始寄希望于网络，在网络上发表自己的各种作品，悬挂自己的艺术照片，上传自己拍的短片、录制的歌曲等等，希冀通过这种方式来获得公众的认可，或者遇到伯乐，从而实现自己的理想。

二、艺术高职院校学生常见的网络心理问题

1. 网络焦虑

网络焦虑主要是指使用者在触网之后由于缺乏网络知识，担心被他人嘲笑或被社会淘汰而造成紧张和焦虑的不适应状态。艺术类学生，在学习上表现为重专业轻基础，在基础教育阶段忙于专业特长的学习和培训，忽视了科学文化基础知识的沉淀。特别是像计算机课这样的课程，对一些既往没有或者很少接触过互联网的同学来说还是有一定难度的。当他们面对色彩斑斓的网络世界、看到层出不穷的各种网络应用软件，瞧见同学们在网上购物、聊天、熟练地使用电脑时，难免感到了焦虑和迷茫，担心自己成为“网盲”，怕因为不会使用计算机而被同学嘲笑。熟练运用网络的同学也面对类似的问题，他们对网络的焦虑主要是害怕跟不上网络的发展速度。互联网时代，空间、人人网、博客、微博这种个人主页时常更新，CS、魔兽、dota等网络游戏层出不穷，网购、秒杀、团购各种网络交易花样繁多，艺术高职院校学生又是一群追求新奇刺激的年轻人，他们生怕自己因为不懂得新鲜的网络用语，没玩过最新、最火的网络游戏，没尝试过新的网络应用功能，错过了最近的网络信息而落伍。面对铺天盖地的网络信息，日新月异的网络技术，他们开始无所适从了，产生了网络焦虑。

【案例】

某女生每天都花大量的时间在网络上，浏览各种信息，关注各种新闻动态，生怕错过遗漏了什么信息，因此经常不去上课，就泡在互联网上。如果出现一段时间网络无法连接，停电等无法上网的情况，心里就非常不踏实，出现浮躁、焦虑不安的情绪，并引发失眠、头痛、精力不济等生理反应。

2. 网络孤独

网络孤独主要是指人们希望通过上网解除孤独，但是上网不但没有解除孤独，有时甚至加重了原有的孤独感。我们一些同学特别是女生，由于周围同学大都长得比较出众且家境不错，如果自己姿色平常或者家庭贫困，很容易因此而产生自卑感；加上学艺术的人心思又比较敏锐、感性，常因此不愿意或者不善于与他人交往，甚至觉得现实生活中的人际交往都是虚情假意的并由此产生厌恶感。当他们接触到互联网后，更青睐网上

交往这种隐匿的交往形式，常上网向网友发泄自己的不良情绪，排解忧虑，讲述自己“心灵的故事”，这时他们会觉得自己得到了一定的心理支持，然后心情也会随之放松。可在生活中他们依然要面对现实的人际关系，孤独并未远去。沉溺于网络交往中的同学，往往会淡化与现实世界中人们的交往，这使他们更难与身边的人进行正常的交往。

【资料】

美国的一项调查表明，每周上网一小时，会有40%的人孤独程度增加20%。中国的相关调查也显示，在上网的青少年中，有20%的青少年有情绪低落和孤独感，12%的青少年与家人、朋友疏远。调查中，75%的受访者表示周边存在“网络孤独症”的青年多，其中22.9%的人表示“非常多”，34.4%的人坦言自己就有“网络孤独症”，60.9%的人表示网络让日常生活中的亲情友情爱情都变淡了，39.4%的人认为上网对自己与家人朋友的关系影响很大。另外，83.2%的人坦言网络改变了自己和周边人的性格。具体而言，63.6%的人认为过度上网使人“变得内向”，57.3%的人觉得整天泡在网上让人“更孤独”，46.2%的人选择“缺乏创造性”，41.5%的人选择“变得被动”，34.8%的人指出网络会让人“情绪低落”。

3. 畸形网恋

网络改变了人们的生活，提供了新的交友方式和途径。时下，网恋成为了人们获得爱情最时尚的方式之一，艺术类学生中网恋更具有高比例、公开化、轻率、速成的特征。心理学家指出，大学生网恋一般容易上瘾，而且一旦上瘾就会沉湎其中不能自拔，把网上爱情视为生活的唯一追求。网恋不仅影响了学习，而且容易使他们减少与身边同学、朋友、师长的交流，不愿意参加集体活动，性格变得孤僻，甚至造成人格分裂；网恋如果被骗，对当事人更是一个沉重的打击，一些受到打击的学生，由于得不到及时的引导，甚至断送了一生的前程。

【案例】

《梅州日报》2006年1月6日第二版刊登了《网上交友惹杀身之祸　花季少女被抛尸河中》一文，看后着实让人痛心。这是一起典型的网恋危害事故，18岁的少女正处于如花季节，却因迷上网恋而遭遇“海誓山盟”的“男友”杀害，生命之花过早凋谢……

随着网络的迅速发展和普及，网恋这种特殊的恋爱方式，正在成为年轻人新的生活方式。而艺术类学生之所以容易钟爱网恋，不外乎几个原因：第一，距离产生美。大学校园本来就充满着浪漫的气息，艺术类学生又对新事物有强烈的猎奇心理，喜欢文艺浪漫，容易被网上陌生人的神秘、浪漫和新鲜吸引。第二，寻找自我。有一部分同学性格内向、敏感、自卑、抑郁，缺乏社会交往，自我价值感低，不敢向身边的异性表白情感，而网络正好给他们提供了掩护自尊、获得异性认可的虚拟环境。第三，学习压力。

艺术高职院校里有相当一部分同学学习动机不强、厌学，大学里面的学习任务仍然繁重，他们思想上又没有充分的准备，造成了学习上的不适应。还有一部分学生出于对传媒和艺术耀眼光环的憧憬，而对专业本身缺乏起码的认知，只看见传媒和艺术从业者的风光表面，看不到他们背后的辛苦与付出。进入学校后，新鲜感逐渐消失，生活渐趋平淡，就灰心失望，懒散厌学，心情郁闷，学习兴趣低，于是到网上寻找刺激。第四，青少年学生普遍有“凡事都想体验”的心理特点，对网恋也不例外。这些因素导致学生忽视现实的爱情生活，回避真实的情感，然而他们却忽略了网络中潜伏的危险。网络专家研究认为，网络世界中，人们以匿名方式出现，容易诱发人性恶的一面，许多人可能会从恶作剧开始，发展到故意搞情感欺骗。犯罪分子也会利用青年学生的心理特点和网络的间接性，实施诈骗。

每个人都对爱情有美丽的幻想，而网恋就是实现的方式之一。但网络是一个虚拟的世界，当只剩下虚拟精神交流的时候，也掩盖住了真实的面孔。网恋在披上浪漫面纱的同时，也会把本来的面目遮盖起来。一旦返回现实发现网恋并不如想象中那么美丽时，许多网恋就成了一场悲剧。

4. 网络成瘾综合征

“网瘾”即“网络成瘾综合征”，英文简称为 IAD。我国心理学者程玮在《大学生心理教育与发展》中是这样定义的：IAD 是指“上网使用者达到一定的时间量后反复使用互联网，其认知功能、情绪情感功能以及行为活动，甚至生理活动，已偏离现实生活，受到严重损害，但其仍不能减少或停止使用互联网”。其基本症状是上网时间失控，欲罢不能、可以不吃饭不睡觉，但是不能不上网。艺术高职院校有一部分学生存在不同程度的网瘾，从心理上对网络有着一种依赖感，为了上网而逃课，导致学业荒废；从网上获得愉快和满足，下网后感到空虚、烦躁、无所事事；对大学生活中的各种活动漠不关心，缺乏进取心；性格孤僻，与周围同学相处不融洽，以上网来逃避现实生活中的烦恼等。

【资料】

网络成瘾的危害

网络成瘾给大学生身心和学业的危害是非常明显的。近年来，由于网络成瘾而导致学习成绩下降、退学，甚至犯罪、自杀、死亡的事件不断发生，其严重后果已引起了社会、高校和家长的普遍忧虑。据报道，2000 年在华东理工大学 237 名退学、试读和留级的学生中，有 80%是因为迷恋网络而导致成绩下降的。2002 年浙江大学退学了 120 名学生，他们大都是沉迷于网络，不知归路。2003 年 2 月，武汉某大学计算机学院 21 岁的学生唐某上午课程结束后，顾不上吃饭，便和同学直奔网吧打游戏，连续上网 5 小时后，突感头痛，口吐白沫，最终导致“脑死亡”而离开人世。南京某大学二年级学生王某因为迷恋上网，多门功课亮“红灯”被学校劝退，后来成为盗贼，在大专院校大肆偷盗电脑配件，涉案价值高达 30 万元。大连海事大学学生赵某，由于迷恋网络，荒废学业，被学校开除，其 80 岁高龄的爷爷感到无比痛心和担忧，恳求学校再给赵某一次求学机会。

（资料来源：余孟辉，曾伏云．大学生心理与生理健康教育［M］．长沙：国防科技大学出版社，2006：126-127）

第三节　科学上网，不做网虫

网络的出现改变了人们的生产和生活方式，对人的心理和心理学的发展也产生了很大的影响。面对网络这把“双刃剑”，我们需要采取一系列科学有效的应对策略，充分发挥网络的积极功能，努力克服网络带来的消极影响，培养健康的网络心理，提高网络素质。

一、网络心理健康的标准

据某媒体对大学生上网目的的一项调查，主要用于聊天者占34%，主要用于玩游戏者占28%，主要用于查资料者占30%，其他占8%。也就是说，62%的大学生在网上从事与学习、工作无关的消遣活动。由此大学生也伴随着出现了很多不良的网络心理和网络行为，如网络成瘾、网恋、网络孤独、黑客行为等等，塑造大学生的健康的网络人格刻不容缓。

网络时代心理健康的标准是什么？心理学界至今没有标准的说法，比较普遍的看法是：

1. 有正确的网络心理健康的意识

一个心理健康的人首先要具有正确的心理健康意识，认识到心理健康的重要意义和现实价值，能够运用正确意识指导自己的心理和行为。健康的网络心理意识是指对网络有着全面的认知：既认识到网络的积极作用，也了解其负面影响。在此基础上对网络抱有正确的态度：利用它而又不被它轻易左右。

2. 能够保持在线时和离线时的人格统一

在线时能够积极主动地接受和处理信息，离线后能够迅速地从虚拟情境中走出来，而不是仍然沉溺其中。

3. 有正常的人际交往，人际关系协调，能够与周围环境保持良好的互动

具有健康网络心理的人，应该在离线时能够维持并发展现实正常的人际交往，并能够同周围环境和人保持良好的联系与沟通。

4. 不因网络的使用而影响正常的学习和工作

如果因为上网的原因而影响正常的工作、学习、家庭生活、人际交往，就属于网络心理不健康的范围了，需要进行及时的调整、控制或治疗。

5. 不影响到身体健康，离线时身体没有明显的不适应。

在线的时间以身体健康为底线，以不影响身体健康为前提；离线后不会因为使用网

络导致身体的感觉器官、消化器官、神经系统以及其他的身体器官机能下降或失调，能够保持机体的平衡。

二、“网络成瘾”症的心理分析与防治

1. 网络成瘾理论

与物质依赖的成瘾行为相比，网络过度使用没有受到任何摄入物质的影响，是一种最为单纯的行为成瘾，故其依赖状态的形成主要是心理机制所致。网络过度使用的理论主要有心理学理论、社会学理论和生理学理论三个流派。

（1）心理学理论。

①强化理论。在上网的过程中，体会到的是精神上的满足和快感，上网——注意力从现实中转移——忘记生活中的烦恼，一系列的条件反射强化了其上网行为。

②缺陷人格理论。从个案研究可以看出，许多IAD患者都有自己在现实生活中无法解决的问题。有些人考试成绩不好，老是被人嘲笑；有些人极其内向，与人交往时感到极端的不舒服；有些人与配偶的感情不好，出现裂痕；有些人长相难看，羞于见人，常常封闭自己；有些人处于社会的下层，向往社会上层的生活等等。通过个案分析的方法，对已患有网络过度使用的人进行分析，归纳出其人格特征为：敏感、警觉、倾向于抽象思维；不服从社会规范，性格内向、脆弱，适应环境能力较差、依赖性强、喜欢独处，在人际交往中感到困难。那些家庭缺少幸福感以及与父母管教方式有剧烈冲突的大中专学生，最容易变成网络的俘虏。当然，并不是全部具备这些特征的人才易患网络过度使用，而是只需具备其中的一项或几项。

（2）社会学理论。主要有社会学习理论。这一观点是美国犯罪学家萨瑟兰在1939年首次提出的。他认为成瘾是个体学习的产物，个体最亲近的社会主体，如家庭和朋友对其行为的学习具有最大的影响。

（3）生理学理论。该理论认为人脑中有“快乐中枢”，每当网络过度使用者上网时会对大脑进行化学反应式的刺激，从而释放出多巴胺，进而使人产生快感。如果这种刺激是经常性的，大脑会强化自身的这种化学反应，从而产生成瘾行为（诺拉·沃尔科）。研究表明，成瘾者脑内有效的多巴胺水平低于常人，而上网正好有提高大脑多巴胺水平的作用。

此外，我国学者段兴利（2005）针对大学生提出了IUE模型。它的基本观点是：网络（Internet，I）的吸引力（信息的丰富性，身份的匿名性，地位的平等性，行为的去抑制性），大学生（University student，U）自身身心特点的推动力（大脑“快乐中枢”的激活，心理的特殊性，大学生自身的人格缺陷，需要的满足），环境（Environment，E）的影响力（家庭、学校、社会的影响）是造成大学生网络过度使用的主要因素。它们相互渗透、共同作用，在其“合力”作用下，大学生容易陷入网络之中。多数学者认为这一理论模型也适合其他人群。

2. 网络成瘾的治疗

由于网络过度使用的发生机制较复杂，干预效果的评价工具也各异。总体而言，国内外网络过度使用的治疗方法主要包括心理治疗和药物治疗，必要时可根据情况选择两种手段合用的方法。北京军区总医院成瘾医学中心率先提出网络过度使用治疗单元这一全新治疗模式的理念（陶然，2004）。网络过度使用治疗单元由内科医生、精神科医生、心理医生、药剂师、护理人员、素质教育者组成，为网络过度使用患者提供药物治疗、心理咨询、物理治疗、人格行为矫正、习惯养成、社会工作、心理护理和康复及健康教育等服务。网络过度使用治疗单元有利于制订网络过度使用综合治疗计划，有效利用医疗资源，体现了现代生理—心理—医学模式多学科合作和整合的医疗模式。该治疗模式治疗网络过度使用效果尚需在进一步大范围的临床实践中验证。

（1）心理治疗。对网络过度使用采用心理治疗是目前国内外比较通用和富有成果的方法。国外最早于20世纪90年代中后期开始这方面的研究，我国则是从近几年才开始的。目前国内外应用得比较多的心理治疗方法主要包括：认知行为疗法、焦点解决短期疗法（SFBT）、家庭治疗、精神分析疗法、厌恶疗法、系统脱敏疗法、团体心理辅导法、强化干预法（包括奖励和惩罚）、转移注意力法、替代延迟满足法等。

①认知行为疗法（CBT）。认知行为疗法是心理治疗的常用方法。它包括认知治疗和行为治疗两部分，常使患者暴露于刺激之中，挑战上瘾者对网络的不适应性认知，并训练大脑以不同的方式进行思考。在治疗过程中，患者要接受心理医生教给他的观念和行为，并反复加以练习以使大脑得到新的学习，久而久之这种练习就变成患者自发性或习惯性的行为。CBT包括给患者布置家庭作业，并要严格执行治疗方案。近年来，CBT已被学者和临床医生用于网络过度使用障碍的治疗中，成为治疗网络过度使用的主要方法。对于这种疗法的研究，美国学者金伯利·杨和加拿大学者戴维斯分别提出了自己的认知行为疗法，也是最为系统性和理论化的疗法。杨认为，由于互联网的社会性功能，因而很难对网络过度使用采取传统的节制式干预模式。在借鉴相关成瘾症的研究和治疗方法的基础上，杨提出了自己的认知行为治疗方法，主要分为8个步骤，分别是反向实践、外部阻止物、制定目标、节制、提醒卡、个人目标、支持小组和家庭治疗。他主要是从时间控制、认知重组和集体帮助的角度提出的治疗方法，强调治疗应该帮助患者建立有效的应对策略，通过适当的帮助体系改变患者上网成瘾的行为。而戴维斯则根据他自己提出的"病态互联网使用的认知—行为模型"，提出了一套系统的治疗网络过度使用的认知行为疗法，他把治疗过程分为7个阶段，依次是定向、规则、等级、认知重组、离线社会化、整合和通告。戴维斯的整个治疗过程需要11周完成，从第5周开始给患者布置家庭作业。这种疗法强调弄清楚患者上网的认知因素，让患者暴露在他们最敏感的刺激面前，挑战他们的不适应认知，逐步训练他们上网的正确思考方式和行为。国内杜亚松报道以学校为基础的小组认知行为治疗对儿童和青少年的网络过度使用有效，尤其在改善成瘾者的情绪状态和行为的自我管理方面。

②团体心理辅导法。团体心理辅导法是心理咨询中常用的一种方法，它是由心理咨询者指导，借助团体的力量和各种个体心理咨询理论与技术，就团体成员面对的心理问

题与他们共同商讨，提供行为训练的机会，为团体成员提供心理帮助与指导，使每一位团体成员学会自助，以此解决团体成员共同的发展或共有的心理障碍，最终实现改善行为和发展人格的目的。这种方法于20世纪90年代被介绍到我国，近年来，随着越来越多的青少年陷入网络而不能自拔，一些学者如樊富珉、杨彦平、乐国林等将这种方法推广到防治青少年的网络过度使用上来，取得了比较好的效果。网络过度使用的团体心理辅导有一套系统的咨询程序，它包括：团体咨询目标、求询者网络心理障碍的预处理、确定团体的规模与结构、确认团体心理咨询的咨询间隔时间和咨询方式、制订计划和确定团体活动内容、团体心理咨询过程或会面等。对网络过度使用者进行团体心理辅导的目的在于协助网络过度使用者从失序的上网行为与失序的生活中回归次序与平衡。辅导的目标不是戒除上网，而是合理的上网，可以有控制地上网，以安排上网与非上网的时间，可以将网络世界与真实世界加以统合并达到协调与平衡。

③其他心理治疗方法。杨放如等（2005）对52例IAD青少年以焦点解决短期疗法为主并与家庭治疗结合的心理社会综合干预进行治疗，疗程为3月，治疗显效率和总有效率分别为61.54%（32例）和86.54%（45例），其治疗后的IAD诊断问卷（IAD-DQ）评分、上网时间较治疗前均明显下降，情绪和心理功能明显改善。

（2）药物治疗。就目前医学界关于药物防治网络过度使用的实践情况看，用于治疗网络过度使用的药物主要为抗抑郁药和情绪稳定药这两大类（杨昕，2006）。药物疗法之所以能在一定程度上起到戒除网瘾的目的，根据目前医学界的研究认为：人体内存在一个“奖赏系统”，这个系统的物质基础主要是多巴胺、乙酰胆碱等多种神经递质，它可以起到调控人情绪的作用，使人在短时间内高度兴奋。毒品，如海洛因，通过外源性的物质提高体内多巴胺等神经递质的含量，使人产生快感；而网络、赌博等行为依赖者是通过内源性物质导致机体内多巴胺等神经递质的含量增加。采用抗抑郁类药和稳定心情类药则是通过抑制多巴胺等神经递质的产生，减少人的兴奋度，从而起到戒除网瘾的目的。

三、艺术高职学生健康网络心理的调适与培养

网瘾危害巨大，直接影响了包括艺术高职院校学生在内的大中专学生的学习生活，这种来自虚拟世界的精神鸦片正一点点蚕食他们的美好青春，使深陷其中的人无谓地消耗自己的生命与精力。和广大青少年学生一样，艺术高职院校的学生也应积极行动起来与网瘾做坚决的斗争。同时，作为家人、朋友以及学校心理健康教育的实践者要联合起来，构筑防治网瘾的强大系统，给青少年学生营造一个适宜的生活学习环境。

网络心理问题的存在，会影响同学们的生活、学业乃至心理健康。面对互联网引起的心理问题，我们应学会自我调适。

1. 摆正网络在生活中的位置

应该看到网络只是一个工具，网络资源是人类社会不可缺少的财富，同时也应该认清网络社会并非真实的社会，网上暂时的成功并非真实的成功，虚拟的情感宣泄与满足

也并非能得到真正的快乐。夸大网络的功能并进而认为网络是解决一切问题的灵丹妙药或认为网络的作用是无限大的，这都是错误的思想。艺术高职院校学生要对网络有正确认知，才可能正确地面对网络，合理地使用网络资源，准确地把握自我，认清自己的真实需要，处理好网络虚拟社会与现实社会之间的关系，避免各种网络心理问题的出现。

2. 增强自我管理

（1）树立人生目标。许多学生沉溺于网络，往往是缺乏奋斗的目标和对人生的规划，因此，网络心理问题的调适需要同学们树立起人生目标，用目标来统领现实生活，用目标来指导闲暇时间的安排，科学合理地规划人生，建立健康合理的生活秩序，摆脱困境。

（2）合理安排上网时间。艺术高职院校学生正处于心理尚未完全成熟的阶段，其情感、意志尚不稳定，自我约束、自我控制能力较差。许多同学尤其是低龄段和自控力差的同学抵御不住网络的强大诱惑而过度使用，不仅耽误了学业，也损害了身体。面对网络的强大功能，我们应做到合理运用，合理地安排上网时间。首先，要明确上网的目标，在上网之前，要先确定好上网的目标，把上网要完成的具体任务列表出来，然后估计大概要多长时间。其次，要控制好上网操作的时间。每天操作累积时间不应超过一定时间量，连续操作一个小时候休息 10 分钟。再次，应设定强制关机时间，准时下网，有效地控制自己的上网时间，培养自制力，抵制网络的诱惑。

3. 积极投身于现实生活世界

面对虚实难辨、是非难断却又无明确而强力约束的网络世界，如果我们过多地沉迷其中，就是对现实的一种逃避，一种退缩，也是一种社会责任感的淡化，它不仅不能真正地解决大中专学生正在面临的现实问题，反而会更多地产生自我迷失。一旦回到现实世界，就会使得空虚的心理更加空虚，使现实情感交往中出现冷漠与抑郁，导致交往上自我失落，造成心理上自我脆弱。因此，大中专学生网络心理的调适，需要自己减少对网络虚拟世界的关注，积极投身于现实生活世界。须知：现实世界才是我们赖以生存的基础，在现实世界里，我们才能获得真实的存在感！这就要求我们积极地投身于校园学习生活，踊跃参加集体活动和社会实践，从中获得身心的愉悦，锻炼和提高自己的能力，寻找自我价值的实现。

课后活动

活动一：对照网络成瘾（IAD）自测量表自我测试一下，看看自己离网络成瘾有多远？

匹兹堡大学的 Kimberly Young 最早对互联网成瘾现象进行了研究。她设计了下面一系列问题，通过调查对象对这些问题的回答来判断其是否患有“互联网依赖症”，其前提条件是每天上网超过 4 个小时，具体题目如下：

1. 你是否对网络过于关注（比如下线后还想着它）？

2. 你是否感觉需要不断延长上网时间才能感到满足？

3. 你是否经常不能控制自己上网、停止使用网络？

4. 当你准备下线或停止使用互联网的时候你是否感觉烦躁不安？

5. 每次在网上的时间是否比自己打算的要长？

6. 你的人际关系、工作、教育或者职业机会是否因为上网而受到影响？

7. 你是否对家庭成员、治疗医生或其他人隐瞒了你对互联网着迷的程度？

8. 你是否把互联网当成了一种逃避问题或释放焦虑、不安情绪的方式？

在上面8个问题中，如果被调查者对其中的五个问题的回答是肯定的，Kimberly Young就断定他已经患上了互联网依赖症。

评分与说明：

答“是”得1分，答“否”得0分，看你的得分是多少？总分3分以下，说明你的网瘾不大；总分3~5分（含3分，不含5分），说明你的网瘾很大；总分5分以上（包括5分），说明你有可能患了IAD，需要作进一步诊断。

（量表来源：http：//www.todayhealth.com.cn/text3.asp？id=288，2012-7-16）

活动二：有较大网络依赖的同学，尝试按下列表格所列内容给自己制订上网计划，设定上网限制并努力付诸行动，以预防网络成瘾，就像预先给自己接种“网瘾”疫苗一样。

我的上网计划单

上网时间	上网目的	要浏览的网站	防止超时对策	奖惩办法

思考练习

1. 怎样理解网络是一把双刃剑？我们应如何科学对待？

2. 网络心理健康的标准主要有哪些？结合实际谈谈应如何培养健康的网络心理。

第十一章

就业心理辅导

——做足功课，理性就业

丝丝心语

凡事预则立，不预则废。

——《礼记·中庸》

机遇只垂青那些有准备的头脑。

——巴斯德

当一个人知道自己想要什么时，整个世界将为之让路。

——美国谚语

案例导入

小武，音乐表演专业学生，在校期间成绩优秀，尤其是专业非常突出。上学期间，从大三上半年开始，就有众多单位到学校进行招聘，包括一些演出团体和公司，小武在众多单位中左挑右选，总觉得要么离家太远，要么待遇太低，要么就是管理太严等等，一年时间很快过去，小武现在还没有找到合适的工作，只能靠同学介绍一些临时性的演出来维持自己的生活。回首一年的求职经历，他后悔莫及，只怪自己当初期望太高，过于挑剔，错过了不少机会。

小珊，声乐表演专业学生，自小酷爱唱歌和主持，并且想要从事这方面的工作。考入大学后，一面潜心钻研自己的声乐专业，另一方面抓住一切机会学习主持方面的知识和本领，抽时间旁听播音主持专业的课程，还参加各种主持人大赛，经过不断的磨砺和锻炼，在校期间就已然成为校园歌星和“主持一姐”。毕业时该生同时被西柏坡纪念馆和某军区录取，经过考虑，她选择了从军，成为了一名光荣的文艺兵，在部队的大熔炉中，她又不断充实自己，准备往更高目标迈进。

心理评点：就业是人生面临的一项重大课题，选择一个既能保证个体生存又适合个人发展的工作是每个人的择业目标，但在现实生活中，很少能够十全十美。小武就是对现实缺乏正确的认识，没有摆正自己的位置，左顾右盼，错过了一些好的机会；而小珊在大学期间就对自己的未来和发展方向有清楚的认识并付诸行动，为自己就业打好了基础，所以她的择业就业之路顺风顺水。

第一节　就业形势概述

随着知识经济时代和学习型社会的到来，以经济全球化和信息革命为显著特征的后工业化浪潮风起云涌，以科技教育为支撑的综合国力竞争日益加剧，助推各国高等教育迅猛发展，由于宏观调控失衡、结构不合理，就业难特别是大学生就业难已成为一个世纪性、全球性问题。

一、目前我国的就业形势

随着高等教育的不断增长、农民工的不断涌现以及下岗工人的再就业，目前我国依然面临着严峻的就业形势。

2006 年 3 月至 7 月，中国社会科学院社会学所按照社会抽样调查方法，在全国进行了一次“社会和谐稳定问题全国抽样调查”。在调查的 17 个社会问题中，“就业失业问题”排名第二，仅次于“看病难，看病贵”的问题。

2007年，中国劳动和社会保障部部长田成平在十届全国人大常委会第二十六次会议上指出，“十一五”期间，中国就业工作仍面临十分严峻的形势，就业压力越来越大。

2010年美国《世界日报》载文《中国的就业问题》，文章说，2010年余下的数月，中国的经济和社会发展，有诸多“两难”问题，但有个单一的难题，而且是“老大难”的难题，那就是就业问题，特别是大学毕业生的就业问题。

2012年1月20日，人力资源和社会保障部新闻发言人在新闻发布会上指出，2012年就业形势依然严峻。表现在：

一是就业总量矛盾依然非常大。2012年城镇需就业的劳动力达2500万人，比“十一五”时期的年均数多100万人，其中高校毕业生规模达到680万人，是本世纪初的6倍多。

二是结构性矛盾更加突出，招工难和就业难并存。一些传统行业出现大批下岗失业人员，而一些新兴的产业、行业和技术职业需要的素质较高的人员又供不应求，劳动者的职业能力和素质亟待提高。

三是人才和劳动力市场不规范。一些非法中介机构提供虚假信息，损害劳动者权益现象突出；一些职业中介机构、用人单位因劳动者性别、年龄、身体残疾等原因侵害劳动者合法权益的现象时有发生。

四是职业教育和培训工作相对滞后。随着中国的经济发展和市场国际化趋势，对劳动者的职业能力和素质提出更高要求，进一步建立和完善以就业为导向的职业教育和培训，加强就业前培训、在职职工培训以及对进城就业农村劳动者的技能培训等十分迫切。

五是目前下岗失业人员就业难问题比较普遍，需要对其加强就业指导和服务，建立和完善公共就业服务体系以及对就业困难人员的就业援助制度，加大对弱势群体的扶持力度。

六是经济形势的不确定性对就业影响也在加大。

我们认为，上述对就业形势严峻性的分析与概括绝不仅仅是指2012年，也将是未来相当长时期内我国就业形势的写照。

二、大学生整体就业形势

在全球性、全社会性就业难的大背景下，大学生整体就业形势异常严峻，不容乐观。2008年温家宝总理就表示：他最担心忧虑的一件事就是大学生就业。针对大学生就业难，国务院还曾召开常务会议做专题部署，并强调要把高校毕业生就业摆在就业工作的首位，大学生就业形势严峻性可见一斑。

1. 从大学生就业的总量情况分析

随着中国高等教育的不断发展，高等教育进入大众化时代，高校毕业生快速增长，大学生就业也从精英化走向大众化。2010年毕业大学生约630万人，2011年约660万人，2012 年毕业人数再创新高，达到 680 万人。根据人力资源和社会保障部的预测，“十二五”期间，应届高校毕业生年均规模将达到近 700 万人，大学生就业形势相当严峻，总量压力有增无减。

教育部部长袁贵仁在 2012 年全国普通高校毕业生就业工作视频会议上直言：国际金融危机对我国就业的不利影响还没有消除，如果说 2009 年是我国经济最困难的一年，2012 年可能是最复杂的一年。

2. 从大学生就业的结构情况分析

从地区看，北京、上海等东部发达地区需求较旺，需求总量大于当地的生源数。中西部不少省区以及地方基层虽然有较大的用人需求，但由于工作和生活条件相对艰苦，很少人愿意去。尽管国家也采取了“西部志愿者计划”等政策措施，但是无论从需求量扩大还是人力资本补偿来说，都难以有效改变“招工难”与“就业难”并存的结构性矛盾。

从院校类别看，教育部直属高校毕业生就业情况较好，初次就业率为 85%，部门高校次之，地方院校较差。从学历看，用人单位对学历高的毕业生需求高于对学历低的毕业生需求。研究生供需比约为 1∶2.6，本科生约为 1∶1.3，专科（高职）生约为 1∶0.4。

从专业看，一些紧缺专业如计算机、通信、电子、土建、自动化、机械、医药和师范等科类的毕业生需求旺盛，毕业生供不应求，而一些长线专业如哲学、社会学、经济学、法学等科类的毕业生需求较少。2011 年排名前十位的热门专业分别为：电子与信息类；外语类；法学类；机械类；土建类；会计类；中文类；医学类；环境、心理类；工商管理类。

就业的结构性失衡自然加剧了本已严峻的就业形势。

3. 从社会提供的就业机会分析

近年来，我国经济虽然一直在快速增长，特别是经济结构的升级速度加快，带动了对高校毕业生的强劲需求。但是，随着高等教育的快速发展，大学毕业生供给增长的速度却远远超过了就业机会的增长，中国就业岗位总量供给明显不足。根据 2009 年的统计数据，我国每年新增就业岗位为 800~900 万个，加上自然退休岗位共计 1200 万个左右，而每年新增就业人口约为 2400 万人，岗位缺口达 1200 万人。

三、艺术高职院校学生的就业形势

在整体就业环境比较严峻的形势下，一方面，艺术类高职院校毕业生的就业形势也面临相当大的压力。但另一方面，由于近年来国家大力推进文化建设，人民越来越注重生活品质，文化市场对文化消费和文艺人才的需求日益提高，加之艺术院校学生形象气质较好、职业迁移能力强，因而艺术院校学生的就业总体情况相对较好，称得上是高校毕业生就业大军中的一朵奇葩。

根据专业从事高等教育和人力资源研究的公司——麦可思人力资源信息管理咨询公

司对2012届高职高专类毕业生在2012年2月2日前的签约率进行分析发现，艺术高职院校毕业生所属的“文化体育教育和娱乐业”的就业率在整体高职高专毕业生排名靠前（第七）。以我们对自己学生的了解，这一排名实际可能还要前移。请见我们从某内陆艺术职业学院就业办调取毕业生就业情况的原生态数据：

某艺术职业学院2010—2011年毕业生初次就业率统计表

系别	专业	10毕业人数	10就业人数	10就业率%	11毕业人数	11就业人数	11就业率%	变化趋势
美术系	电脑艺术设计	120	109	90.80	51	47	92.16	↗
	电脑艺术设计（网页方向）	10	9	90.00	16	8	50.00	↘
	动漫设计与制作	50	39	78.00	56	50	89.29	↗
	环境艺术设计	59	56	94.90	111	102	91.89	↘
	美术（绘画方向）	11	9	81.80	13	11	84.61	↗
	美术（舞台美术方向）	18	17	94.40	27	26	96.30	↗
	装潢艺术设计	78	71	91.02	24	18	75.00	↘
音乐系	音乐表演（声乐方向）	40	19	47.50	60	23	38.33	↘
	音乐表演（键盘方向）	6	5	83.30	7	3	42.86	↘
	音乐表演（中国乐器演奏方向）	26	16	61.50	27	16	59.26	↘
	音乐表演（管弦/打击乐器演奏）	17	7	41.2	12	4	33.33	↘
综合艺术系	音乐表演（音乐教育声乐方向）	25	25	100	39	27	71.05	↘
	音乐表演（音乐教育器乐方向）	21	21	100	24	18	75.00	↘
	音乐表演（音乐教育舞蹈方向）	8	8	100	21	17	80.95	↘
	计算机音乐制作（声乐方向）	6	3	50.00	16	4	25.00	↘
	计算机音乐制作（器乐方向）	2	1	50.00	12	4	33.33	↘
	钢琴调律	1	1	100	2	1	50.00	↘
文化管理系	公共关系（礼宾方向）	39	38	97.40	21	16	59.26	↘
	文化市场经营与管理	29	21	72.40	49	48	97.96	↗
	文化事业管理	63	46	73.02	79	73	92.91	↗
传媒系	主持与播音	43	40	93.02	24	18	75.00	↘
舞蹈系	舞蹈表演	22	22	100	31	30	96.77	↘

表中比对分析，虽然也有少部分专业就业率较低，如计算机音乐制作等，但多数专业就业形势相当不错，如舞蹈表演、音乐表演、文化事业管理等，保持了平稳甚至增长

的就业态势。有的专业是订单式培养，委培单位“一锅端”，有的专业毕业生还没到毕业就被用人单位抢要一空。值得指出的是，演艺行业个体就业、自由就业的情况较多，许多并未及时纳入就业部门统计数值，另外统计数值也是以发放毕业证的时间点为基准的，因此，艺术院校学生实际就业率比表中显示还要更好。

总之，艺术院校毕业生在大学生就业紧张的情况下，呈现出了较好的就业态势，但也不能忽视少数专业因市场契合度、学生就业误区等原因而需要调整专业设置、课程设置、加强师资配备、进一步提高人才培养质量以提高就业率等问题。

第二节　艺术高职院校学生就业心理透视

就业严峻的客观形势我们不能左右，但影响择业就业的主观因素却在我们自身，作为艺术高职院校的学生，我们要冷静地看待客观形势，调适择业就业心理，以便顺利择业就业。

一、影响艺术高职院校学生就业的主观因素

前面讲到目前我国的整体就业形势不容乐观，艺术类院校毕业生虽然呈现出较好的就业态势，但同样面临着困难与挑战，主要是：

1. 学历层次低

目前我国国民教育系列的高等教育学历分专科、本科、硕士研究生和博士研究生四个层次，在激烈的人才竞争中，高职院校毕业生在学历上处于明显劣势。随着时代的发展，虽然各用人单位也强调应聘人员的实际工作能力，但现实生活中还是较大程度地存在着“唯学历论”和人才高消费的现象，有的单位甚至明确开出“本科以上学历”的要求。就业市场上流行“博士你开价，硕士请坐下，本科看看吧，专科请啦”的顺口溜就是写照。

2. 人文素养和综合素质有所欠缺

艺术院校学生文化基础普遍薄弱（招生时文化录取线就比旁类学校低了近半），又普遍“重专轻文”，忽视对文化素养的积累，因而相当一部分学生普遍存在“文化短腿”现象，这无疑成为影响艺术高职院校毕业生就业特别是迁延就业的一块短板。

3. 缺乏生涯规划意识

近年来，虽然高校生涯规划教育工作已经广泛展开，但我们中很多同学却相当缺乏生涯规划意识。在我们对艺术高职院校学生的调研中，当问到“你有明确的学习目的和计划吗”，结果仅有40.04%同学回答“有，很明确”；高达51.56%的同学回答“基本没有，很迷惘”；还有3.4%的同学回答“没想过，混日子”。由于缺乏生涯规划意识，对社会需要和自身发展缺乏足够明晰的认识，不知道扬长避短，在面临择业就业时，往往因为缺乏相应和足够的职业技能储备而面临被动尴尬的境地。

此外，在择业就业方面存在的心理误区也是影响艺术高职院校学生就业的重要主观

因素，接下来专题论述。

二、艺术高职院校学生常见的就业心理误区

就业制度的改革既为广大毕业生提供了公平竞争和施展才华的机会，同时也对其心理素质提出了新的挑战。面对新的就业体制和严峻的就业形势，艺术高职院校学生和广大大中专院校学生一样，在就业过程中出现了种种心理误区，主要有：

1. 盲目乐观、期望过高的自负心理

由于艺术类学生形象气质好，活泼灵气，迁延就业能力较强，大部分专业还比较抢手，加之艺术学习投入的高成本和父母的较高期望，使得艺术类学生在择业就业中存在着较为普遍的高期望心理和就业优势心理，尤其是女生。以我们对艺术高职院校毕业生对就业岗位最低薪资要求的调研为例：仅有 6.9%的人能接受 1000~1500 元这个区间；28.45%的人最低薪资要求是 1500~2000 元；超过半数以上的人（64.66%）最低薪资要求在 2000 元以上，其中，27.16%的人最低薪资要求是 2000~2500 元，37.5%的人最低薪资要求在 2500 元以上，明显高于调查地同等学历普通院校学生的择业期望。在自负心理支配下，不少学生择业观念不正确，目标定位偏高，结果一部分同学高不成低不就，迟迟不能落实单位。还有一部分同学不愿意调整就业目标，不能接受“先就业，后择业；先生存，后发展”的理念，一味纠结于择业对口的问题。

2. 攀比从众、讲求实惠的急功近利心理

每个人的生活环境、家庭背景、能力和性格、遇到的机遇等等不尽相同，因而在职业选择上不具有完全的可比性，但青年学生尤其是艺术学子血气方刚，争强好胜，虚荣心较强，容易引发攀比心理。表现在求职过程中忽视自身特长和长远发展，盲目攀比；讲求实惠，一味想留在大中城市、经济发达地区、大的艺术院团或效益、福利好的单位。特别是看到自认为不如自己的同学找到了好的工作，就很难接受自己的工作比人家的差，因而挑三拣四，影响就业。

3. 缺乏自信、自卑焦虑的依赖等待心理

严峻的就业形势使得大学生早已失去了“天之骄子”的优势，对前途和就业的忧虑从进校开始就成为困扰他们的首要因素。在对艺术高职院校学生的调研中，我们请学生对影响自身成长的压力因素从大到小排序，结果，首要压力源就是“前途和就业”（65.95%的人把它排第一位，24.57%的人把它排第二位），其次是“学业”（22.41%的人把它排第一位，45.26%的人把它排第二位）、“人际关系”（5.17%的人把它排第一位，21.12%的人把它排第二位）和“其他”。专业条件较差以及综合素质平平的同学的焦虑心理表现得更为明显，这部分同学由于知识能力储备不足，一旦面对激烈的双向选择，就觉得缺乏底气，不战而退。有的同学求职择业缺乏主动拼搏意识，一味等着用人单位上学校招人，或一心想着依赖父母、老师、亲朋好友帮自己找个好工作，把自己的命运完全交给他人来决定。

4. 过于激进、标新立异的新潮叛逆心理

还有少部分同学思想激进，不愿打工挣小钱，老想着自主创业当老板。想法固然好，但理想与现实总会有一定的距离。创业是需要一定的行业经验、足够的创业资金、精心的策划和周密的市场调研等条件的，如果条件不具备一味蛮干，创业就会碰壁。还有极少数同学，因一时求职不成，灰心丧气，破罐破摔，整天宅在家里或四处游荡，成为啃老一族；更有的迫于生计，受到犯罪团伙诱骗或胁迫，走上违法犯罪道路，断送前程，危及家庭和社会。

第三节　艺术高职院校学生的职业准备与职业选择

古语云："凡事预则立，不预则废。"根据自身实际准确地自我定位，科学规划好在校几年的学习生活，明晰职业发展方向和实施策略并为之努力，可以避免学习的盲目性和被动性，在人生发展道路上少走弯路，为将来顺利就业铺垫扎实的基础。同时在职业选择中主动地调适不恰当的心理，树立正确的择业观也是顺利就业之必需。

一、及早做好职业生涯规划

1. 职业生涯规划的含义、发展

职业生涯规划是指通过个人和组织相结合，对个人职业生涯的主客观条件进行测定、分析、总结、研究，尤其是对自己的兴趣、爱好、个性、能力、价值观、特长、经历以及存在的不足等各方面进行综合分析的基础上，确定自身最佳的职业奋斗目标，并为实现这一目标做出行之有效的安排。

职业生涯规划的目的决不仅仅是协助个人按照自己的资力条件获得一份工作，更重要的是帮助我们客观分析内在素质和外在环境的优劣，帮助我们科学规划人生，从而激发学习的主动性，有效掌控自己的生活，使人生有目标、有方向，从而充满意义。

职业生涯规划分为短期、中期和长期规划。短期规划为三年以内的规划，主要是确定近期目标，规划近期完成的任务；中期规划一般为三年至五年，规划三年至五年内的目标与任务；长期规划时间是5~10年，主要设定较长远的目标。

20世纪初，美国开始逐渐兴起职业生涯规划的概念，现在被欧美发达国家的教育部、劳工部等机构广泛应用，少儿从入学开始就需要接受相关的心理测试。20世纪90年代中期职业生涯规划开始传入我国，并开始作为一门独立的学科发展起来，近年来，职业生涯规划教育在高校也越来越被重视并普及开来。

2. 大中专学生及早进行职业生涯规划的重要意义

职业生涯活动伴随一个人的大半生，拥有成功的职业生涯才能实现完美的人生，大中专学生处于职业生涯的探索阶段，在这个阶段，个体能力迅速提高，职业兴趣趋于稳定，并逐步形成了对未来职业生涯的预期，因而及早进行职业生涯规划不仅现实可行，也是非常重要的。

（1）职业生涯规划有助于我们形成生涯觉察，明确职业发展目标。没有方向的努力往往是徒劳的，我们要想自己的努力能够获得成功，最重要的一点就是要选对自己的发展方向，所谓“好的计划是成功的开始”就是这个道理。而职业生涯规划可以帮助我们在盘点自己优缺点的基础上真正地了解自己，并在“量己力，衡外情”的情形下筹划未来，设计出各自合理且可行的职业生涯发展方向。有了清晰的方向与明确的目标之后，再把目标计划付诸实践，这样就会产生好的行动效果。

（2）职业生涯规划有助于我们明确阶段性学习目标，增强学习的主动性。许多大中专院校学生入校后，因对自己的未来缺乏规划，经常出现各种迷茫的状态，不知自己该做些什么。而职业生涯规划可以使我们对职业目标和实施策略了然于心，并进一步把长远目标细化为阶段性目标，如在校期间目标、学年目标、学期目标、月目标、周目标，甚至每天的目标等等。这样我们的学习就会有清晰的方向和充足的动力，从而大大提高学习的目的性、主动性、针对性、创造性和实效性，避免盲目性和被动性。

（3）职业生涯规划有助于我们提高综合素质，激发个人潜能。职业生涯规划会引导我们正确认识自身的个性特质，对自身的优势与劣势进行对比分析，对目标与现实之间的差距进行科学评估，并在此基础上对自己所欠缺的素质和能力进行针对性的锻炼和提高；职业生涯规划对我们还是一种内在激励，激发我们学习、实践的欲望和斗志，不断为实现各阶段目标和终极目标而进取。在这个过程中，个人潜能得到发展，综合素质得到提高。

艺术高职院校学生学制从两年到三五年不等，时间易逝不等人，尤其是高职层次的学生，只有三年学制，少数专业甚至只有两年，职业生涯规划更应趁早进行。一般来说，每位同学应从入学就开始思考、筹划并有效实施，这样才能争取毕业时就业的主动，并为自己的职业及人生发展打下坚实的基础。

3. 如何进行职业生涯规划

其实，学习艺术本身就是一种选择和规划，进入高职院校学习，也已经在一定程度上为自己的未来定下了一定基调，但这距离走向职业还有一段距离，因为职业的分类更细，针对性更强。

如何进行职业生涯规划呢？我们给大家介绍一种简便易行的“5W 法”。用五个问题归零思考，从自己是谁开始，顺着往下问自己，回答五个问题，找到它们的交汇点，就形成了自己的职业生涯规划。这 5 个“W”是：

（1）Who are you？即“我是谁”。要求对自己的情况（包括优势、劣势）来一次全面的评估，逐一列出，并按重要性排序。比如自己的专业、年龄、性别、兴趣、爱好、性格、能力、家庭情况等等。

（2）What do you want？即“我想干什么”。要求对自己未来职业发展的目标和前景，做出一种愿望定位、心理预期和取向审视。一般来讲，艺术高职院校绝大部分同学的职业目标从选择入学志愿时就基本确定了，通过生涯规划我们主要是要进一步明确和细化，如有必要，还可做适当调整。

（3）What can you do？即“我能干什么”。要求对自己的素质、尤其是自身的潜能和实力进行全面的了解和把握，把确实具备的能力和自认为还可以开发的潜能都逐一列出来。对潜能的了解可以从自身知识结构、学习能力、兴趣、特长、沟通能力等方面进行重点认识。

（4）What can support you？即“环境支持或允许我干什么”。环境支持在客观方面包括本地的各种状态如经济发展、企业制度、人事政策、职业空间等，主观方面包括同事关系、领导态度、社会关系等，应综合两方面加以分析。

（5）What can you be in the end？即“最后我该干什么”。通过对上面四个问题的详尽回答，综合分析，便可找准自己的职业定位、职业选择和职业目标，最终形成自己有效的职业生涯规划。

二、做好充分的职业准备

如果说做好符合自身实际的生涯规划是实现顺利择业就业的前提与基础，那么脚踏实地地执行职业生涯规划，特别是做好、做足与将来就业紧密相关的知识、能力与素质储备则是实现顺利择业就业的关键。充分的职业准备主要包括：

1. 建立明确的职业认知

不同的专业面对不同的职业岗位（岗位群），而不同的职业岗位（岗位群）对就业者有着不同的专业技能和素质要求。明晰自己所学专业性质和它未来对应的职业岗位及其对人才素养的要求，是做好职业准备的前提。以声乐表演专业为例，它对应的岗位（岗位群）有歌唱演员、声乐教师、文化管理人员等。如果你想成为且觉得可以成为一名歌唱演员，那么需要具备的基本素质就包括：掌握发声方法和歌唱技巧；阐释歌曲或其他声乐作品，把握其结构、旋律、语言及风格特征；根据个人嗓音条件和歌唱特色，再现艺术作品；加强艺术修养，拓宽演唱曲目，完善声乐技巧，提高歌唱水平。除此之外，作为歌唱演员还要具备一些相关的专业素质，比如舞台表演能力、形体表现能力等等。如果想成为且觉得更适合当一名声乐教师，那么除了基本的声乐技能外，还必须主动去学习了解必要的教育学、心理学、教学法等知识，锻炼培养语言表达能力等等。如果你想成为且觉得更适合从事文化事业管理等文职工作，那么除了上好专业课程外，就还必须主动去学习了解管理学方面的知识，锻炼培养语言表达、电脑操作、公关协调等方面的能力。

2. 努力提升职业能力

（1）要力求“专”，即掌握扎实的专业基础知识知识与技能。术业有专攻，扎实的专业知识与技能是我们将来求职就业的核心竞争力所在，所谓“千招会，不如一招熟”讲的就是这个道理。这就要求我们在校期间，要努力学习所开专业课程，包括专业基础理论课和专业技能课，要积极参加在各种专业实训、实践活动，不断磨砺、提高艺术技能技巧。

（2）要在“专”的前提下谋求“博”，不断提升综合素质，达到一专多能。综合素质一方面包括与自己专业相关的延伸领域，另一方面，还包括各种社会能力。还是以声乐表演专业为例，专业延伸领域包括钢琴伴奏、舞台演出与策划、音乐制作等能力，这些能力可以使声乐学生不仅具有上台表演的能力，还有各种幕后策划和制作的能力等等。社会能力包括语言文字表达能力、沟通协调能力、团队合作能力等等。“一专多能”综合素质高的复合型人才不但最受用人单位的欢迎，客观上也为自己的择业就业和未来的职业发展增加了筹码，它会提升你成功的机会，拓展你就业的空间。这就要求我们重视和加强文化知识的学习与积累；要博览群书，拓宽知识面，优化知识结构；要恰当发展个人兴趣特长，做生活的多面手。

(3) 加强品行修养和职业道德修养。做人先立德，学艺先做人。艺术人才的基本规格便是“德艺双馨”。对于我们从事艺术专业的学生来说，有哪些品性修养和职业道德修养需要我们去培养呢？首先，要恪守“爱国守法、明礼诚信、团结友善、勤俭自强、敬业奉献”20个字的公民基本道德规范。其次，加强文艺工作者职业道德修炼，包括坚持文艺“为人民服务，为社会主义服务”的二为方向和“百花齐放，百家争鸣”的双百方针；加强社会责任感，坚持健康的艺术趣味；以严肃认真的态度对待创作和演出，维护艺术的纯真，讲究艺术质量；要严格要求自己，注意生活作风，树立高尚情操；同行相互学习，不搞门户之见；正确对待文艺批评，虚心听取不同意见等等。这些都需要我们平时注重养成，把社会的外在要求内化为自身的发展需要，在平时的生活和学习中不断地积累和培养，不断提高思想境界和德行修养。

三、职业选择的“四项基本原则”

如前所述，面对严峻的就业形势和双向选择的用人机制，我们在职业选择中会遇到许多困惑，步入种种心理误区，如何调整我们的就业方向和心态？遵循“四项基本原则”是制胜法宝，那就是择己所爱、择己所长、择己所利和择世所需。

1. 择己所爱

“择己所爱”就是选择自己喜欢、爱好的行业与岗位。兴趣是最好的老师，也是行为的动力，能够从事自己喜欢的工作，对一个人来说既是一件非常幸福的事情，也是一件利于工作成效的事情。兴趣能激发一个人对工作的最大热情，即使十分疲倦和辛劳，也总是兴致勃勃、心情愉快；即便困难重重，也不会灰心，而会想方设法、百折不挠地去克服它。兴趣与成功存在着明显的正相关，有研究显示：如果从事自己感兴趣的职业，可以发挥个人全部才能的80%~90%，且长时间保持高效率不感到疲劳；而从事不感兴趣的工作，只能发挥全部才能的20%~30%。

2. 择己所长

“择己所长”就是选择与自己专业知识和技能特长相适应的行业与岗位。无论做什么工作，专业特长都是完成工作任务的前提条件。一个人选择了自己所擅长的行业和岗位，在工作中就能如鱼得水，驾轻就熟，把自己的智慧潜能发挥出来，真正实现人职匹配。反之，如果不是自己能力所及的领域，那么，即便该工作再理想，也会很难胜任，干不出业绩，发展、提升也无从谈起。富兰克林有句名言：“宝贝放错了地方便是废物。”

3. 择己所利

“择己所利”就是选择能给自己带来最大利益和好处的行业与岗位。职业不仅是人们施展才华的舞台，也是谋生的手段，因此，选择职业不能不考虑它满足我们生存发展需要的属性。当然，人各有志，每个人对职业带给自己利益最大化的评判标准是不同的。例如，有的同学想最大限度地发挥发展自己的艺术才华，那么尽可以选择艺术专业院团；如果图稳定，就可以选择艺术教师、文化馆站工作人员、政府和事业单位文职人员等；图收入，就可以选择到效益好的企业做艺术设计、营销等；图自由，可以选择自由艺术工作者，如晚间跑场、驻唱，自组舞蹈队、乐队，开设工作室，等等。

4. 择世所需

“择世所需”就是选择社会需要的行业与岗位。如果自己所爱、所长、所利与社会所需是一致的，那当然是一举全得。但在当今就业形势严峻的环境下，许多时候可能会出现所爱、所长、所利与社会所需不完全对接的矛盾。如大中城市和大专业院团可能人才饱和了，但小城镇和广大基层就匮乏学有专攻的艺术人才；自己喜欢且专业完全对口的工作一时可能碰不上，但有不少岗位却等着招人；薪资要求符合我们理想值的工作一时可能没有，但略微调整一下期望值我们会发现工作还是找得到的，等等。那么这就要求我们能够协调好所爱、所长、所利与社会所需的关系，在不能求全的情况下，要以社会所需为先，“先就业，再择业”，“先生存，再发展”，在就业和生存中积累经验、资金、技术，谋求更好的机遇和发展。

四、艺术高职学生求职应聘技巧指导

成功的就业固然需要不懈的努力和付出，但“养兵千日，用兵一时”，如何将自己最好的一面在最短时间内展示给招聘单位，也是求职应聘获得成功的重要因素。求职应聘技巧一般可以从简历制作和面试两方面进行准备。

1. 简历制作

个人简历是求职者给招聘单位发的一份简要介绍。包含自己的基本信息：姓名、性别、年龄、民族、籍贯、政治面貌、学历、联系方式，以及自我评价、工作经历、学习经历、荣誉与成就、求职愿望、对这份工作的简要理解等。现在一般找工作很多都先有一个网络投递简历的程序，因此一份良好的个人简历对于获得面试机会至关重要。

从内容来说，一份完整的个人简历必须包括个人资料（姓名、性别、联系方式等）、学业有关内容（要着重突出自己的专业课程及与所要应聘工作相关的辅修课程）、本人经历（可突出专业学习经历和社会实践经历等）、获奖和荣誉（专业比赛的荣誉和各类获奖情况）、求职愿望（表明自己的工作意愿）、附件（证书、作品等的复印件）、个人技能（专业技能及其他技能）等。

从形式上看，可以分为表格式和文字式。一般来讲，表格式简历可以更直接、更突出地表现出个人经历的主要内容；文字式简历可以使表达更充分到位。许多时候，我们可以把两者结合起来使用。制作简历要遵循以下原则：

（1）整洁。简历一般应打印，保证简历的整洁性。

（2）简明。要求简历一般在1000字以内，让招聘者在几分钟内看完，并留下深刻印象。

（3）准确。要求简历中的名词和术语正确而恰当，没有拼写错误和打印错误。

（4）通俗。语言通俗晓畅，没有生僻的字词。

（5）诚实。要求内容实事求是，既要表现自己的优势，又不夸夸其谈。

（6）个性。现在网站上有各式各样的模板，下载起来非常方便，但如果一味照搬就抹杀了个性色彩。作为艺术类学生，我们强调的是自己的艺术特色和艺术表现力，那么简历就是我们第一次表现的机会，所以应该花点心思好好制作一份属于自己的简历，凸显自己与所应聘职位相关的艺术才华，这样才能让招聘单位眼前一亮，使自己从众多的竞聘者中脱颖而出。

2. 面试宝典

（1）了解应聘单位的背景及岗位要求。俗话说，“知己知彼，百战不殆”，在面试过程中，我们除了要做好自身准备外，还有非常重要的一点就是要针对自己所要应聘的单位和岗位做足工夫。不同的单位有不同的文化理念和用人要求，只有充分了解应聘单位的基本情况，才能有针对性地对自己的简历、自我介绍及才能展示进行设计，以满足用人单位的要求。同时，也会让招聘人员感觉你对该单位有非常大的诚意和认同感，无形中就拉近了你和招聘人员的距离。最忌讳的就是对应聘单位一问三不知，这样会让用人单位觉得你根本就没有用心准备，甚至可能对你产生反感。

（2）准备恰当的自我介绍。自我介绍是应聘过程中必不可少的，而且这是亮出自我的第一张王牌，一个好的自我介绍可以为我们赢得招聘人员的极大好感，也会为后续的面试过程铺平道路，所以，我们要对自我介绍进行充分的准备。

自我介绍要结合自己的简历内容，更精练和准确地突出自己的特长和能力，表达要清晰流利，力求简洁，尽可能地节省时间。通常以半分钟左右为佳，如无特殊情况最好不要长于1分钟。在整个自我介绍的过程中，要保持微笑，并保持自信，肯定的语气和诚恳的态度将为自己的自我介绍获得更多的加分。

（3）准备最有代表性的艺术作品。作为艺术高职院校的毕业生，用人单位会非常注重我们的专业应用能力，在面试现场往往会检验下我们的专业技能，比如唱一首歌曲、跳一段舞蹈、展示一件艺术设计作品等等，若展示出色，离获得职位就很近了。所以我们一定要准备好“拿手好技”，争取在面试过程中“一鸣惊人”。

（4）进行适当的形象设计。个人形象是求职者留给面试考官的第一印象，良好的穿着打扮、发型设计能为求职加分不少。同时，得体的穿着打扮还能增加自信，帮助你在接下来的面试中发挥更好。尤其对于一名艺术类的毕业生来说，个人形象会占有非常重要的地位。

虽然艺术类的学生强调个性的张扬，不必拘泥于一般职场面试的正式着装，但也要结合所应聘的岗位进行精心的准备，不要过于夸张。最基本的要求是整洁大方、干净利落，不要过多的装饰，不进行夸张的化妆。总之，要追求一种整体的美感，既有艺术学生的特色，也能符合社会的主流要求。

（5）注意面试礼仪。面试礼仪是一个人综合素质的整体体现，在面试中要注意保持微笑、语言轻柔但肯定、注意用敬语、坐姿站姿端正、正视面试官的眼睛、态度诚恳。

在回答面试官的问题时，要把握重点、简洁明了、条理清楚、有理有据。遇到摸不准的问题，可以将问题先复述一遍，并谈一下自己对这一问题的理解，请教对方加以确认，以免答非所问。遇到自己不懂的问题，一定不要不懂装懂，坦率地承认自己的不足，反倒会赢得面试官的信任。

面试结束后，可以向具体负责人打电话表示感谢，希望早日得到对方的消息，这样做不仅显得非常有礼貌，也可以更多地为自己赢得机会。

五、勇于开拓，自主创业

我们所处的时代是一个创业的时代，创业、创新是时代的主旋律。国家也鼓励各种形式的创业，尤其是积极鼓励和大力扶持大学生自主创业。我们应该抓住这一机遇，培养创业能力，为以后成功创业打下坚实基础。

1. 培养创业意识

在当今严峻的就业形势下，创业可以说是大学校园内的一个热门话题。创业一方面可以解决自身的就业问题，能够充分发挥自主性，满足自己的需要；另一方面，也会创造更多的就业机会，为其他同学提供就业的平台。艺术本身就是一项非常有创造性的工作，对于我们艺术生来说，大可不必拘泥于寻找一些所谓稳定的工作，社会有广阔和灵活的空间等着我们去拓展。

艺术学生创业的途径有很多种，比如开设各种艺术培训班、开办琴行、创建演艺队伍或公司等等。在这些领域，我们具有得天独厚的优势，一方面我们懂专业，能够带给客户满意的服务；另一方面，我们具有广大的资源，老师、同学、母校等都是我们非常重要的资源。

在现实生活中不乏这样的例子，有些同学来自一些比较偏远的地区，在家乡那个地方受过专业艺术训练的人比较少，而随着社会的发展，人们对提高文化艺术素养的需要又非常迫切，这些同学就抓住了这个商机，利用自己的同学和教师网络，开始在当地办辅导班、开琴行，等毕业的时候，自己的辅导班或琴行也已经办得有模有样了。

随着中国经济的发展，文化建设也日益繁荣。党的十七届六中全会出台了《中共中央关于深化文化体制改革推动社会主义文化大发展大繁荣若干重大问题的决定》，从政策上进一步扶持文化建设。各省市、各地区都在加大文化建设力度，推动文化繁荣发展。这种大好形势为我们投身文化事业和产业提供了广阔的天地，我们鼓励同学们树立创业意识，打造一份属于自己的事业。

2. 提升创业能力

创业是一个非常艰苦的过程，除了要有过硬的专业技能，对市场的准确把握外，还需要各方面的综合能力。

一是开拓创新能力。开拓创新能力是成功创业者最重要的能力之一。开拓创新是创业的灵魂和赢得竞争优势的关键。我们要善于挖掘艺术市场，以独有的创意在众多的创业者中脱颖而出。二是组织管理能力。在市场经济条件下，市场充满了竞争和风险，创业要成功，必须重视经营管理。管理活动贯穿于组织运行过程的每一个环节，不仅是组织正常运行的前提，也是组织生存与发展的基本条件。三是人际协调能力。要想创业成功，大学生还需要培养自己的人际协调能力，这是获得他人和社会支持的重要前提条件，对大学生创业成功具有重要的作用。

3. 了解创业政策

真正的创业不是一时兴起打游击战，要想实现创业目标，形成规模，必须了解相关的法规政策，这样才能保证自己的创业计划始终在合法正常的轨道上运行。另外，国家对高校毕业生自主创业有很多优惠的政策，利用这些政策，我们可以减少创业过程中的困难，并且得到各种优惠和资助。例如资金的问题，现在国家对高校毕业生创业有创业贷款及扶助基金等一系列的优惠政策，我们可以掌握和用好这些政策，争取国家扶助，解决大学生创业资金困难等问题。

4. 提高心理素质

我们出生在改革开放的年代，物质条件比较好，是“蜜糖中泡大的一代”，比较缺乏挫折体验，对新环境的适应能力和对挫折的承受能力较差。在创业过程中我们不仅会遇到各种困难，而且还有失败的可能，所以在创业过程中拥有良好的心理素质十分重要。

首先，对失败要有正确的认识。创业路上很少有人一次就能成功，纵观许多成功人士的创业史，许多都有过惨痛的经历。所以失败并不可怕，关键是我们要能从失败中吸取教训，积累经验，坚持前行，直至成功。

其次，要学会主动求助。作为刚刚走出校园的毕业生，我们的经验和资源都还比较少，有些问题可能是我们个人解决不了的，所以我们要主动寻求帮助，不要碍于面子把所有问题都一个人扛。我们可以征询父母、老师、朋友、同学的意见，听听他们的看法，在遇到困难的时候寻求他们的指点和帮助，这样可以使我们少走弯路。

总之，创业是一个艰苦而漫长的过程，在这条路上也许会充满荆棘，但只要我们勇于开拓、艰苦奋斗，势必迎来成功的彩虹！

【创业案例】

我是2010届毕业生，专业萨克斯，毕业于某艺术职业学院音乐系。大二的时候身边的同学都陆续开始寻找实习单位，我也在专业老师的建议下开始寻求兼职教师的工作。机缘巧合来到了宁晋，在一家小琴行做起了代课老师。我的第一位学员是个正在读四年级的小男孩，我从最基本的长音开始教起，由浅到深，由简到难，细致耐心地做起了我的第一次转变身份的工作。

我带的这个小学员聪明好学，短短一年时间，我们师生俩都有很大的收获，他在2010年宁晋第一届“中小学学生才艺大赛”中荣获第二名，在学校“六一”儿童节表演中也有出色的表现。

因为他的出色表现，学校校长专门找到我想让我为学校组建一个军乐队。但是考虑到实际情况：一方面是乐器的购进问题成本较高，学生个人购买压力偏大。另一方面涉及师资配备的问题，由谁来教？上课经费由谁来付？经过深思熟虑之后我为学校制定了一个能两方面兼顾的方案：组建民乐队。而且是从最简单的“葫芦丝”队开始。一方面乐器费用学生可以承受，另一方面葫芦丝的课程我就可以完成。通过跟校长的沟通，我们的“葫芦丝队”从2010年9月正式启动。一年后，我们的“葫芦丝队”在宁晋第二届“中小学学生才艺大赛”中荣获二等奖。成绩和荣誉的取得使我突发奇想：何不自己开办一个专门培训小学生学习乐器的艺术机构呢？在有了这个大胆的想法之后我迅速开始了我的第一步：考察市场，我发现宁晋的大大小小的乐器类琴行大概有三四家，但大多做的比较杂，各种乐器种类比较齐全但突出不了特色。市场经济发展到今天，社会分工越来越明细，艺术培训行业也是如此。我认为单个乐器以致单种类的乐器会成为乐器培训行业的主导，于是我决定一开始由葫芦丝作为普及乐器打开市场，在市场成熟以后再发展其他民族管乐，如巴乌、竹笛、唢呐等。由此，我开始了真正意义上的创业。

经过慎重选址、装修、购买必备的办公设备。我的“音邦”艺术工作室终于成立了！

创业之初，最难的是招生，最关键的也是招生。在工作室成立后很长的一段时间内我经历了最痛苦的选择，因为随着招生工作的开始我发现家长普遍没有反应，大部分都是只停留在咨询和观望的阶段，一提到培训费一下子就没了最初的热情。我想尽了各种办法都没有奏效，包括降价都没有赢得他们的肯定，这让我的心一时跌落到谷底。有那么一段时间我在问自己到底还要不要坚持下去，因为我负担了很重的房租，还有每天的生活费用。

为了寻求突破，我不断询问家长和孩子，问他们一些有关话题。比如：“你喜欢这种乐器吗”，“你觉得它的声音好听吗”，“你为什么不愿意系统地学习一下呢”。最后经过筛选我才明白了一直困扰我的问题是什么！原来家长只听你简单的介绍，并不能引起多大的兴趣。于是我当街摆起乐器并亲自演示，通过声音，通过实实在在的乐器实物让他们真切地感受到音乐带给他们的美感。之后来进行咨询和报名学习的人慢慢多了起来，我也由此有了可观的收入来源，真正在经济上独立起来，不再依靠父母的接济。

今年，我们的学生参加宁晋的才艺大赛再获佳绩，还在电视台及县里面的重要演出活动中频繁露脸，反响越来越大。目前我们应邀在本县三个知名学校开设培训点，学习葫芦丝和巴乌的学员已经突破300人。下一步我们将增加萨克斯、长笛的学习培训，并正在酝酿开设分校。

可以预期，我们的“音邦”艺术工作室将越做越大，越做越好！

课后活动

模拟招聘会

第一步：将学生分为三组，第一组扮演招聘单位，第二组扮演应聘人员，第三组为观察员。

第二步：招聘单位方设计自己的公司性质、职位需求、面试环节及用人标准等。

第三步：应聘人员方按招聘单位的要求结合自己的实际情况进行应聘准备。

第四步：由招聘单位和应聘人员进行现场模拟面试，观察员进行观察记录。

第五步：教师根据模拟招聘的各个环节，引导同学们发现应聘过程中容易出现的问题并进行经验总结和技巧指导。

思考练习

1. 艺术高职院校学生就业的优势是什么？劣势又是什么？如何扬长避短做好职业生涯规划？

2. 谈谈自己在择业问题上的心理困惑，想想应如何去解决？

第十二章

心理求助与心理治疗

——求助互助，开解心结

丝丝心语

爱所有人，信任少许人，勿伤任何人。

——莎士比亚

生活不可能像你想象得那么好，但也不会像你想象得那么糟。我觉得人的脆弱和坚强都超乎自己的想象。有时，我可能脆弱得一句话就泪流满面，有时，也发现自己咬着牙走了很长的路。

——莫泊桑

案例导入

“走饭”的离去

某年某月某日，一个名为“走饭（微博）”的女学生通过预设微博的方式，宣布了自己因患有抑郁症自杀，此事引起网络轰动，令网友唏嘘不已。自杀前，这名叫“走饭”的网友就在微博中连续几天不断发微博告诉网友她患有抑郁症。那晚，她选择自杀的方式了结生命。第二天，通过时光机预设的微博发布出来，内容为：“我有抑郁症，所以就去死一死，没什么重要的原因，大家不必在意我的离开。拜拜啦。”据悉，死者“走饭”系江苏某高校学生。在其自杀后，警方发布微博证实，该女生是在最后一条微博发布的前一个晚上去世，并发表声明“经初步调查，警方确认其为自杀”。

“走饭”曾写下的文字：

《妈妈》

小学时我妈的要求是90分以上，
初中时我妈的要求是70分以上，
高中时我妈的要求是及格就好，
现在我妈的要求是活着，
提出这些要求对一些母亲很难，
但我妈做到了，
我妈真的很棒！

《躲雨》

躲了一辈子的雨，雨会不会很伤心。

心理评点：实在令人惋惜，一个花季少女就这样选择结束了自己的生命。生命的逝去是在向人们警醒这珍惜生命的重要性，而我们所关心的不仅仅是这名女孩患抑郁症的原因，还有在当前这个教育环境下，会有多少学生“被”患上抑郁症呢？尽管很多学生对抑郁症并不陌生，但很少真正了解抑郁症，难免轻易给抑郁情绪贴上抑郁症的标签或者直接忽视抑郁情绪的危害。抑郁症是一种常见的心理障碍，与一般的不高兴有着本质区别，有三大主要症状，就是情绪低落、思维迟缓和运动抑制。由于持久的情绪低落、悲观厌世，严重时抑郁症患者很容易产生自杀念头。因此，请学生朋友了解：抑郁是心灵的感冒，每个人都可能会有抑郁情绪，不及时调节就有可能患上抑郁症。

第一节　心理求助和心理咨询概述

没有一个人时刻都是快乐、幸福的，生活中总会遇到这样或那样的不如意；也不是所有的问题都能靠自己的力量来解决，也有需要别人帮助的时候。在人的一生中，多数人都有可能发生心理困扰或障碍，其中许多人需要获得心理援助。但现实状况是，大量需要援助的人，甚至处于危机状态的人，却并不主动去寻求心理援助。我们关于艺术高职院校学生心理健康状况的调查研究就表明，他们在遇到问题或精神困扰时，只有11.02%的人主动寻求帮助，84.40%的人很少或偶尔寻求帮助，4.58%的人根本不寻求帮助。鉴于此，我们倡导在有需要的情况下去寻求积极的心理援助。

一、心理求助概述

1. 心理求助的含义

心理求助是指个体在遇到心理和情绪等方面的困难时，向他人寻求帮助以达到解决困惑的过程。心理求助的对象包括两类人群：一类是专业人员，例如心理咨询师；另一类是非专业人员，例如家人和朋友。

2. 影响心理求助的心理因素

为什么在有必要且能够获得专业人员帮助的情况下，多数学生不愿意寻求专业心理咨询帮助呢？基于学生回避心理求助这一现象，很多研究者从不同角度研究了影响学生做决策的因素，得到一些有意义的结论。

（1）性别差异。在心理求助这个问题上表现出性别差异。对于心理咨询，女生比男生持有更加接受的态度。关于女生为什么更愿意求助的原因主要有以下几点：一是女生更易于陷入抑郁并寻求帮助；二是因为角色冲突，学业上的竞争会给女生带来额外的压力；三是在一般情况下，女生抑郁和焦虑的比率比男生要高。正如当代著名作家苏芩说：“向我咨询的女生往往是幸福的，目的是能够进一步让细节做得更好，而男生一定是在生活上出现了巨大问题才会求助于我，这也说明了男生对中间的过程不太关注，只要生活还能过下去，就不会去求助别人，我想这就是男生和女生最大的区别。”

（2）情绪的处理能力。情绪的处理能力是指个体感知情绪、管理与自己相关的情绪和以社会所接受的方式处理他人情绪的能力。情绪处理能力与求助行为的关系是：在面对情绪问题时，有较高情绪处理能力的人更愿意从各种资源中寻求帮助。对情绪有较低觉察能力，不善于确认、描述和管理自己情绪的学生，可能不愿意随便找人求助，因为他们在面对熟人求助时，例如对朋友、家人坦白时会尴尬，而面对相对陌生的专业心理咨询师则情况好得多。

（3）社会容忍度。江光荣认为，社会容忍度是指“在个体知觉中，公众对某种行为的接受——排斥程度”。相关文献表明，一个文化中关于心理问题的信念、该文化所赞许的心理问题表达方式和解决方式，会影响个体在遭遇心理困难时寻求专业帮助的态度。在我们国家传统观念里，对心理求助非常忌讳和回避，人们总希望在他人心目中留下良好印象，在行为上努力与别人一致，尽量避免他人的责罚、讥笑、拒绝、尴尬及冲突。在现代社会，随着人们对求助行为越来越持包容与接受的态度，个体倾向于求助的行为比率也在增加。

3. 心理求助的误区

有调查结果表明，顾忌“脸面”、“隐私”是妨碍潜在的个体寻求专业化心理帮助的重要原因。受旧观念影响，青年学生更倾向于对心理问题和疾病持负面成见，因此表现出“讳疾忌医”的行为；并且，大学生有较强的自主性，崇尚自己的事情自己决定，不盲目听从别人的意见。受传统文化的影响，有部分大学生注重“面子”，控制乃至压制情绪的表达，难以开放自我。他们对自我排忧解难的能力表示自信，生怕因为心理求助而被贴上“病人”的标签。他们认为求助心理咨询专业人员代表着自己心理有问题，是丢脸的事，也会被同学、朋友误认为有“精神病”。在日常的心理咨询服务实践中，我们发现，许多存在心理困惑的学生一般不愿意寻求心理帮助，即使遇到较大的问题想寻求帮助的时候，往往也要下很大的决心，且不希望别人看到。因此培养大学生对待心理困扰的正确态度显得尤为重要。专业的心理求助对存在心理困惑而自身无法解决的学生来说是必要的。有一句话可以广为流传，更值得同学们铭记：必要的求助是强者的行为。

二、心理咨询专述

1. 心理咨询的概念

Psychological Counseling，大陆译为心理咨询，香港译为心理辅导，台湾译为心理咨商。所以我们在此用心理咨询一词。在《心理咨询师》一书中把“心理咨询”定义为“心理咨询师协助求助者解决各类心理问题的过程”。国内学者钱铭怡在《心理咨询与心理治疗》中的定义是“心理咨询是通过人际关系，运用心理学方法，帮助来访者自强自立的过程”。

心理咨询的主要对象是那些精神正常，但心理健康水平较低，产生心理困惑导致无法正常学习、工作、生活并请求帮助的人群，而不是“病态人群”。

大中专学生普遍咨询的问题，在不同的时间阶段是不一样的。新生主要是新生活的适应以及人际关系问题，高年级的同学对感情、学业、就业等方面的问题咨询得比较多。人际交往和感情问题是大学生咨询较多的问题。

可见，心理咨询并没有想象中那么严肃和令人生畏，而是一个帮助我们解决问题的好渠道，它应该成为我们日常生活的一部分。请牢记：心理咨询，不是花瓶，不要将它束之高阁；心理咨询，该像呼吸一样自然。

2. 心理咨询的形式

心理咨询的形式多种多样，我们给大家介绍三种主要的分类形式。

（1）按咨询性质可分为发展咨询与健康咨询。前者涉及所有如何才能发展得更好的问题，如社会适应、人际关系、择业等等。后者关乎学习、生活、工作、家庭、婚姻等方面所出现的心理问题，如焦虑、恐惧、抑郁、强迫症状等各种情绪障碍。

（2）按咨询规模可区分为个别咨询和团体咨询。一对一的个别咨询优点是咨询对象顾虑较少，可以无保留地表现自己的喜怒哀乐，倾吐内心的秘密，同时咨询人员也可以耐心、深入地进行帮助。团体咨询是指有共同需求的人集合在一起，就大家的需求为主题提供心理帮助与指导的一种心理咨询形式，通过共同探讨、训练、引导，解决成员共有的发展课题或心理问题。团体咨询的人数一般10人左右。这种形式的优点是咨询对象可以观察到其他人也有与自己类似的苦恼，从而有助于自我认识和稳定情绪。由于咨询对象的问题比较接近，他们容易积极地参与讨论、集思广益、相互支持和相互影响，加快解决共同的心理问题。

（3）按咨询的形式可分为门诊咨询、电话咨询、网络咨询等。门诊咨询是通过心理咨询中心或医院的心理咨询门诊进行咨询的一种形式，它是心理咨询中最常见、最主要也是最有效的形式。其优点是针对性强，了解信息全面，亲切自如，保密性好。电话咨询、网络咨询（主要是通过QQ）的优点是方便、快捷，尤其是对于处在危急状态（如自杀）或不愿暴露自己的来访者不失为一种较好的形式。但也有不足，如电话咨询时间有限，传递的信息也有限，因此对咨询者反应敏捷、把控局面等素质要求较高；网络咨询中双方真实身份不易识别等。

3. 心理咨询的主要原则

心理咨询师在对来访者进行咨询的过程中主要遵守以下五条原则：

（1）保密原则。对来访者所有咨询内容均应保密，不得泄露。若需要案例分析和进一步讨论，应对资料做保密处理，省去真实姓名、地址，避免给来访者造成伤害。只有当来访者有自我伤害或伤害他人的紧急危害或涉及法律案件时，方可突破保密原则，但仍应采取相应措施，将信息暴露程度限制在最低范围。

（2）理解信任原则。咨询师对来访者的语言、行动和情绪等要充分理解，不以个人的道德标准来评判对错。良好的咨询关系建立在信任的基础上，只有相互信任，才能更好沟通，实现咨询目标与意图。

（3）尊重原则。尊重来访者的需求和选择权利，允许来访者选择继续或中止咨询。对于因咨询而需要了解的情况，应尽量坦诚、客观地说明原因，寻求理解与合作，不得以咨询师的主观想法强求来访者。

（4）中立原则。咨询师应对来访者谈话中涉及的道德问题保持中立，不作评判。对来访者的生活言行也不宜批评和指责。

（5）非指导性原则。心理咨询不同于一般的问题咨询，不需要对心理问题予以更多的具体的直接的指导，应予以间接的非指导性的启发、引导、帮助与辅导，使来访者自己领悟，思索寻找解决办法。即帮助来访者自己解决问题，而不是代替来访者解决问题。

4. 学校心理咨询的一般流程

在校大中专学生个别心理咨询的一般流程由三步组成：

（1）第一步：预约咨询。预约方式有：电话预约，网上预约，办公室预约。

（2）第二步：正式咨询。咨询次数为一次或数次，视具体情况而定。咨询步骤如下：

①第一次咨询：与心理咨询师建立咨询关系，介绍个人情况，完成初步心理评估

后，双方共同商定咨询方案，并预约下次咨询时间。

②坚持咨询：确定心理咨询目标及方案，使来访同学在日常生活中参照目标积极进行实践。需要指出的是，心理咨询需要一个过程，需要把来访同学在心理咨询过程中获得的知识和经验变成来访同学自己的行为习惯，使来访同学在日常生活中能够熟练应用，这些不是一次咨询就能够完成的。来访同学能否坚持也决定着咨询的最后效果。

③结束咨询：完成心理咨询计划，达到预期效果；或者来访同学不能完成心理咨询师布置的心理作业及感觉问题解决有困难，不能坚持下去，可以结束或中断咨询。

（3）第三步：回访。回访是了解来访同学咨询结束后的情况，并观察某种心理咨询方法是否有效的重要研究手段。在咨询结束或者中断之后，心理咨询中心一般会通过回访的形式了解来访同学的近况。回访的方式及时间须双方商定。

5. 心理咨询的误区

（1）有病才去做心理咨询。实际上，心理上的问题可分为三个层次，即心理问题、心理障碍和心理疾病。存在心理问题与心理障碍还构不成疾病，只要通过一般的心理疏导和心理调整，是完全可以解决的。

（2）心理咨询师能知道别人想什么。其实，心理咨询师并没有什么特殊的功能，并不能看穿别人的内心世界，他们只是利用心理学现象和规律，对来访同学提供的信息进行合理的分析，并在此基础上对来访同学进行认知和行为治疗。

（3）希望心理咨询师替你决策。事实上，在心理咨询过程中，很多来访同学都希望通过咨询得到一个明确的答复，比如谈不谈恋爱，是转专业还是换学校，是继续深造还是就业，等等，来访同学往往把心理咨询师当成“救世主”，却不知真正的救世主是你自己，一切都由你决定。

（4）希望能收到立竿见影的效果。一般来说，来访同学总是期望1~2次的心理咨询就能收到立竿见影的效果。而事实是心理咨询需要时间的长短，取决于来访同学咨询问题的性质。如果所遇问题属于发展心理咨询的范畴，也就是在个人成长过程中遇到的困惑和障碍，经过1~2次咨询是可以解决问题的。如果所遇问题属于健康心理咨询的范畴，如各类负性情绪问题、不良行为问题、神经症性心理问题、性格问题等，就必须经过一个过程，具体需要多长时间要根据心理问题的性质、持续时间、严重程度来决定。比如多年的抑郁、强迫等神经症性心理问题，是不可能通过1~2次心理咨询就解决的。

6. 心理咨询中常见的问题

我们把日常接待同学们咨询的问题进行梳理，整理了多个常见问题，这些问题或困惑是每个人都可能在生活中要遇到的，大家不妨认真阅读领会，以便遇到同样或类似问题时能处理得当，还能开解身边的亲朋好友。

（1）怎样才能迅速治愈伤心？

解答：当我们伤心时，第一反应就是想摆脱糟糕的心情，就像生病了，马上就想吃药；但这世上并没有“伤心药”，因为伤心根本不是病。受挫、失恋、亲朋亡故……我们都会伤心哭泣，这是正常的情绪反应，就像听了笑话会笑一样，谁也阻止不了。痛快哭出来的人，感受伤心的人，随着时间会慢慢康复。往往那些禁止自己伤心，想迅速停止伤心的人，才容易生病。也就是说，该伤心的时候伤心了，是心理健康的表现，反之，该伤不伤，不给自己时间伤心，才是“百病之源”。我们都知道普通的感冒并不需要吃药，撑过去反而会增加免疫力，提高身体素质。正常的伤心就像感冒，会自然好转，强加干预反而会降低自己的心理耐受力。所以，如果你正伤心着，没什么大不了，时间是最好的康复剂，千万不要强迫自己马上装成“没事人”。要知道，人不可能永远开心无忧，经过挫折、伤心的历练才能让人成熟蜕变。《美丽心情》有句歌词：“只有被辜负而长夜流过泪的心，才能明白这也是种运气”，说的就是这个道理。

（2）为什么我总是缺乏安全感？

解答：这个世界上，估计没有人会一直觉得自己很有安全感。这是因为我们对未知的事总有一些担心，害怕自己控制不了它。我们总会在吃一个陌生的水果前，害怕它是有毒的……其实如果真的咬一口，或许觉得它还蛮甜的。所以，如果你觉得自己没什么安全感，这很正常。但请你注意的是，你越不敢咬这个水果，老盯着它时，就会越缺乏安全感。最好的方法有两个，一个是干脆咬上一口，另一个就是头也不回地丢了它。身在矛盾之中，才是不安的根源，别让自己那么为难，才是保证安全感的最佳方法。

（3）怎样才能忘记不快乐？

解答：回答这个问题，我们可以用“逆向思维”——先来想想“我们为什么要记住不快乐呢”。心理学上有个词叫“未完成事件”，指曾经让人不快乐的事，会被记录下来，留在那等待未来的自己来完成它。比如丢了心爱的狗，当众出丑，朋友分别，恋人分手……这些不快乐都被记住了，几年之后，你养了两只活泼的狗，成了演讲家，有了新朋友，找到最适合的人结婚——你默默地完成了之前被记录为“不快乐”的那些事，把它们重新标记为快乐。你看，不快乐并不是只能被忘记的，它之所以不愿离你而去，时不时逗留在你心里，就是为了提醒你“快乐在哪里”。不快乐是被我们记录下来的一些“自我考验”，等着成熟一些的自己回来解决，当25岁的你，可以解决16岁时留下的某个不快乐时，我们就可以骄傲地告诉自己“我真的长大了”。所以，不快乐不必忘记，放着就好，哪怕是悲伤的，也能渐渐化为深沉的诗。

（4）怎么才能知道对方爱不爱我？

解答：爱是一种情感，所以没有衡量标准，不可能凭做没做某件事，就判断爱或者不爱。爱并不是恒定不变的东西，或许这个人昨天还不爱你，但今天就爱你了，这也非常可能。因此恋爱中的人啊，就算你知道对方爱不爱你，你又能怎么样呢？你只要知道自己愿不愿意和这个人建立持久的相爱关系就够了。两个人能否在一起，起决定作用的并不是爱，而是需要：相互欣赏的需要、自尊心的需要、物质的需要、被照顾的需要、负责的需要……在对方认识的人中，你能满足他最多的需要，他自然会选你。但请注意，有些需要的满足，并不是靠你的付出，而是性格的匹配。比如有些人就是喜欢照顾别人，而你正好习惯被照顾，你们就正好是一对。不要过分纠结在爱与不爱的假设问题里了，爱是可以被创造的，只要你能懂对方的需要，并且不用太难为自己，就恰好能做到。真心不是猜的，而是用你自己的心去感受的——当你在付出真心，没有怀疑的时候，才能感受到对方的真心。

（5）为什么我没有朋友，也没人懂我？

解答：每两个人之间的友情都是不一样的，友情并不是电视剧或者某本书里定义好的模式，有长久而平淡的，也有短暂却深刻的……有时候是对友情的那些定义困住了我们，阻碍我们去感受一个真正的朋友，比如他要懂我、原谅我的缺点、对我忠诚……想要朋友，不能想这么多，只要微笑地伸出一只手，就可以了。消除对朋友的界定，给别人接触自己的机会，才能打开心门。还有一件事，我们需要意识到，我们一生中会有很多朋友，不同类型，不同性格，每个朋友能提供给我们的东西不尽相同，我们不能要求出现一个完美朋友。我们需要在众多朋友身上，综合实现我们的“人际需要”和“社会支持”。行走的路上，会遇到很多人，每个人都会陪你走一段路，有的很长，有的很短，有的在很晚才来陪你……每个人都懂你一些，却也不完全懂你，这是必然的，正常的。当你试着对更多人倾诉时，也会有更多机会被更多人懂得。

（6）压力大啊，失眠怎么办？

解答：压力在某种程度上是成长的动力，在日间的工作中，有一些压力可以提高工作效率。但是我们也要给自己的压力定一个时间表，就像我们的生物钟一样，压力也需要一个“压力钟”，在早晨工作时，压力可以释放，但在晚上休息时，压力就要停止释放。当我们在紧张学习、或有突发的事件时，压力会变大，“压力钟”需要一段时期的适应，才能重新运转。所以，有偶尔的失眠，是正常的，我们可以通过一些方法帮助“压力钟”升级。首先，要在早上精力充沛时叫醒压力。比如每天起床后，制定日程表，把可以应对压力的事，安排在内。比如快要英语考试了压力大，那早上可以计划背50个单词；要上台演讲压力大，那就计划多演练几次，直到演讲词烂熟于心。然后黄昏时，该请压力变小一些了，就做一些减压的事，比如吃美食、运动、唱歌、看电影等，不要等到快睡觉了才减压。这样，躺到床上时，你的压力和精力都已经释放了，并且当你白天做了一些应对压力的努力后，你就不会那么焦虑了，自然就能轻松地入睡。持续这样一周，自然可以形成新的“压力钟”，找回你的三秒钟熟睡功。

（7）心理测验结果不佳，就说明我心理有病吗？

解答：单一的心理测试结果是不能评判一个人的心理健康程度的，就像不能用体重来衡量一个人的身体健康。特别是网络上那些自动计算结果的心理测验，大多都是不准的。心理测验对心理健康的考察，需要在权威机构，由专业的心理测量师来测验。比较准确的心理测验，首先题目很多，且经过抽样检验，信度效度都达标，有较新的常模。并且有专业人员对你的测验结果进行解释。而且就算这样出来的心理测验结果，也只是对人的心理健康程度提供一个参考数据，心理疾病的诊断还需要行为观察、生理反应、情绪反应等其他指标，根据我国的心理卫生条例，只有医院的心理门诊才可以下这个诊断。心理咨询师和心理测量师都没有这个权利。

第二节　青年学生常见心理障碍及其防治

近年来，大学生因为严重心理障碍而不得不休学，极少数甚至因此走向轻生之路的例子经常见诸报纸、电视、网络等媒体，引起了社会各界的关注和重视。因此，如何认识与识别心理障碍，使青年学生了解常见心理障碍的表现、类型、成因和应对方法，对于维护和增进自身心理健康，及时发现周围同学出现的心理异常现象并采取相应的预防措施，防止心理危机事件的发生，意义非常重大。

一、什么是心理障碍

你是否曾经过度担心过？有没有感到忧郁焦虑却不知道原因？是否曾经觉得害怕什么东西但理智上却很清楚它不会对你造成什么伤害？是否性格突然变得暴躁异常或突然对一切变得不感兴趣？是否曾有过轻生厌世的念头？以上所列都属于心理障碍的临床表现。

那么，什么是心理障碍呢？实际上，要对它下一个明确的定义是十分困难的，因为研究的角度不同，对心理障碍的看法、定义、范围的界定也是有差别的。

我们认为，林桦等主编的《大学生心理健康教程》中对心理障碍的定义清晰易懂："心理障碍是指心理功能紊乱，并达到影响个体的社会功能或使自我感到痛苦的心理异常状态。"由此可见，心理障碍属于一种心理异常，并且这种心理异常已达到了比较严重的程度：个体的心理功能已经发生了紊乱并已经影响到了个体的社会功能或令个体感到十分痛苦。

心理障碍几乎人人都可能遇到，如失恋、落榜、人际关系冲突、重要亲人突然离世等等造成的情绪波动、失调，一段时间内不良心境造成的兴趣减退、无精打采、生活规律紊乱甚至行为异常、性格偏离等等。发生这些情况需要我们及时调适，向心理专家和医生寻求帮助，以便尽快从中解脱出来。如果长期持续的心理障碍得不到及时、适当的调适，就容易导致精神疾病的产生。

二、青年学生心理障碍的成因

青年阶段是思维最活跃的年龄阶段，也是心理障碍易发的年龄阶段。究其成因，主要有：

1. 父母的教育方法不当

父母的教育方法不当是形成大学生心理障碍的主要隐患。国内外很多研究表明，大学生中以抑郁和焦虑为主的神经症患者，父母的教育方法有如下特点：他们对于子女时而倾向拒绝，缺少情感和温暖；时而表现出过分保护，过分干涉。这种矛盾的教育方法导致子女无所适从，特别是对子女的过分保护削弱了子女独立和权利意识的发展，以至于子女缺乏自信，过分自我约束，并逐渐萌生自卑感，成为心理障碍的重要诱因。

2. 环境的变化与不适

如一些同学对从“衣来伸手，饭来张口”到一切全靠自理的生活不适应；一些同学对异地求学饮食、气候、语言的不适应；一些同学从农村来到城市的不适应等等，调适不好，就容易产生心理障碍。

特别要指出的是，在艺术院校，爱攀比的人际环境对学生的心理影响不小。艺术类学生虚荣心、攀比心较强，学生花销比一般院校学生要大得多，据我们了解，他们每年的开销人均在30000元上下，这对于中低收入家庭来说，是有一定压力的。因此，在艺术高职院校，相对贫困生队伍不小。从我们日常的教育和咨询实践观察，这些贫困生是艺术高职院校心理障碍的高发群体。置身于经济条件较好又讲究穿着打扮、时尚摩登的人际氛围，为了能和身边的同学融入同一圈子，不被排挤出局成孤单小鸟，难免会在攀比心理驱使下行事，如果经济条件不允许，就会烦恼不堪。有时，还可能受到家庭富足学生的挤对，产生自卑、压抑情绪。因此贫困生是艺术高职院校要重点关注和帮扶的人群。

3. 学业、就业、人际交往、恋爱等挫折

如前面相关章节已述，学业、就业、恋爱、人际交往等都是大中专学生的重要压力源和烦恼源，如果出现学业不顺、就业困难、人际交往受挫、失恋等挫折，一部分一路从顺境中走过来、缺乏抗击打能力的同学往往不能适应，如果挫折感突破心理承受限度，就会导致心理障碍。

4. 个体的生理因素与自我认知偏差

个体的生理因素主要是遗传因素的影响以及个体躯体健康状况。人的高级神经活动类型主要受制于生理组织，与先天因素关系密切，这方面属于弱性的人往往容易受到刺激而产生心理失衡。而身体有病的人则往往情绪低沉，敏感多疑，行为控制能力也减弱，产生心理障碍的可能性更大。

个体自我认知偏差也有可能引起心理障碍。尤其是高职院校学生，他们中不少同学自我评价较低，认为高职学院是末流学校，自身成绩也不十分理想，和本科院校学生相比，就觉得自己低人一等，产生苦闷、压抑、困惑等心理，进而贬低自己的学习能力、以后的工作能力等。有自我认知偏差的学生在校园生活中表现得精神萎靡不振、独来独往、对学习生活毫无兴趣，还伴有满腹牢骚和偏激情绪等。如得不到调适宣泄，长期累积，就为形成某种心理障碍提供了很大的可能性。

三、心理障碍自我判断的三个特征

据我们对于艺术高职院校学生心理健康状况的调查分析，艺术高职院校学生的心理障碍主要表现为：①轻微心理失调。如情绪波动大，自卑烦扰、焦虑、学习困难等。②轻度心理疾病。如神经衰弱、社交恐怖、紧张焦虑、抑郁、强迫、神经性厌食或暴食，或由人际危机、情感危机、专业压力引起的轻生念头等。③严重的精神疾病。如精神分裂症、精神幼稚病（低能）、情感性障碍、变态人格等。这样的心理障碍已经无法进行正常的学习与生活，需要住院或长期治疗。从所占比例来看，第①类数量居多。不少学生会认为心情不好，没多大事，没有引起足够的重视。这种情形将对心理健康构成一定的威胁，因为潜伏着进一步恶化的危险。第③类数量很少，需进行药物治疗。

由此看来，充分认识艺术高职院校学生心理发展存在的问题，提高学生的自我判断能力，显得尤为重要。学生在日常生活中可能经常遇到这些的情况：今天心情不好、郁闷、什么都不想干……怀疑自己是不是得了抑郁症？有没有什么标准我们可以辨别？出现怎样的症状并且达到怎样的程度才算抑郁症？有没有一种方法可以简单判别自己的心理状态是否正常？

上述问题的答案是："你可以自我判断。"一般而言，很多心理障碍有以下三个特征，我们可以依此来判断：

1. 心理机能、功能的紊乱与失常

它是指一种认知、情绪和行为功能上的失常。例如，大三某男生去和女朋友约会，正常的心理应该是比较高兴，或者满怀憧憬，然而这位男生却感到很害怕。我们说这不是一个正常情况下应有的心理反应。再如，某位女生心情郁闷，郁闷到很长一段时间吃不下饭、睡不着觉，并且体重持续减轻了很多。这说明她的心理问题已经影响到她的正常生理行为（吃饭、睡觉），影响到正常生活。

2. 悲痛与忧伤

一般的心理障碍都会造成求助者极度的不开心，或为之感到十分痛苦，或者已经严重影响到了他的正常学习、生活，甚至有可能发生由此而退学、自杀等事件。

3. 文化的不适应性

它是指一个人的行为不为当地的社会文化所容。举个例子能更好说明问题。例如，在喧闹的大街上某某同学看见一位男士穿着短裙就上街了，一副旁若无人的样子，招摇过市。那位同学脱口而出："这人神经病呀！"然而，在苏格兰男人穿裙子是件很正常的事，即使在大街上也不足为奇。但是，在中国的文化背景下，男人穿裙子上街显然是不恰当、不正常的！因此，文化适用性的问题对于判别心理障碍也起着十分重要的作用。

以上所指出的三个标准对于大多数心理障碍的判断缺一不可。尽管，我们了解一般心理障碍的三个特征并且可以依此去简单地自我判断；然而，具体到每一种心理障碍都有自己严格的临床诊断标准。并且在临床心理障碍的诊断上有一些灰色地带，是相当难以判别的。因此，需要细致地识别不同的心理障碍问题，而不是随意贴标签，下结论。

四、青年学生常见的心理障碍及矫治

有关研究和统计结果表明，青年学生在心理上的确实存在着一系列的不良反应和适应障碍，有的甚至到了极为严重的程度，因心理障碍而休学、退学的比率近年来呈上升趋势。青年学生常见的心理障碍有以下几类：

1. 神经症

神经症旧称神经官能症，主要表现为持久的心理冲突，个体察觉到或体验到这种冲突并深感痛苦且妨碍心理功能或社会功能，但没有任何可以证实的器质性病理基础。不健全的个性特征是此类疾病的发病基础。在此基础上，如果遇到重大的心理创伤，便会导致神经症的发生。在青年学生中，发病率最高的主要是焦虑症、抑郁症、强迫症、神经衰弱。

（1）焦虑症。焦虑症是一种常见的神经症。青年学生进入新的环境，各方面都要重新开始适应和调整。如果对自己期望过高，压力过大，凡事患得患失，时间长了，就会产生持续性的焦虑、不安、担心、恐慌，并且还伴有明显的运动性不安以及各种躯体上的不舒适感。患有焦虑症的人，在其性格上也有一定的特点，大多胆小，做事瞻前顾后，犹豫不决，对新事物、新环境适应能力差，遇上一定精神刺激，就很容易患焦虑症。

下面提供一些简易可行的方法，帮助青年学生平抑焦躁情绪：

①改变对生活事件、挫折、压力的看法。应该认识到压力并不全都是坏的，把它当做一个使自己能力提高的机会。同时对自己的期望不可过高，制订的目标可比自己的能力稍高一点儿，即“去采摘你跳一下就能拿到的果子”。

②自我放松练习。在烦躁不安时，先让自己坐下来。紧握拳头，并绷紧胳膊，体验上肢的紧张感觉，然后忽然把拳放开，体会手臂的沉重、无力、放松。反复做几次，身体的放松会带动精神的放松。

③体育运动。肢体活动有利于缓解焦虑，对那些平时容易急躁的学生，应多参加慢跑、打太极拳、下棋、游泳等运动，可增强自我控制能力、稳定情绪。

④变换环境。多听一些舒缓流畅的音乐；去参加一些户外活动，亲近大自然；培养琴棋书画等爱好，陶冶性情。

⑤做应当做的事，不能任由情绪支配；不要因心情不好而逃避生活。硬着头皮做下去，就会发现事情没有预想的那么糟。

⑥寻求社会支持。有了烦恼可与家人、朋友商量，也可求助于专业的心理老师或心理医生。

（2）抑郁症。抑郁症是青年学生中常见的一种心理障碍。主要表现为情绪低落、兴趣减低，悲观，思维迟缓，缺乏主动性，自责自罪，饮食、睡眠差，担心自己患有各种疾病，感到全身多处不适，严重者可出现自杀念头和行为。有的学生对枯燥的学习不感兴趣，对刻板的生活方式感到厌烦，为自己学习或社交的不成功而灰心丧气，陷入抑郁悲观状态。长期的忧郁状态会导致思维迟钝、失眠、体力衰退等，对个体危害是很大的。一般来讲，神经性抑郁症患者在病前大多能找到一些精神因素，如生活中的不幸遭遇，学习中遇到重大挫折和困难，在公共场合中自尊心受到严重伤害等。该症的发生与性格也有一定的关系。自卑心一向很强的人，在受到挫折后，很容易产生失望、自卑而发病。性格不开朗、多愁善感、好思虑、敏感性强、依赖性强的人，在精神因素作用下，也容易导致抑郁症的发生。

如何自我判断是否患了抑郁症？有五大预示信号：

①懒。无任何原因持续疲乏无力、自觉懒散无能，甚至连日常生活、简单的学习或内务卫生打扫都懒于应付。

②呆。动作减少，行动呆板、被动，思维迟钝、构思困难、记忆力和注意力明显下降，理解力和脑功能明显减退。

③变。性格明显大变，前后判若两人。

④忧。忧郁悲观、意志消沉、无信心和活力，有万念俱灰之感。心情压抑、苦闷，对外界一切事物都失去兴趣，并感觉到身体上有诸多不适。

⑤虑。多思多虑，焦躁不安，胡思乱想，坐立不宁，或一筹莫展，常常自责、自卑。

抑郁症的克服，可以采用以下几种方法：一是学会将自己的忧伤、痛苦以恰当的方式宣泄出来，以减轻心理上的压力。例如，倾诉、写日记、哭泣等等。二是多与其他同学交往，尝试从另一个角度看待自己所面临的问题，开阔心胸。三是有意识地参加一些实实在在的活动，如体育锻炼、文化娱乐活动等，将自己从苦恼中解脱出来。

（3）强迫症。强迫症是指患者在主观上感到某种不可抗拒和被迫无奈的观念、情绪、意向或行为存在。患有强迫症的人，明知某种行为或观念不合理，但却无法摆脱，因而非常痛苦。这种症状大多是由强烈而持久的精神因素及情绪体验诱发而来的，与患者以往的生活经历、精神创伤或幼年时期的遭遇有一定的联系。患强迫症的大学生多与其性格缺陷有关，如缺乏自信，遇事过分谨慎，生活习惯呆板，墨守成规，常怕出现不幸，活动能力差，主动性不足等。强迫症的根治是比较困难的，行为疗法对强迫动作有一定效果。向患者解释精神生活中的各种知识，增强他们的自信心，对缓解症状有一定效果。

强迫症的发病诱因常不明显，仅少数病人是在某些社会心理因素作用下发病，绝大多数则无明显原因。但病人病前的人格特征，与发病根源有关系，如表现为拘谨、古板、犹疑、做事认真、过分注意细节、井井有条、要求十全十美等，这类人易于在身体健康不良或长期身心疲劳时致病。

关于强迫症的治疗方法，目前，临床上常用的治疗强迫观念的技术有：思维阻断法、餍足疗法（即让病人故意长时间地想着自己的强迫观念）、厌恶疗法、森田疗法、心理分析法、认识领悟疗法、认知行为疗法等。在心理治疗的同时，辅以必要的抗焦虑、抗抑郁药物，以减轻伴发的焦虑、抑郁症状，有利于治疗。医疗中也常用小剂量的抗精神病药物来减轻强迫症状。但强迫症一向被认为是顽固难治的心理疾病，像治疗斑秃病那样具有特异性的效力良好的具体方法，目前还在探索中。

（4）神经衰弱。神经衰弱也是青年学生中极为常见的心理障碍。它的特点是容易兴奋，迅速疲倦，并常常伴有各种躯体不适感和睡眠障碍。引起神经衰弱的原因，是长期存在的某些精神因素引起大脑机能活动的过度紧张，使精神活动的能力减弱。有易感素质和不良性格特征的人，更易患神经衰弱。大学生神经衰弱的发生，主要是缺乏面对现实的勇气和良好的适应能力造成的，如学习负担过重，专业思想不稳定，个体自我调节失灵，对社会、对人生思虑过多，在家庭问题上、恋爱问题上犹豫徘徊等。所有这些，在患者头脑中产生强烈的思想冲突，使得神经活动过程强烈而持久地处于紧张状态，超过了神经系统本身的张力所能忍受的限度，从而引起崩溃和失调。对神经衰弱的学生，合理安排学习和生活作息，适当参加娱乐活动和体育锻炼，并进行必要的心理治疗，一般可以收到较好的效果。

2. 人格障碍

一般说来，人格障碍是指人格系统发展的不协调，主要表现为情感和意志行为方面的障碍。有人格障碍的大学生一般能处理自己的日常生活和学习，智能是正常的，意识是清醒的，但由于缺乏对自身人格的自知，常与周围人发生冲突，但很难从错误中吸取应有的教训加以纠正。人格障碍种类很多，大学生中较为常见的有三种：

（1）偏执型人格障碍。这类人格障碍的特点是主观、固执、敏感多疑、心胸狭隘、报复心强。一方面，骄傲自大，自命不凡，总认为自己怀才不遇，自我评价甚高；另一方面，在遇到挫折失败时，又过分敏感，怪罪他人，推诿客观，很容易与他人发生冲突与争执。这类人格障碍多见于男大学生。

（2）情感型人格障碍。这类人格障碍在大学生中所占比例较高。它可以表现为抑郁型人格、狂躁型人格、郁躁型人格三种形式。抑郁型人格多表现为情绪抑郁，多愁善感精神不振，少言寡语，看任何事都会从悲观的角度出发，无法体验明快的心情。狂躁型人格则与此相反，多表现为情绪高涨，急躁、热情，有很多设想，但有始无终。终日兴高采烈，雄心勃勃，过于乐观，常常表现出无端的欣喜。郁躁型人格则介于上述两者之间，有周期性的起伏波动，时而情绪高涨，对一切都表现出极大兴趣，很是兴奋；时而情绪低沉，一落千丈，表现出抑郁型的特点，心情灰色，干什么都没有兴趣。这种波动的程度、持续时间及周期都因人而异。

（3）分裂型人格障碍。分裂，主要是指这类人的人格在情感、意志、行为上的不一致。主要表现为内倾、孤僻，言语怪异，不爱交往，不关心别人对自己的评价，常常处于幻想之中，也可能沉溺于钻研某些纯理论性问题。他们回避竞争性情境，对他人漠不关心，独来独往。具有这种人格障碍的青年学生，在孤独的环境中，尚可适应，甚至可以在学业上取得突出成就；但在人多的场合，在带有合作性质的任务中，由于与其他人完全不能相容，因此，往往很难适应，从而导致极度适应不良。

3. 适应障碍——失落、冷漠

大中专学生，尤其是低年级的学生，心理特征表现为敏感而不稳定。进入大中专院校之后，在学习、生活、人际关系等方面，会遇到一系列问题。如何迅速调整自己，使自己尽快适应眼前的现实，主动接受几年大中专学习生活的挑战，是每个大中专学生面临的最为实际、最为紧迫的问题。适应障碍，就是指由于适应不良而造成的心理障碍。它主要表现为失落感、冷漠感。

失落感，主要是指大学生对某一事件前后自身感受、评价的强烈反差而形成的一种内心体验。大学生在刚入学时，往往对生活充满希望，觉得迈进大学，一切如愿；然而，随着现实生活的展开，发现生活的本来面目并非如想象的那样美满如意。这一现实，对于思想尚存在片面、生活阅历一帆风顺，而又处于青春躁动期的大中专学生来说，是未曾料到的。这就很容易导致心理上的不平衡。他们一下子从希望的塔尖坠入失落的谷底。开始阶段，或许尚有信心奋起，但又时时感到自身力量的弱小，感到改变自己、改变环境的困难，因而，很可能索性放弃一切努力，而在情绪上又往往陷入苦闷、彷徨之中。

大学生的冷漠感也是比较普遍的一种现象。它有多种表现形式，如常觉得“干什么都没兴趣”、“干什么都没劲”，似乎这个世界上就没有值得自己为之努力的事。进一步分析，这种现象其实是对自己的存在缺乏一种自觉性，不知自己该干什么，为什么活着。一方面，现代社会迅猛发展，大学生往往感到自身的渺小与无力。身在大都市中，孤独感加重了，个体丧失了与他人的感通性，因而冷漠丛生；另一方面，通过激烈竞争而升入高校的学生，一下子失去了奋斗目标，有些无所适从。再加上人际关系处理不好，对专业不感兴趣，便会心灰意冷，百无聊赖以度时日。

失落与冷漠产生的一个主要原因是目标的丧失。进入大学以前，上大学是青少年学生的第一大梦想。到了梦想成真，从狂喜中冷静下来之后，如果未能及时地树立起新的目标，或者未来的目标不具备强大的吸引力，他们就会觉得生活平淡、乏味与无奈。重新的奋起需要强大的动力，而人又往往是存在惰性的，很容易就此消沉，以对人对事的冷漠，来维持自身的心理平衡。如果这种情况发展到极端，就很可能诱发出自杀的意念甚至行动。

在本节的最后，值得指出的是：对心理障碍，尤其是神经症和人格障碍的诊断，是一项专业性很强的工作。所谓正常与不正常的划分标准，是相对的而非绝对的。而且，正常与不正常的判别，还受一定的文化环境的影响。在某种范围内看似异常的行为，在另一种环境下就不足为奇了。因此，心理疾病的确诊是十分困难的，最好不要盲目进行自我诊断，自我定论。看见书上写了一些症状，就往自己身上套，这种做法是极为有害的。如果真的发现自己有不能解决的问题，应主动请教专家或医生。

第三节　远离自杀行为

轻轻翻开中外文学、艺术发展的历史画卷，会发现很多自杀身亡的人。像中国的屈原、王国维、阮玲玉、老舍、傅雷、三毛、顾城、张国荣，国外的杰克·伦敦、海明威、“猫王”普雷斯利、川端康成、茨威格、马雅可夫斯基、法捷耶夫、梵高等。要把古今中外自杀的艺术家一个一个地写出来是件很残酷的事。人们不禁要问，艺术家都是天分卓越、见识超群的人，为什么一些人会走上一条连仁慈的基督也不宽恕的自杀之路呢？

有人说，艺术是苦闷的象征，是孤独的伴侣。海明威也曾说过，他在乱哄哄的人群的包围中是写不出任何东西的，要想拿出有分量的作品，只有一个人孤独地去创作。看来，艺术家们都在有意无意地培养着他们的孤独意识。而人又是一种需要交流和沟通的社会性动物，马斯洛曾指出人的本能里有“归属和爱”的需要，有“求知和理解”的需要。不与外界沟通，人便无法生存和发展。所以，在艺术家孤独的身影里，请让沟通也伴随左右。

再看看当今的校园自杀现象：北方交大一名女学生自杀；吉林一毕业实习大学生跳楼砸瘪过路的士；中国人民

大学一女生用床单自缢身亡；长期压抑使得内江一女大学生跳进沱江自杀；广州某大学一名入学仅一周的新生，因“不能忍受饭菜不合口这种生活”，从学校的7楼纵身跳下；兰州某大学的大学生宾馆内割腕自杀；一名在校女大学生因为减肥失败而服药自杀，幸被其家人及时发现送到医院进行抢救，才避免了一场悲剧的发生。

自杀，是个体有意识地采取各种手段结束自己生命的异常行为。严格地讲，自杀不是一种心理疾病，它是人在受挫折之后的紧张状态下做出的一种自毁行为。毋庸置疑，自杀与心理压力有着极为密切的关系。学习上的失败（成绩不理想、考试不及格等），失恋，学业上的竞争压力，人际关系的紧张，专业不理想，由于重病或生理上的缺陷而无法胜任学习，在学习和生活中感到困难等等，这些挫折是诱发自杀行为的主要因素。由挫折产生了绝望情绪，而自杀便成了摆脱这种情绪的手段。然而，单凭这些，还不能完全解释校园自杀现象。这里还存在一个对挫折的承受能力的问题。当较大的挫折落到一个挫折承受力低的人身上，特别是对于那情绪低落、性格孤僻内向的人，自杀的悲剧更有可能发生。

一、自杀者的心理特征

企图自杀的人共同的心理特征是孤独，认为谁也理解不了自己，谁也帮不了自己，在这个世界上唯有自己最不幸、最痛苦，因此想以死来解脱困境。但实际上，想自杀的人心情很矛盾，想死的同时又会在内心渴望获得帮助。自杀者认为自杀是对一个暂时性问题的永久性解决。

具体来说，自杀者的心理状态表现出如下特征：

1. 矛盾心态

死亡对自杀者是既可怕又有吸引力的事。现实生活中许多有形无形的困难可以在死亡的幻想中得以解决和满足。但死亡毕竟是可怕的，自杀者一方面想解脱，一方面又会有向他人求助的欲念。

2. 偏差认知

企图自杀者的知觉常因情绪影响而变得歪曲。表现为“绝对化”或“概括化”或两者交替。绝对化是指对任何事物怀有认为其必定如此的信念。比如“我做任何事都注定失败”、“周围的人肯定不喜欢我”。“概括化”是以偏概全，以一概十的不合理思维方式，常常使人过分关注某项困难而忽略除死之外的其他解决方法。比如“我考试作弊，我爸爸一定不会饶恕我，永远不再爱我”，“我有缺陷，别人都瞧不起我”，从而自暴自弃，自责自怨，自伤自毁。

3. 冲动行为

青年学生的自杀意念常常在很短的时间内形成，因情绪激动而导致冲动行为，一想到死马上就采取行动。他们对自己面临的危机状态缺乏冷静的分析和理智的思考，往往认定没办法了，只有死路一条，思考变得极其狭隘。

4. 关系失调

自杀者大多性格内向、孤僻，以自我为中心，难以与他人建立正常的人际关系。当缺乏家庭的温暖和爱护，缺乏朋友师长的支持与鼓励时，常常感到茫然无助，最后变得越来越孤独，进入自我封闭的小圈子，失去自我价值感。

另外，有专家认为，从自杀者的性格特征看，过于内向、孤独，容易陷入焦虑与绝望感中，偏执，过分认真，责任感过强，缺乏兴趣爱好，情绪不稳定，心情多变等等这些性格特征常常与偏颇的父母教养态度，复杂的家庭关系有关。

二、普遍存在的对自杀的误解

我们对于自杀事件往往有不当的反应，许多是源于我们对自杀存有一些误解，例如：认为青年学生并没有重大的忧虑，应该不会自杀；或自杀者有一定的精神病等。下面列出一些常见的误解，以便我们对自杀行为有进一步的认知。

1. “自杀事件一般都是无迹可寻的”或“表明想自杀的人通常不会自杀”

自杀者的亲人、朋友等一般对自杀者的自毁行为都会感到意外及诧异。其实大部分的自杀者都有明显或间接的求助信息。例如与好友道别、将事情安排妥当。据一项调查自杀的报告显示，有70%的人在自杀前曾经向身边的家人及朋友显示其自杀的意图；而有30%的人曾多次向家人或其他人以不同方式表示其自杀的意图。其实自杀者在作最后的决定前，很大程度上会表现出内心的痛苦及犹豫，若自杀者身边的人能及时察觉并加以援助，可能会减少悲剧的发生。

2. “自杀未遂者并非真正想死”

事实上，部分自杀未遂者死亡愿望很强烈，只是自杀的方法不足以致死或抢救及时，这些人再次自杀的可能性最大。所以，当我们面对别人透露自杀意念时应以严肃及谨慎态度处理。

3. “下决心自杀的人都是坚决想死的”

事实上许多自杀者在行动前常常是矛盾重重的，他们只是拿死亡下赌，看看有没有人来挽救他们，很少有人是在不让别人知道他们的想法的情况下自杀的。

4. “情绪好转后自杀危机减少”

一些情绪极度抑郁并有自杀意念的病人，有时情绪会突然好转，可能令人误以为他们的自杀危机已减低，许多时候，病人就在众人放松防范时，突然自杀。其行为令人难以理解。其中一个解释是当一个人面对生死难以抉择时，可能会极为困扰。但当他一旦选择了自杀，像已放下心头大石，情绪反而较为平静。而且当病人死意甚为坚决时，他可能会尽量掩饰这决定。在此时，身边人应更加小心分辨及了解实际情况。

5. “一般人永不会有自杀的念头”

很多人可能认为除了少数人外，一般人是不会有自杀的念头的。在一些外国的研究中显示，30%~50%（有的甚至声称高达80%）的学生或成年人，表示曾有一次或多次自杀的念头。对于性格健康成长、家庭关系良好及有足够支持系统的人，其自杀念头稍纵即逝，较少会发展成真正的自杀行为。相反，对于性格成长及精神状况已存有问题者而言，在缺乏支持及关怀下，其自杀意念则极有机会转为具体的自杀行动。

6. “一件小事也足以令人寻死?”

我们在新闻报章上经常看到一些人的自杀行为是因为轻微争执或挫败事件引致，例如曾报道一女生因被老师及同学怀疑她偷东西而寻死。其实自杀行为并不能以单一事件去理解，因为自杀者长期面对的压力或被其他所困扰的问题经常被忽略。引发自杀行为的事件其实是一条导火线。若自杀者的根本问题未被察觉以致得不到妥善的处理，另一次简单的小事亦可能再次引发自杀的行为。

三、青年学生自杀行为的防治

美国自杀协会主席希尼亚·帕佛认为：“防止自杀最好的办法不是注意自杀本身，而是应当更广泛地注意是什么因素导致了自杀的发生。”

自杀者在自杀前都会有意或无意地表现出明显的异常行为，如独处，沉默寡言，生活规律紊乱，情绪极度低落等等。从国外的一些研究来看，美国心理学家格罗布等人的有关研究，确认了青年期个体潜在自杀征兆的30条线索，其中70%的人表现出抑郁现象，包括绝望、悲哀和冷漠，还表现出某些行为上的迹象，包括进食和睡眠等。格罗布认为，青年期自杀的最大预兆是“严重的、长期的心理能力丧失”。这种心理能力的丧失，必然在一定程度上表露于外部行为中。

据专家研究，自杀的发展过程可分为三个阶段：第一阶段是自杀动机的形成阶段，在这个阶段，自杀者将自杀当做一种可能解决问题的手段。第二阶段是矛盾冲突阶段，虽然自杀者有自杀的意念，但此时求生的本能可能使自杀者陷入一种矛盾冲突当中，难以做出最终的决定。在这一阶段，自杀者会经常谈论与自杀有关的问题，预言和暗示自杀，或以自杀来威胁别人，表现出直接或间接的自杀意图，同时情绪比较低落，对身边发生的事情不感兴趣。最后阶段是平静阶段，此时自杀者已经做出自杀的决断，似乎已从所面临的困扰中解脱出来，表现得轻松自如，异常平静。有时这种表现也是为了掩人耳目，怕别人阻碍和干预其自杀的行为。学校有关的教育工作者、心理咨询人员以及党团干部，系、年级、班干部是预防学生自杀的主要人员，只要通过一定的培训学习，他们就能及时地从自杀者的行为表现中发现其自杀企图，及时加以疏导、解救和阻止，从而达到防患于未然的目的。我们认为要预防学生的自杀行为，应采取以下对策：

1. 做好自杀预防的宣传工作

教师和学生都应了解自杀的一些基本常识，能辨别出同学间有自杀危险的信号，密切注意自杀迹象。青少年的自杀预防，必须从密切注意青少年第二阶段的自杀迹象入手，特别要在青少年自杀的高危人群中（如失恋、考试成绩下降、当众遭羞辱、亲人突然亡故等)，做好自杀预防的宣传工作，并提供及时帮助的地点和心理咨询人员。

2. 帮助学生减轻外在压力

为学生营造宽松和谐的班级集体和良好的家庭生活环境，教师和家长对学生的期望值也应适中，学校应弱化成就或学习成绩评价意义，避免在升级、升学关头给学生施加精神压力。良好的家庭生活环境并不只是优裕的生活和学习条件，更重要的是和谐亲子关系。尤其是现在的独生子女的家长，他们竭尽一切努力，为子女提供物质条件，唯独没有想到，孩子的精神世界也需要关心和滋养。

3. 鼓励学生建立良好的人际关系，增强耐挫力

自杀倾向的人若能把心中的苦闷向好友倾诉，释放心里的抑郁，就会缓解紧张情绪，走出绝境。那些在学习上一帆风顺的学生，当遇到实际困难和挫折时往往脆弱得不堪一击，或者即使有勇气去面对困难，也不知道通过什么途径来解决问题。耐挫折力是人的一种防御机能，它能有效地化解内心冲突、缓解心理压力。教育者应创造一些条件，培养他们解决问题的技能，使学生在艰苦的磨炼中，锻炼经受挫折的能力，这是预防自杀的一个重要手段。

4. 加强心理辅导，引导学生认知合理化

教育学生避免认知绝对化，指导学生人生价值取向科学化，教会学生合理认识自我，调解褊狭认识。对已经发现有自杀倾向的青少年学生应做全面的分析和评价，了解他们的生活史、心理障碍、挫折、情绪等，从而充分认识他们的内心矛盾冲突。要尽量让想自杀的学生做下列事情：参加体育锻炼；写日记；生活做事有规律；把自杀念头大声说出来；参加郊游活动；尽力保证其与心理咨询者的约会，等等。总之，都是为了让他感到还有事情要做，缓冲自杀欲念。

此外，对有自杀意念的人要避免接触其他想自杀和抑郁倾向的人，不要看关于自杀的电影、小说、报道等，尽可能不让其接触自杀工具（刀、安眠药等），禁止其上楼顶等。对重病患者要加强监护，有必要时应采用住院隔离，药物治疗的办法。想自杀的人如能得到同学、朋友、家长、老师或咨询机构中的一方或几方的严密监护，则完全有可能取得防治的成功。

课后活动

阅读短文《真正的生命始于正视》

一个人的失败，往往不是由于缺少选择，而是由于缺乏正视。

成功者都是具有强烈自主意志的人，而选择，是具有自主意志最明显的标志之一。存在主义者甚至还进一步强调："不选择也是一种选择。"然而，选择的基点在哪儿？难道不是在做出决策前，对问题有真正的认识吗？

要对问题有真正的认识，首先就必须对问题进行正视。但大多数人都不愿意正视，而是匆忙地跳过这一阶段进入到决策——选择的层次。最关键的一点，在于心灵无法面对各种压力，尤其是困境的压力。对这一点，美国总统富兰克林·罗斯福有深刻的体会。当他在30年代美国经济大萧条时期开始执政时，就对弥漫在全国的恐慌情绪来了一次当头棒喝，其中一句话已成名言："我们唯一值得恐惧的是恐惧本身。"但不少人可能还不知他在说出这一句名言后，紧接着还对恐惧本身作了一番绝妙的分析——"模糊的、轻率的、毫无道理的恐惧本身"——第一是模糊，根本没有看清问题到底如

何，第二是匆忙做出决定——轻率，最终是定性——“毫无道理”！

其实，只要正视，你会发现使你害怕的事并不那么可怕。所谓“人有三分怕虎，虎有七分怕人”，在根本上到底谁怕谁来？只要正视，人在面临机会时，也不会感到机会那样渺茫或“吓人”——“不属于我”，而选择漠视或闪避。事实上，我们有多少有关没抓住机会的悔恨，不是来自与机会擦肩而过时，没有停下来多看她一眼？

正视是惯性的死敌，是对压力的坦然面对。正视是此时此地的无畏。

正视是一个人独立意志的基本标志。正视不是邀别人和自己一起正视，而是独自正视。

正视是对必须时间的确认。逼自己正视，就是逼自己有正视的时间。这一时间只为这一独特的心理空间所占。于是他会从容、镇定、柔和、审视、自我对话，然后再举重若轻地去应对……

正视来自心胸的博大。博大的心胸来自“世界很大，人生苦短”的感悟，以及不愿生命在准备与闪避之间交替“打滑”的勇猛意志。

正视是不退。

成功生命自主始，自主生命正视始。给生命一对正视的眼睛吧！

（资料来源：吴甘霖．真正的生命始于正视．中国青年报，1998-3-7）

思考练习

1. 谈谈你对心理求助和心理咨询的看法。
2. 青年学生常见的心理障碍有哪些？你能识别哪几种？
3. 什么样的生活方式可以预防或减少心理障碍的发生？

主要参考文献

[1] 陈家麟．学校心理健康教育——原理与操作［M］．北京：教育科学出版社，2002

[2] 陈红英．新编大学生心理健康教程［M］．武汉：武汉大学出版社，2010

[3] 官汉蒙．大学生心理健康教育教程［M］．长沙：湖南人民出版社，2011

[4] 林桦，王中军等．大学生心理健康教程［M］．长沙：中南大学出版社，2007

[5] 李自璋．高职高专学生心理健康与成长［M］．北京：科学出版社，2009

[6] 樊富珉．大学生心理健康与教育［M］．北京：清华大学出版社，1997

[7] 王登峰，崔红．心理卫生学［M］．北京：高等教育出版社，2003

[8] 张玲．当代学校心理健康指导［M］．北京：教育科学出版社，2010

[9] 廖克玲，杨桂芬．高职院校心理健康教育教程［M］．广州：广东科技出版社，2007

[10]［美］威廉·詹姆斯．心理学原理［M］．北京：中国商业出版社，2009

[11] 王湛．试论如何对高职院校心理健康教育课程进行改革［J］．魅力中国，2011（4）

[12] 李侠．创新高职学生心理健康教育课程方法的探索与实践［J］．中国市场，2010（26）

[13] 胡江霞．“从心所欲不逾矩”——心理健康的定义及标准分析［J］．教育研究与实验，1997（9）

[14] 黄希庭，郑涌．当代中国大学生心理特点与教育［M］．上海：上海教育出版社，1999

[15] 湖南省哲学社会科学研究项目．艺术高职院校学生管理研究与实践（项目编号：07B18，主持人：鲁雁飞，已结题）调研成果

[16] 湖南省教育厅资助科研项目．艺术院校女生教育管理研究．（项目编号10C0265，主持人：李雪蓉，已结题）调研成果

[17] 鲁雁飞，李雪蓉等．艺术高职院校学生的特点与管理［J］．艺海，2008（3）

[18] 李雪蓉．艺术院校女生的特点与教育管理策略［J］．吉首大学学报（社会科学版），2011（5）

[19]［美］理查德·格里格，菲利普·津巴多．心理学与生活（第17版）［M］．王垒，王甦等译．北京：北京大学出版社，2006

[20] 张厚粲．大学心理学［M］．北京：北京师范大学出版社，2001

[21] 赵妍，顾丽．艺术院校大学生人格特征研究［A］．二十年“心”之探索—高校心理健康教育理论与方法研究［C］．2010

[22] 竺笠芳．艺术院校大学生人格特质与心理健康关系的调查研究［J］．芜湖职业技术学院学报，2010（12）

[23] 江胜尧．论艺术专业大学生健康人格的塑造与培养［J］．教育与教学研究，2010（5）

[24] 王利华．高职大学生人格现状调查研究综述［J］．长沙铁道学院学报（社会科学版），2011（4）

[25] 贾晓波．心理适应的本质与机制［J］．天津师范大学学报，2001（1）

[26] 张璇．我国大学生学习倦怠研究现状［J］．中国电力教育，2011（8）

[27] 于冬娟．论自我意识对大学生的成长意义［EB/OL］．http：//ndnews.imu.edu.cn/sz/200905/Article_20090519165718.html，［2009-5-19］

[28] 李素梅．心理健康与大学生活［M］．武汉：华中科技大学出版社，2011

[29] 何晶．大学生心理健康教育：健康 快乐 成才［M］．北京：北京理工大学出版社，2011

[30] 胡凯．大学生学习团体心理辅导．国家精品课程［2010-12-09］．http：//www.jingpinke.com

[31] 俞国良．心理健康教育（教师用书）［M］．北京：高等教育出版社，2005

[32] 黄静宜．论当代大学生意志品质的特点及应对策略［J］．湖北成人教育学院学报，2009（3）

[33] 翟秀军．艺术类与非艺术类大学生人格特质的比较研究［J］．周口师范学院学报，2007（9）

[34] 周家华，王金凤．大学生心理健康教育［M］．北京：清华大学出版社，2010

[35] 郑日昌，田宝伟等．大学生心理健康——自主与自助手册［M］．北京：高等教育出版社，2007

[36] 佐斌．大学生心理发展［M］．北京：高等教育出版社，2004

[37] 赵鸣九．大学心理学［M］．北京：人民教育出版社，1995

[38] 彭聃龄．普通心理学 [M]. 北京：北京师范大学出版社，2004
[39] 刘益民，张旭东．心理学概论 [M]. 北京：科学出版社，2009
[40] [美]Dennis Coon，John O. Mitterer. 心理学导论——思想与行为的认识之路 [M]. 郑钢，译．北京：中国轻工业出版社，2008
[41] 樊富珉，费俊峰．青年心理健康十五讲 [M]. 北京：北京大学出版社，2006
[42] 聂振伟．高职心理健康阳光教育 [M]. 北京：北京师范大学出版社，2007
[43] 王玉花，云长海等．大学生健康心理学 [M]. 上海：第二军医大学出版社，2011
[44] 黄希庭．大学生心理健康教育 [M]. 上海：华东师范大学出版社，2004
[45] 张大均，吴明霞．大学生心理健康 [M]. 北京：清华大学出版社，2007
[46] 肖水源．大学生心理健康 [M]. 北京：人民卫生出版社，2005
[47] 王群．大学生心理健康 [M]. 上海：复旦大学出版社，2005
[48] 陆卫明，李红．人际关系心理学 [M]. 西安：西安交通大学出版社，2006
[49] 杨丹．人际关系学 [M]. 武汉：武汉大学出版社，2010
[50] 贾晓明等．大学生心理健康 [M]. 北京：北京理工大学出版社，2005
[51] 戴王磊．社交技能与自信心训练 [M]. 上海：复旦大学出版社，2006
[52] 王玉华．心理健康——青少年成长的资本 [M]. 海口：海南出版社，2005
[53] 孟昭兰．人类情绪 [M]. 上海：上海人民出版社，1989
[54] 孟昭兰．情绪心理学 [M]. 北京：北京大学出版社，2005
[55] 林崇德．发展心理学 [M]. 杭州：浙江教育出版社，2002
[56] 姚本先．学习心理健康教育新论 [M]．北京：高等教育出版社，2010
[57] 石艳华，余欣欣．高职学生心理健康状况及教育对策 [J]．高教论坛，2005 (4)
[58] 潘春丽．浅谈高职学生的心理健康教育模式的构建 [J]．科教文汇，2006 (3)
[59] 刘晓娟，郭庆宇．高职院校独生子女学生的心理特征及教育对策 [J]．桂林师范高等专科学校学报，2012 (1)
[60] 张进辅．现代青年心理学 [M]. 重庆：重庆出版社，2005
[61] 张敏．大学生心理健康教育读本 [M]. 天津：南开大学出版社，2009
[62] 郭念锋．心理咨询师 [M]．北京：民族出版社，2005
[63] 韩云萍．用埃里克森的心理发展观看在校大学生恋爱问题 [J]. 昆明冶金高等专业学校学报，2004 (1)
[64] 饶兰兰，李元略．论教师对当代大学生恋爱观的教育和引导职责 [J]. 企业家天地，2007 (9)
[65] 庄明贞．从师资培育观点谈两性教育课程实施的困境与展望．http：//www. gender. edu. Tw，[2006-06-27]
[66] 社科院教育蓝皮书：大学生恋爱中仅有一成是真爱．http：//news. china. com，[2006-03-02]
[67] 姚艳辉．性爱孤岛——校园女生未婚先孕之我见．http：//genders. zsu. edu. cn，

[2004-04-27]
[68] 谢卧龙．推动两性平等教育教师应扮演的角色．http：//www. gender. edu. tw，[2006-06-27]
[69] 张珏，吴燕秋．台湾各大学妇女研究与两性平等教育［J］. 应用心理研究（台北），2002（13）
[70] 马晓年．青春期性保健［M］. 北京：科学出版社，2003
[71] 肖月华，吴霞等．人口与性健康教育［M］．长沙：湖南大学出版社，2001
[72] 余孟辉，曾伏云．大学生心理与生理健康教育［M］．长沙：国防科技大学出版社，2006
[73] 彭运石，丁道群．大学生心理健康教程［M］. 长沙：湖南科学技术出版社，2009
[74] 丁道群．网络空间的心理与行为研究［M］. 长沙：湖南人民出版社，2009
[75] 程玮．大学生心理教育与发展［M］北京：科学出版社，2008
[76] 李鹏祥．大学生自主创业指导［M］. 北京：北京大学出版社，2011
[77] 张文双，辛全洲等．大学生就业与创业指导教程［M］. 北京：中国传媒大学出版社，2010
[78] 林清文．生涯发展与规划手册［M］. 广州：世界图书出版公司，2009
[79] 姬振旗，周锋．职业生涯发展［M］. 北京：高等教育出版社，2011
[80] 仝广东．大学生职业发展与就业指导［M］. 南京：东南大学出版社，2009
[81] 庄明科，谢伟．职业素养入门与提升［M］. 北京：北京理工大学出版社，2009
[82] 陈胤，陶美成．大学生职业生涯规划［M］. 武汉：武汉大学出版社，2009
[83] 郝登峰．大学生就业创业理论与方法［M］. 北京：人民出版社，2010
[84] 魏潾、李广才．大学生职业生涯指导——规划・发展・未来［M］. 北京：科学出版社，2010
[85] 张国成，邸卫民等．大学生心理健康教育［M］. 北京：北京大学出版社，2008
[86] 陈宪章，姜雪凤．论高校思想政治教育与心理咨询的结合［J］. 黑龙江高教研究，2002（2）
[87] 金盛华．当代中国人人际关系与身心健康的关系［J］. 心理学探新，1999（3）
[88] 张 琼．思想道德修养（修订本）［M］. 郑州：河南人民出版社，2002
[89] 林崇德，孔 燕．大学生心理健康教育［M］. 合肥：安徽人民出版社，1998
[90] 樊富珉．大学生心理健康与教育［M］. 北京：清华大学出版社，1997
[91] 刘 杰，张 蓉．浅谈高职院校学生心理素质教育［J］. 天津成人高等学校联合学报，2002（4）
[92] 江光荣，王铭．大学生求助行为研究．中国临床心理学杂志，2003（3）
[93] 苏桢淇．苏芩新书男女通用　越来越多男生求助情感导师．http：//news. xinmin. cn/rollnews/2012/03/18/14077870. html，[2012-3-18]
[94] 高虹，陆小娅．大学生心理帮助与求助方式的性别差异［J］. 妇女研究论丛，2001（2）

[95] 陈力．心理障碍与精神卫生［M］．北京：人民卫生出版社，2005
[96] 张晓贤．大学生心理障碍的成因及其对策［J］．山西高等学校社会科学学报，2001（3）

后　　记

《心理健康教育教程》即将付梓，它是八所艺术高职院校十六位编写者辛勤劳动和集体智慧的结晶。

本书编写团队由工作在艺术高职院校心理健康教育一线的园丁组成，大部分都是拥有副教授以上职称或具有国家二级心理咨询师资质的资深专家教师，有的还是所在学校心理健康教育中心主任。丰厚的实践积累和扎实的专业底蕴是本书顺利完成的智力支撑。全书编写分工的具体情况是：教材框架结构搭建与确定、各章指导与修改完善，第一章及前言、后记撰写由李雪蓉完成；第二章及第四章撰写由郭爱莲、郑慧、杜文霞完成；第三章撰写由全红霞完成；第五章及第十一章撰写由延凤宇、王玮和侯文峥完成；第六章撰写由陈宇完成；第七章和第八章撰写由张敏、王小平和谢倩完成；第九章撰写由汤琼明完成；第十章撰写由蔡颖完成；第十二章撰写由陈世英完成。

本书校阅及统稿审核由李雪蓉、郭爱莲、卢涛、郑慧完成，李雪蓉定稿。

本书是由中国艺术职业教育学会动议，河北艺术职业学院牵头组织的全国高等艺术职业教育系列教材，成书离不开他们的卓识见地和艰辛付出。编写过程中，得到了中南大学心理健康教育中心唐海波博士的悉心指导；得到了主编、副主编及参编单位湖南艺术职业学院、北京戏曲艺术职业学院、安徽艺术职业学院、河北艺术职业学院、浙江艺术职业学院、山西戏剧职业学院、黑龙江艺术职业学院、江西艺术职业学院等院校领导的大力支持；得到了武汉大学出版社的鼎力相助。本书的编写还参阅了大量的中外心理学著述和同类教材，在此一并表示诚挚的谢意。

限于时间仓促和编者水平，书中错误难免，恳请和欢迎专家同仁及广大读者提出宝贵意见。

《心理健康教育教程》编写组

2012年6月